高等职业教育自动化专业新形态教材

自动化生产线安装与调试

主　编　刘美珍　袁俊宝　黄燕燕
副主编　朱丽青　劳春萍　周玉印　窦　楠
参　编　贾蒙蒙　朱海威

北京理工大学出版社
BEIJING INSTITUTE OF TECHNOLOGY PRESS

内容简介

本书采用最新的国家标准，结合近几年高职院校教学改革的经验与成果及技能大赛内容进行编写，教材为新型活页式教材。

全书分为 7 个项目，将机械技术、气动技术、电气技术、PLC 技术（S7-1200）、传感检测技术、接口技术、HMI 技术、变频与伺服驱动技术、网络通信技术等多种技术有机结合，包含了单机到全线的机械、电气、气动等的安装、编程与调试。

本书可作为高等职业院校机电设备综合应用的配套教材，适合高等职业教育机电类、自动化类专业使用，也可供相关技术人员参考。

版权专有　侵权必究

图书在版编目（CIP）数据

自动化生产线安装与调试/刘美珍,袁俊宝,黄燕燕主编 . -- 北京:北京理工大学出版社,2023.8
ISBN 978-7-5763-2778-6

Ⅰ.①自… Ⅱ.①刘…②袁…③黄… Ⅲ.①自动生产线-安装②自动生产线-调试方法 Ⅳ.①TP278

中国国家版本馆 CIP 数据核字(2023)第 159036 号

责任编辑：陈莉华	**文案编辑**：陈莉华
责任校对：刘亚男	**责任印制**：施胜娟

出版发行 /	北京理工大学出版社有限责任公司
社　　址 /	北京市丰台区四合庄路 6 号
邮　　编 /	100070
电　　话 /	（010）68914026（教材售后服务热线）
	（010）68944437（课件资源服务热线）
网　　址 /	http：//www.bitpress.com.cn
版 印 次 /	2023 年 8 月第 1 版第 1 次印刷
印　　刷 /	三河市天利华印刷装订有限公司
开　　本 /	787 mm×1092 mm　1/16
印　　张 /	18
字　　数 /	420 千字
定　　价 /	63.00 元

图书出现印装质量问题，请拨打售后服务热线，负责调换

前 言

在全面建设社会主义现代化国家新征程中,习近平强调职业教育前途广阔、大有可为。在全国职业教育大会上李克强批示优化完善教材和教学方式,注重学生工匠精神和精益求精习惯的养成,努力培养数以亿计的高素质技术人才,为全面建设社会主义现代化国家提供坚实的支撑。"自动化生产线安装与调试"作为机电一体化技术、电气自动化技术和智能控制技术等专业的核心课程,是学生走进岗位前所必备的课程之一。本着全面贯彻党的教育方针,认真落实立德树人的根本任务,为社会主义现代化培养合格建设者的目的,本书采用了全新的活页式教材编写形式,以项目为载体,用任务做驱动,给学生传授知识的同时,也将职业素养融入其中,培养学生的工匠精神。

本书采用最新的国家标准,结合近几年高职院校教学改革的经验、成果与技能大赛内容进行编写。在分析了高职高专机电类专业学生的岗位需求后,以接近真实企业生产设备控制要求的"亚龙YL-335B自动化生产线实训考核装置"为平台,融合典型机电设备的安装、编程与调试关键技术,以任务逻辑关系构建基于任务驱动的项目化教材。本书以机械技术、气动技术、电气控制技术、传感检测、S7-1200 PLC、G120C变频器、伺服驱动系统、MCGS触摸屏、基于PROFINET S7通信协议等技术的实践应用为目标,以设备结构认知、机械安装、电气接线、气路连接、传感器的安装与调试、变频与伺服系统的应用、触摸屏的组态与调试、PLC编程与调试运行等具体任务为教学内容。通过任务描述、任务目标、任务分组、任务分析、任务实施、任务评价、知识链接等环节形成以教师为引导、学生为主体的任务驱动的教与学新格局。丰富的线上教学资源,为理论知识学习和实践操作提供有力支撑;详实的评价标准,为规范操作、安全生产提供保证。

本书由云南机电职业技术学院刘美珍、袁俊宝、黄燕燕担任主编,云南机电职业技术学院朱丽青、劳春萍、周玉印、窦楠担任副主编,参与编写的有云南机电职业技术学院贾蒙蒙、朱海威,全书由刘美珍统稿。

本书由云南机电职业技术学院杨志红教授主审,对体现高职高专教学特色和提高本书质量起到重要作用,编者对此表示衷心感谢。同时本书在编写过程中参阅了大量资料、文献和图片,在此特向作者表示衷心的感谢。由于编者水平有限,虽已尽最大努力,但书中难免有疏漏和不足之处，恳请广大读者批评指正（邮箱：609742764@qq.com）。

　　为方便教学，书中附有微课视频、动画配套等教学资源，读者可扫描书中二维码观看视频，激发学生自主学习，提高学生分析问题、解决问题的应用能力。

编　者

2023 年 6 月

目　录

项目一　生产线认知 ··· 1
任务 1-1　认知自动化生产线及其应用 ································· 2
任务 1-2　YL-335B 自动化生产线认知 ································· 6

项目二　供料单元的安装与调试 ······································· 19
任务 2-1　供料单元结构和功能认知 ··································· 20
任务 2-2　供料单元的传感检测元件认知 ······························ 25
任务 2-3　供料单元机械结构安装与调试 ······························ 33
任务 2-4　供料单元气路连接与调试 ··································· 37
任务 2-5　供料单元电气接线与调试 ··································· 43
任务 2-6　供料单元编程与调试 ··· 52

项目三　加工单元的安装与调试 ······································· 64
任务 3-1　加工单元结构和功能认知 ··································· 65
任务 3-2　加工单元机械结构安装与调试 ······························ 70
任务 3-3　加工单元气路连接与调试 ··································· 75
任务 3-4　加工单元电气接线与调试 ··································· 80
任务 3-5　加工单元 PLC 编程与调试 ··································· 85

项目四　装配单元的安装与调试 ······································· 94
任务 4-1　装配单元结构和功能认知 ··································· 95
任务 4-2　装配单元机械结构安装与调试 ······························ 103
任务 4-3　装配单元气路连接与调试 ··································· 107
任务 4-4　装配单元电气接线与调试 ··································· 113
任务 4-5　装配单元触摸屏界面设计与调试 ··························· 118
任务 4-6　装配单元 PLC 编程与调试 ··································· 136

项目五　分拣单元安装与调试 …… 144

  任务 5-1　分拣单元结构和功能认知 …… 146
  任务 5-2　变频器在分拣单元的应用 …… 153
  任务 5-3　编码器在分拣单元的应用 …… 174
  任务 5-4　分拣单元机械结构安装与调试 …… 186
  任务 5-5　分拣单元电气接线与调试 …… 190
  任务 5-6　分拣单元 PLC 编程与调试 …… 194

项目六　输送单元的安装与调试 …… 200

  任务 6-1　输送单元结构和功能认知 …… 201
  任务 6-2　伺服驱动系统在输送单元的应用 …… 206
  任务 6-3　输送单元机械结构安装与调试 …… 220
  任务 6-4　输送单元气路连接与调试 …… 224
  任务 6-5　输送单元电气接线与调试 …… 228
  任务 6-6　输送单元 PLC 编程与调试 …… 233

项目七　YL-335B 系统全线编程与调试 …… 244

  任务 7-1　YL-335B 自动化生产线的硬件安装与调试 …… 245
  任务 7-2　YL-335B 自动化生产线 S7 通信网络的组建 …… 248
  任务 7-3　YL-335B 自动化生产线的人机界面组态 …… 260
  任务 7-4　YL-335B 自动化生产线的系统全线程序设计 …… 267

项目一　生产线认知

自动化生产线在现代工业化进程中发挥着非常重要的作用，涉及食品制药、轻工纺织、石油化工、新能源、汽车工业和国防军工等众多领域。因此，掌握自动化生产线相关知识为积极响应国家提出的加快转变经济发展方式，帮助中国制造企业实现转型升级推动信息化、工业化融合发展做出一定支持。

自动化生产线技术涵盖机械、气动、传感器、电气、PLC、变频器、伺服驱动和通信等多个领域的相关技术，是电气自动化技术和机电一体化技术专业必须掌握的核心技术。掌握自动化生产线技术对于专业知识、专业技能和职业素养的提高均有很大帮助。

本项目旨在让读者初步了解自动化生产线的基本概念和应用领域，重点掌握 YL-335B 自动化生产线的工艺控制过程和操作技能，为以后深入学习自动化生产线技术奠定基础。

1. 教学目标

知识目标

◇ 了解自动化生产线的基本概念和特点；
◇ 了解自动化生产线的应用领域；
◇ 掌握 YL-335B 自动化生产线的基本结构和功能；
◇ 熟悉 YL-335B 自动化生产线的控制系统、供电电源及气源处理装置。

能力目标

◇ 能够根据 YL-335B 自动化生产线实训设备，正确对应各个单元的名称；
◇ 能够正确描述 YL-335B 自动化生产线实训设备各个工作单元的功能；
◇ 能够正确开关 YL-335B 自动化生产线实训设备。

素质目标

◇ 具有遵规守矩、热爱劳动、安全生产，规范操作意识；
◇ 具有良好的语言表达、团队合作能力。

2. 项目实施流程

根据项目任务的描述，本项目的实施流程如下：

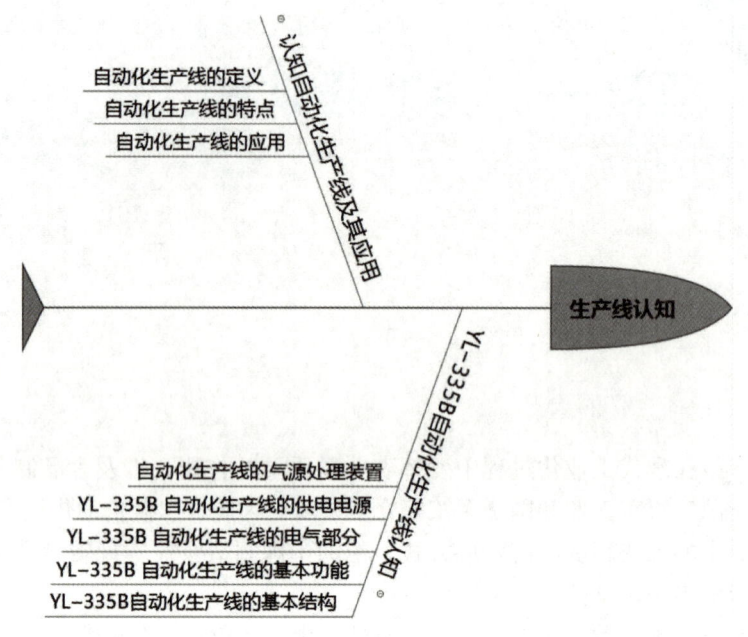

任务1-1　认知自动化生产线及其应用

1.1.1　任务描述

从20世纪20年代，随着汽车、滚动轴承、小型电动机和缝纫机等工业的发展，机械制造中开始出现了自动化生产线（简称自动线），最早是出现在组合机床的自动化生产线。在此之前，首先是在汽车工业中出现了流水生产线和半自动生产线，随后发展为自动化生产线。

1.1.2　任务目标

（1）了解什么是自动化生产线；
（2）了解自动化生产线的功能、作用及特点。

1.1.3　任务分组

学生任务分配表如表1-1-1所示。

表 1-1-1　学生任务分配表

班级		小组名称		组长	
小组成员及分工					
序号	学号	姓名	任务分工		

1.1.4　任务分析

1. 自动化生产线的定义

自动化生产线是在流水线的基础上逐步发展而来的。它不仅要求生产线上各类机械加工装置能自动地完成预定的各道工序及工艺过程，使产品成为合格的制品，还要求在装卸工件、定位夹紧、工件在工序间的传送、工件的分拣及其包装等环节都能自动进行，使其按照规定的程序自动地运行工作。我们将这种自动工作的机械电气一体化系统称为自动化生产线。

2. 自动化生产线的特点

（1）产品或零件在各工位的工艺操作和辅助工作，以及工位间的输送等均能自动进行，具有较高的自动化程度。

（2）生产节奏性更为严格，产品或零件在各加工位置的停留时间相等或成倍数关系。

（3）产品对象通常是固定不变的，或产品参数在较小范围内变化，而且在改变品种时要花费许多时间进行人工调整。

（4）自动化生产线具有统一的控制系统，普遍采用机电一体化技术。

（5）就成本而言，自动化生产线初始投资较多。

在科技飞速发展的今天，自动化生产线也独具优势。

首先，采用自动化生产线组织生产，有利于应用先进的科学技术和现代企业的管理技术，简化生产布局，减少生产工人的工作量。

其次，采用自动化生产线可以进行产品的大批量生产，因为产品设计和工艺先进、稳定、可靠，并在较长时间内保持基本不变。在大批、大量生产中采用自动化生产线能提高劳动生产率，稳定和提高产品质量，改善劳动条件，缩减生产占地面积，降低生产成本，缩短生产周期，保证生产均衡性，有显著的经济效益。

3. 自动化生产线的应用

自动化生产线在无人干预的情况下按规定的程序或指令自动进行操作或控制，其目标是"稳、准、快"。采用自动化生产线不仅可以把人从繁重的体力劳动、部分脑力劳动，以及恶劣、危险的工作环境中解放出来，还能扩展人的器官功能，极大地提高劳动生产率，增强人类认识世界和改造世界的能力。自动化技术广泛应用于工业、农业、军事、科学研究、交通运输、商业、医疗、服务和家庭等方面。

（1）自动化生产线在汽车生产中的应用。

自动化生产线在汽车装配生产中发挥着重要的作用，如图1-1-1是某汽车公司车架点焊、保护焊、蓝光检测、激光检测等全程自动化生产线。以前一天最多能焊50台车，现在50秒（焊完）一台车。该汽车公司建设的两江"智"造二工厂，仅焊接生产线就投入400多台机器人。智能制造自动化生产线不仅实现了汽车生产制造中的高精度、低能耗和高效率，还改善了一线工人的工作环境。

图1-1-1　某汽车公司车架自动化装配焊接生产线

（2）自动化生产线在电子产品焊接中的应用。

随着自动化生产线装配和加工精度的不断提高，其在电子产品焊接生产中也发挥着重要的作用，如图1-1-2是某公司PCBA加工自动化生产线，该生产线包括丝印、贴装、固化、回流焊接、清洗和检测等工序单元。其主要功能有：

图1-1-2　某电子产品生产公司的自动化焊接生产线

①生产线上每个工作单元都有相应独立的控制与执行等功能。

②通过工业网络技术将生产线构成一个完整的工业网络系统，确保整条生产线高效有序地运行，以实现大规模的自动化生产控制与管理。

1.1.5 任务实施

1. 自动化生产线的概念

引导问题1：什么是自动化生产线？

_____

_____

_____。

2. 自动化生产线的应用

引导问题2：在生活中还有哪些典型的自动化生产线场合，请填写在表1-1-2中。

表1-1-2 生活中典型的自动化生产线

序号	生产线名称	生产对象
1		
2		
3		
4		
5		

1.1.6 任务评价

各组完成任务实施内容后，通过小组内互评完成任务评价，并将评分结果填写在表1-1-3中，整理完成后组长将组员评分表上传至学习平台。

表1-1-3 组内互评表

序号	评分要点	分值及完成情况记录
1	完成速度排名（20分）	
2	文档清晰情况（30分）	
3	文档内容情况（50分）	
4	小组存在的问题	

1.1.7　知识链接

自动化生产线发展概况

自动化生产线涉及多种技术领域,其发展、完善是与各种相关技术的进步及相互渗透紧密相连的。自动化生产线的发展必须与支持自动化生产线有关技术的发展联系起来。

可编程控制器技术:一种以顺序控制为主、回路调节为辅的工业控制机,不仅能完成逻辑判断、定时、计数、记忆和算术运算等功能,还能大规模地控制开关量和模拟量,替代了很多传统的顺序控制器,如继电器控制逻辑等,并广泛应用于自动化生产线的控制。

机械手、机器人技术:机械手在自动化生产线中的装卸工件、定位夹紧、工件在工序间的输送、加工余料的排除、加工操作、包装等环节得到了广泛使用。目前研制的智能机器人不仅具有运动操作功能,还有视觉、听觉、触觉等感觉的辨别能力。具有判断、决策等的机器人逐渐应用到自动化生产线中。

任务 1-2　YL-335B 自动化生产线认知

1.2.1　任务描述

认识 YL-335B 自动化生产线实训设备的基本结构,熟悉构成各个站的名称是什么,对应的功能是什么。

在认识了结构之后,熟悉 YL-335B 自动化生产线实训设备各工作单元的动力源是什么,主要的执行机构有哪些,以及各单元之间如何通信完成整机的运行。

最后,学习 YL-335B 自动化生产线实训设备的基本组成,以及各工作单元的基本功能,及其控制系统、气动系统等组件。

1.2.2　任务目标

(1) 熟悉 YL-335B 自动化生产线的工艺控制过程和操作方法;
(2) 掌握 YL-335B 自动化生产线的基本结构;
(3) 熟悉 YL-335B 自动化生产线的控制系统、供电电源及气源处理装置;
(4) 能够根据 YL-335B 自动化生产线实训设备,正确对应各个单元;
(5) 能够正确描述 YL-335B 自动化生产线实训设备各个工作单元的功能。

1.2.3　任务分组

学生任务分配表如表 1-2-1 所示。

表 1-2-1　学生任务分配表

班级		小组名称		组长	
小组成员及分工					
序号	学号	姓名	任务分工		

1.2.4　任务分析

1. YL-335B 自动化生产线的基本结构

亚龙 YL-335B 型自动化生产线实训考核装备由安装在铝合金导轨式实训台上的供料单元、加工单元、装配单元、分拣单元和输送单元组成，其外观如图 1-2-1 所示。

图 1-2-1　YL-335B 自动化生产线外观

每个工作单元既可自成一个独立的系统，同时又是一个机电一体化系统。各工作单元均配置了一台 PLC 以控制其完成规定的任务。各个单元的执行机构基本上以气动执行机构为主，但输送单元的机械手装置整体运动则采取伺服电动机驱动进行精确的位置控制，该驱动系统具有高精确位置控制（取决于何种编码器），额定运行区域内实现恒力矩、低噪声等特点。分拣单元的传送带驱动则采用了通用变频器驱动三相交流异步电动机的传动装置。位置控制和变频器技术是现代工业应用最为广泛的电气控制技术之一。

YL-335B自动化生产线上应用了多种类型的传感器，分别用于判断物体的运动位置、物体通过的状态、物体的颜色及材质等。传感器技术是机电一体化装备应用技术中的关键技术之一，也是现代工业实现高度自动化的前提之一。

在控制方面，YL-335B自动化生产线采用了基于以太网通信的PLC网络控制方案，即每个工作单元由一台PLC承担其控制任务，各PLC之间通过以太网通信实现互连的分布式控制方式。用户可根据需要选择不同厂家的PLC型号及其所支持的通信模式，组建一个小型的PLC网络。小型的PLC网络以其结构简单、价格低廉的特点在小型自动化生产线中仍然有着广泛的应用，在现代工业网络通信中仍占据相当的份额。此外，掌握基于以太网通信的PLC网络技术，将为进一步学习现场总线技术、工业以太网技术等打下良好、扎实的基础。

2. YL-335B自动化生产线的基本功能

YL-335B自动化生产线各工作单元在实训台上的分布情况如图1-2-2所示。

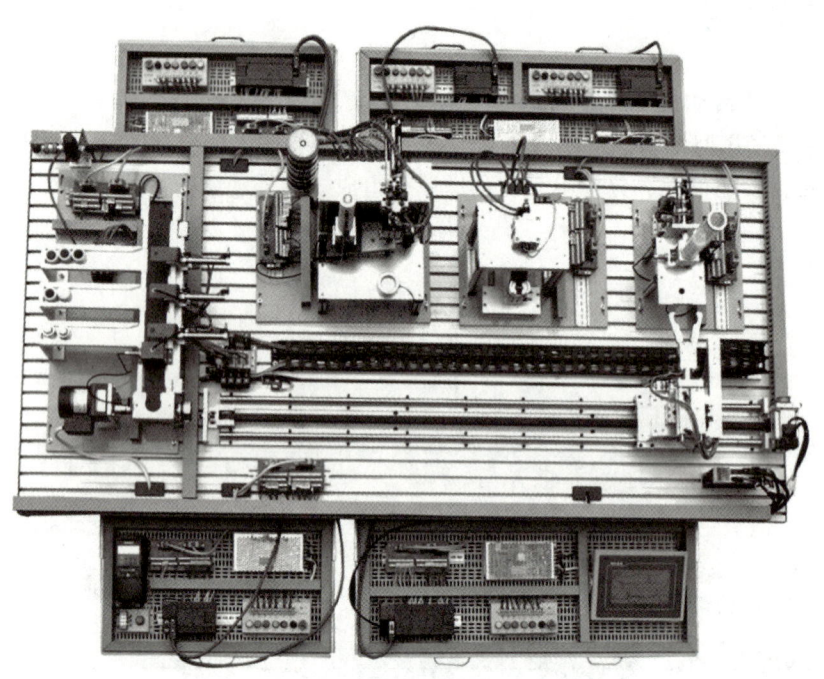

图1-2-2　YL-335B自动化生产线结构俯视图

各个单元的基本功能如下。

（1）供料单元的基本功能。

供料单元是YL-335B自动化生产线中的起始单元，在整个系统中起着向系统中其他单元提供原料的作用。供料单元具体的功能是：按照需要将放置在料仓中的待加工工件（原料）自动地推出到物料台上，以便输送单元的机械手将其抓取，输送到其他单元，图1-2-3所示为供料单元实物的全貌。

YL-335B自动化生产线的基本功能

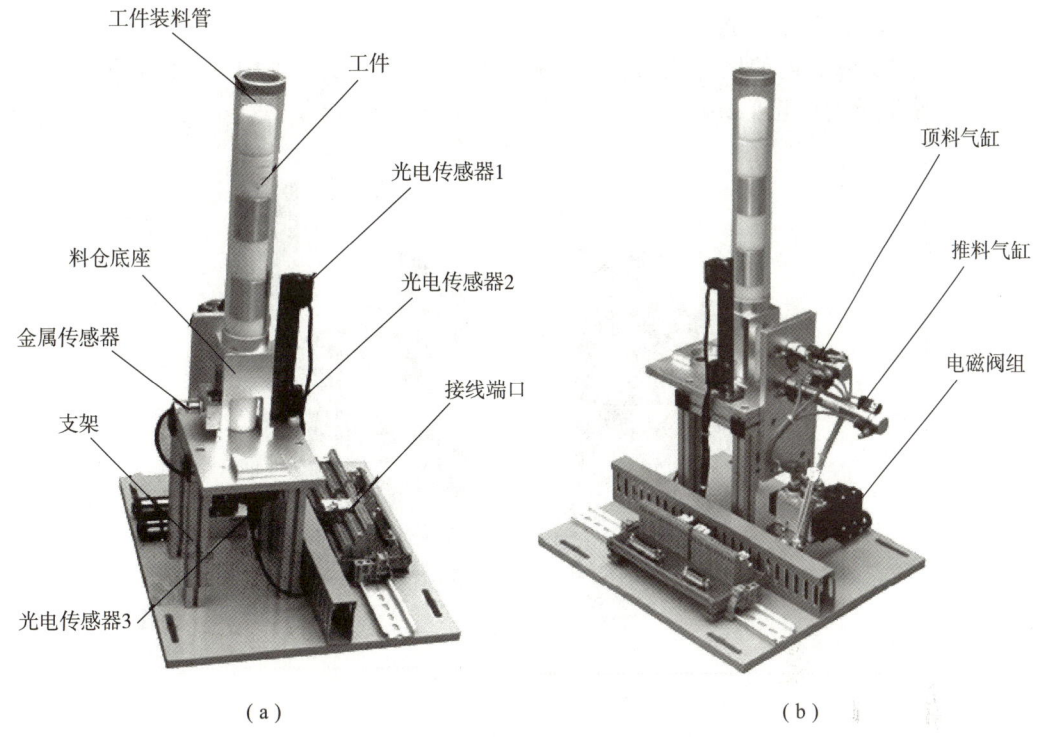

图1-2-3 供料单元实物的全貌
(a) 正视图；(b) 侧视图

（2）加工单元的基本功能。

把该单元物料台上的工件（工件由输送单元的抓取机械手装置送来）送到冲压机构下面，完成一次冲压加工动作，然后送回到物料台上，待输送单元的抓取机械手将其取出。图1-2-4所示为加工单元实物的全貌。

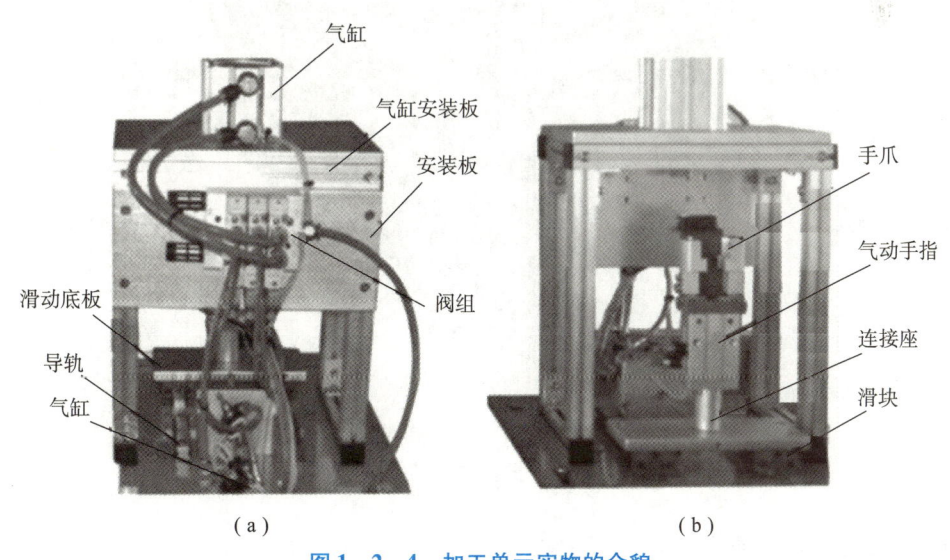

图1-2-4 加工单元实物的全貌
(a) 背视图；(b) 前视图

(3) 装配单元的基本功能。

完成将该单元料仓内的黑色或白色小圆柱工件嵌入已加工工件中的装配过程。图1-2-5所示为装配单元总装实物。

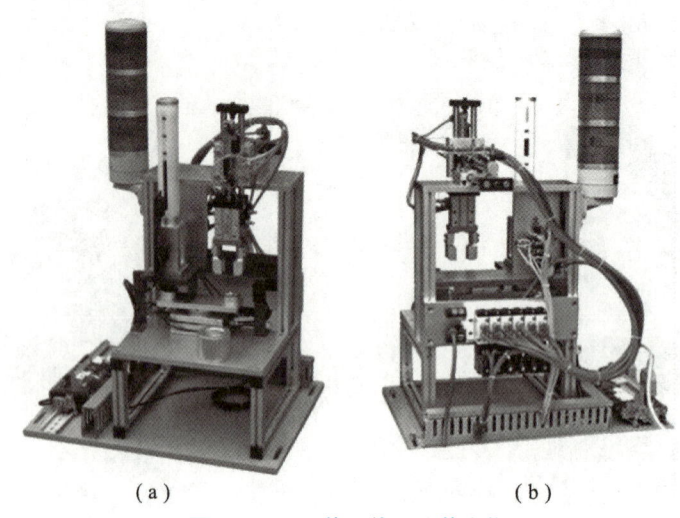

图1-2-5 装配单元总装实物
(a) 前视图；(b) 背视图

(4) 分拣单元的基本功能。

分拣单元主要是将上一单元送来的已加工、装配的工件进行分拣，使不同颜色的工件从不同的料槽分流。图1-2-6所示为分拣单元实物的全貌。

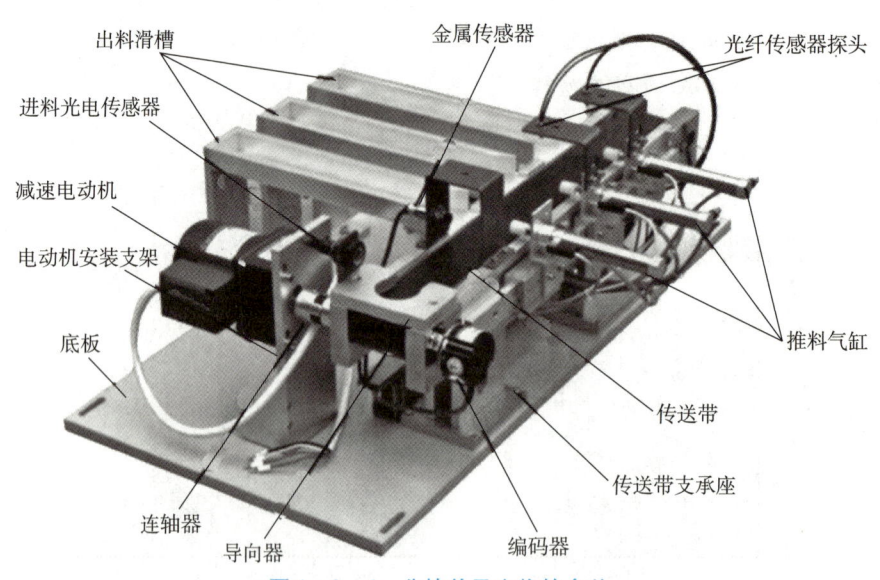

图1-2-6 分拣单元实物的全貌

(5) 输送单元的基本功能。

输送单元通过直线运动传动机构驱动抓取机械手装置到指定单元的物料台上，对其精确定位，并在该物料台上抓取工件，把抓取到的工件输送到指定地点然后放下，实现传送工件的功能。图1-2-7所示为输送单元的外观。

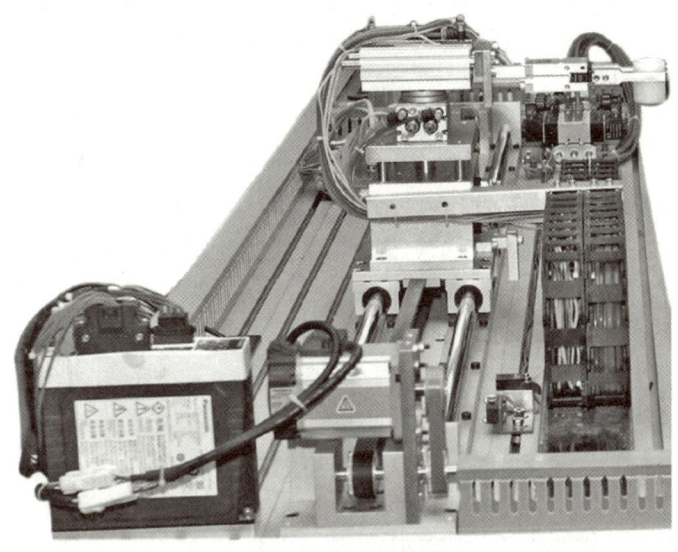

图1-2-7 输送单元的外观

直线运动传动机构的驱动器可采用伺服电动机或步进电动机，视实训目的要求而定。YL-335B自动化生产线的标准配置为伺服电动机。

3. YL-335B自动化生产线的电气部分

（1）YL-335B自动化生产线各工作单元的电气结构特点。

YL-335B自动化生产线中，各工作单元的结构特点是机械装置和电气控制部分的相对分离。每个工作单元机械装置整体安装在黄色底板上，而控制工作单元生产过程的PLC装置则安装在工作台两侧的抽屉内。因此，工作单元机械装置与PLC装置之间的信息交互是一个关键问题。YL-335B自动化生产线的解决方案是：机械装置上的各电磁阀和传感器的引线均连接到装置侧的接线端口上，如图1-2-8（a）所示。PLC的I/O引出线则连接到PLC侧的接线端口上，如图1-2-8（b）所示。两个接线端口间通过多芯信号电缆互连。

YL-335B自动化
生产线的电气结构特点

   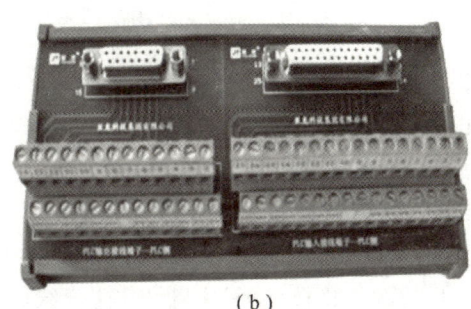

（a）   （b）

图1-2-8 接线端口

（a）装置侧的接线端口；（b）PLC侧的接线端口

引导问题 1：仔细观察装置侧和 PLC 侧的接线端口，最明显的区别是什么？_____。

引导问题 2：试比较装置侧或者 PLC 侧接线端口上两个多芯线插口旁的名称分别为 _____ 和 _____，并数数它们的插针数目是否相同，思考为什么要这样设计？_____。

装置侧接线端口的接线端子采用三层端子结构，上层端子用以连接 DC 24 V 电源的 +24 V 端，底层端子用以连接 DC 24 V 电源的 0 V 端，中间层端子用以连接各路信号线。

PLC 侧接线端口的接线端子采用两层端子结构，上层端子用以连接各路信号线，其端子号与装置侧接线端口的接线端子相对应。底层端子用以连接 DC 24 V 电源的 +24 V 端和 0 V 端。

引导问题 3：试用万用表检验装置侧和 PLC 侧各层的相邻端子之间是否是接通状态，DC 24 V 电源 +24 V 端____、0 V 端____，各路信号端____（接通/断开）。

装置侧的接线端口和 PLC 侧的接线端口之间通过专用电缆连接。其中，25 针接头电缆连接 PLC 的输入信号，15 针接头电缆连接 PLC 的输出信号。

（2）YL-335B 自动化生产线的控制系统。

YL-335B 自动化生产线的每一个工作单元都可自成一个独立的系统，同时也可以通过网络互连构成一个分布式的控制系统。

YL-335B 自动化生产线的控制系统

当工作单元自成一个独立的系统时，其设备运行的主令信号，以及运行过程中的状态显示信号，来源于该工作单元按钮/指示灯模块。图 1-2-9 所示为按钮/指示灯模块，模块上的指示灯和按钮的端脚全部引到端子排上。

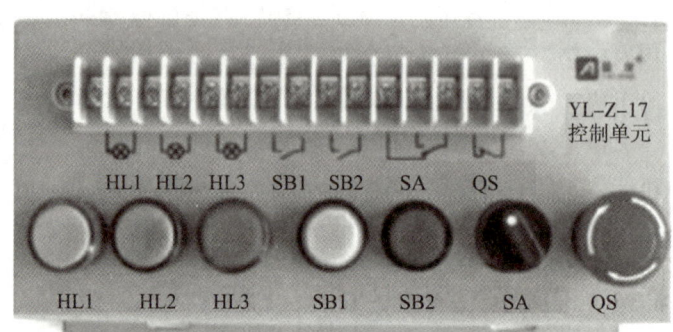

图 1-2-9　按钮/指示灯模块

模块盒上器件包括：

①指示灯（DC 24 V）：黄色（HL1）、绿色（HL2）、红色（HL3）各一只；

②主令器件：绿色常开按钮 SB1 一只；红色常开按钮 SB2 一只；选择开关 SA（一对转换触点）；急停按钮 QS（一个常闭触点）。

当各工作单元通过网络互连构成一个分布式的控制系统时，对于采用西门子 S7-1200 系列 PLC 的设备，YL-335B 自动化生产线的标准配置是采用以太网与其他通信伙伴进行数据交换的，设备出厂的控制方案如图 1-2-10 所示。

项目一 生产线认知

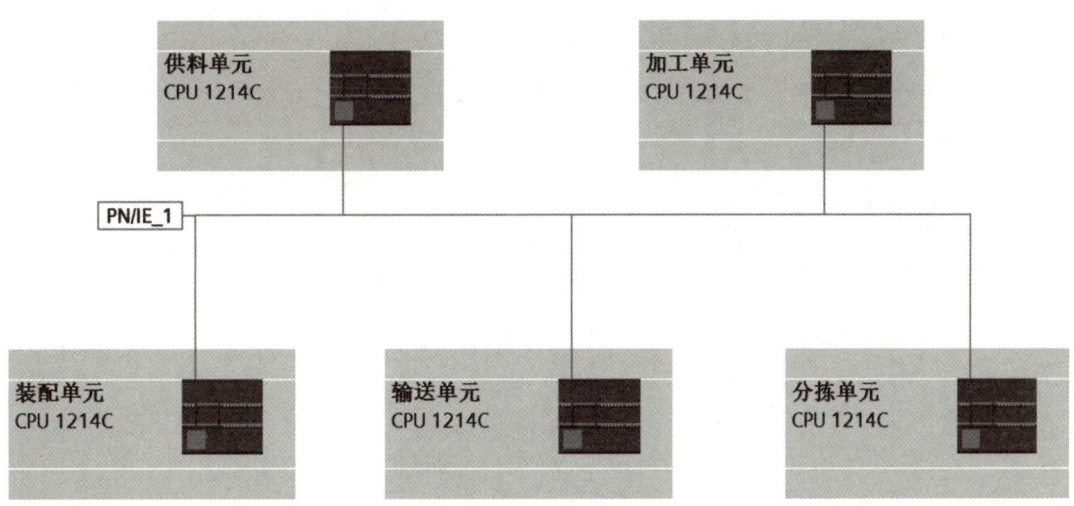

图1-2-10 YL-335B自动化生产线的PROFINET通信方式

各工作站PLC的配置如下：
①输送单元：S7-1214C DC/DC/DC主单元，共14点输入，10点晶体管输出；
②供料单元：S7-1214C AC/DC/RLY主单元，共14点输入，10点继电器输出；
③加工单元：S7-1214C AC/DC/RLY主单元，共14点输入，10点继电器输出；
④装配单元：S7-1214C AC/DC/RLY主单元，共24点输入，16点继电器输出；
⑤分拣单元：S7-1214C AC/DC/RLY主单元，共14点输入，10点继电器输出。
（3）人机界面。
系统运行的主令信号（复位、启动、停止等）通过触摸屏人机界面给出。同时，人机界面也显示系统运行的各种状态信息。
人机界面是操作人员和机器设备之间做双向沟通的桥梁。使用人机界面能够明确指示并告知操作人员机器设备目前的工作状况，使操作变得简单、直观、形象、生动，并且可以减少操作上的失误，即使是操作新手也可以很轻松地操作整个机器设备。使用人机界面还可以使机器的配线标准化、简单化，同时也能减少PLC控制器所需的I/O点数，降低生产的成本，同时由于面板控制的小型化及高性能，相对提高了整套设备的附加价值。
YL-335B自动化生产线采用了昆仑通态（MCGS）TPC7062Ti，是一套以先进Cortex-A8 CPU为核心（主频600 MHz）的高性能嵌入式一体化触摸屏，采用了7英寸（1英寸=2.54厘米）高亮度TFT液晶显示屏（分辨率800×480）、四线电阻式触摸屏（分辨率4 096×4 096）。同时还预装了MCGS嵌入式组态软件（运行版），具备强大的图像显示和数据处理功能。TPC7062Ti触摸屏的使用、人机界面的组态方法，将在后续的实训项目中进行介绍。

4. YL-335B自动化生产线的供电电源

外部供电电源为三相五线制AC 380 V/220 V，图1-2-11所示为供电电源模块一次回路原理图，总电源开关选用DZ47LE型三相四线漏电开关。系统各主要负载通过自动开关单独供电。其中，变频器电源通过DZ47 C16 3P三相断路器（自动开关）供电；各工作站PLC均采用DZ47 C5 2P单相断路器（自动开关）供电。此外，系统配置4台DC 24 V 6 A开关稳压电源分别用作供料、加工和分拣单元，以及输送

YL-335B自动化生产线的供电电源

单元的直流电源。图1-2-12为配电箱中各设备的分布。

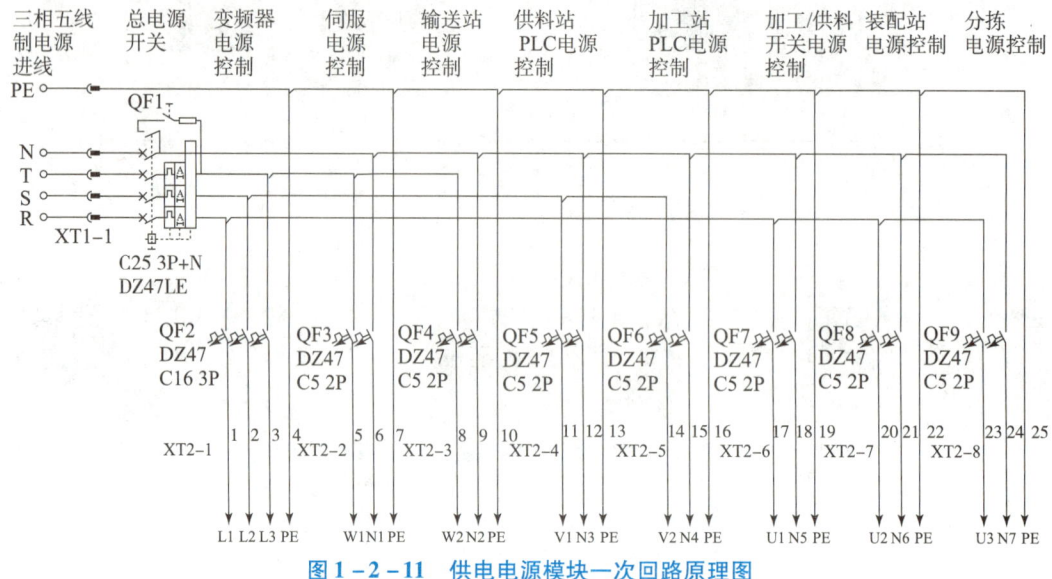

图1-2-11 供电电源模块一次回路原理图

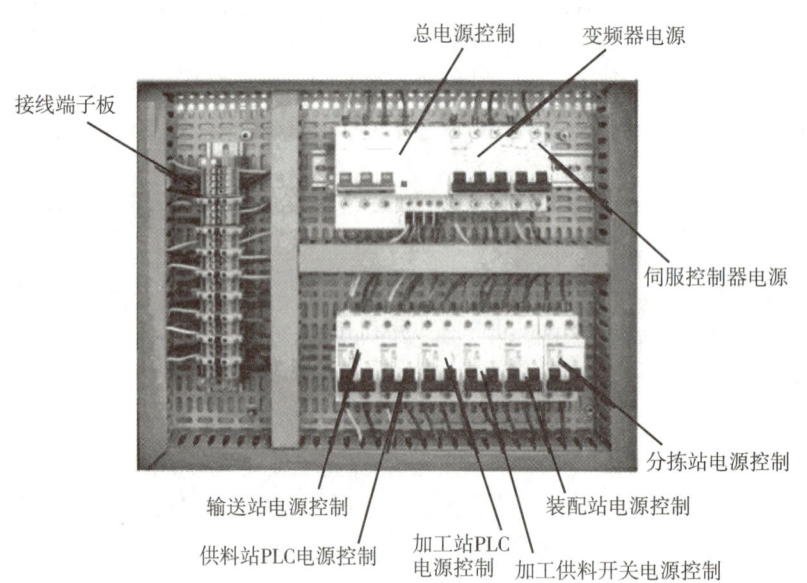

图1-2-12 配电箱中各设备的分布

5. YL-335B自动化生产线的气源处理装置

图1-2-13所示为气源处理组件。气源处理组件是气动控制系统中的基本组成器件,它的作用是除去压缩空气中所含的杂质及凝结水,调节并保持恒定的工作压力。在使用时,应注意经常检查过滤器中凝结水的水位,在超过最高标线以前,必须排放,以免被重新吸入。在气源处理组件的气路入口处安装一个快速气路开关,用于启/闭气源,当把气路开关向左拔出时,气路接通气源,反之,当把气路开关向右推入时气路关闭。

YL-335B自动化
生产线的气源处理装置

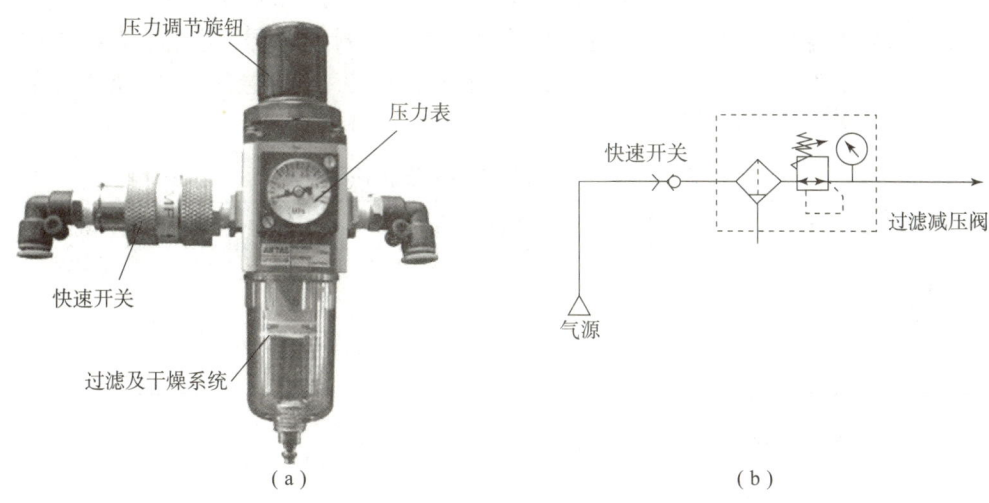

图 1-2-13 气源处理组件
(a) 气源处理组件实物图；(b) 气动原理图

1.2.5 任务实施

1. YL-335B 自动化生产线的基本结构

引导问题1：一般我们将 YL-335B 自动化生产线按照其所含 PLC 的个数进行工作单元的划分，参照设备我们会发现一共有____个 PLC。因此，我们可以说 YL-335B 自动化生产线共有____个工作单元。

2. YL-335B 自动化生产线的电气控制

引导问题2：当再次仔细观察各工作单元的 PLC 时，我们会发现各工作单元的 PLC 型号各不相同，但总的来说只有两种类型：AC/DC/RLY 和_____。关于型号中的 AC、DC 及 RLY 大家可以查阅 PLC 的技术手册，或者直接查看实体 PLC 的侧面获取其含义，并将查得的结果填入表 1-2-2。

表 1-2-2 PLC 的两种类型

类型	标识	含义
AC/DC/RLY	AC	
	DC	
	RLY	

引导问题3：通过上述观察，我们发现除输送站的 CPU 类型为 DC/DC/DC 之外，其余均为 AC/DC/RLY。但大家再仔细观察各工作单元的 CPU，我们会发现有些工作单元的 CPU

会有所不同。这是因为个别工作单元所需的 I/O 点数不同，而 CPU 所具有的 I/O 点数是固定的。因此当实际需要的 I/O 点数超过 CPU 所具有的点数时就需要一些模块来扩展 CPU 的 I/O 点数，我们将之称为_____。在设备上我们能够发现两类这样的模块，即数字量和模拟量。请大家参考设备和查阅相关技术手册完成表 1-2-3 的填写。

表 1-2-3　扩展 CPU I/O 点数的两种类型

序号	型号	类型（数字量/模拟量）	可扩展的点数
1			
2			
3			

3. YL-335B 自动化生产线的供电电源

引导问题 4：因设备在使用过程中，接线可能存在变化，导致配电箱中第二排各工作单元开关的实际位置和图 1-2-13 所示的位置并不一定相同。因此各小组结合实际设备将各工作单元开关的实际位置确定出来，并按照从左往右的顺序依次填写在表 1-2-4 中。

表 1-2-4　各工作单元电源控制开关在配电箱中的位置

序号	理论位置（图 1-2-13）	实际位置
1	输送单元电源控制	
2	供料单元 PLC 电源控制	
3	加工单元 PLC 电源控制	
4	加工、供料单元开关电源控制	
5	装配单元电源控制	
6	分拣单元电源控制	

4. YL-335B 自动化生产线的气源处理装置

引导问题 5：气源处理组件输入的气源来自空气压缩机（简称空压机），输出的压缩空气通过快速三通接头和气管输送到各工作单元。空气压缩机的铭牌上标有一些非常重要的参数，各小组通过查看实际的空气压缩机完成以下填空：

a. 型号：_____；b. 电压：_____；
c. 功率：_____；d. 启动压力：_____；
e. 容量：_____；f. 最高压力：_____。

1.2.6　任务评价

各组完成本任务学习后，请同学或教师评分，并完成表 1-2-5。

表 1-2-5　YL-335B 自动化生产线认知评分表

序号	评分项目	评分标准	分值	得分
1	YL-335B 自动化生产线的结构	能够说出构成其各单元的名称	20 分	
2	各工作单元的功能	能够简洁地描述出各工作单元的构成和功能	20 分	
3	YL-335B 自动化生产线的电气连接	能够辨识 I/O 接线端口,并掌握各接线端口的特点	20 分	
4	YL-335B 自动化生产线的控制系统	能够熟悉设备上使用的 PLC 的 CPU 类型及其附属模块	20 分	
5	YL-335B 自动化生产线的供电电源	能够熟知各工作单元的开关和开关设备的顺序	10 分	
6	YL-335B 自动化生产线的气源处理装置	能够熟练操作气源开关,并知道各减压阀的调节范围	10 分	

1.2.7　知识链接

1. 伺服电动机和步进电动机

伺服电动机可以控制速度,位置精度非常准确,可以将电压信号转化为转矩和转速以驱动控制对象。伺服电动机转子转速受输入信号控制,能快速反应。伺服电动机在自动控制系统中,用作执行元件,且具有机电时间常数小、线性度高等特性,可把所收到的电信号转换成电动机轴上的角位移或角速度输出。伺服电动机分为直流和交流两大类,其主要特点是,当信号电压为零且无自转现象时,转速随着转矩的增加而匀速下降。

步进电动机相对于其他控制用途电动机的最大区别是,它接收数字控制信号(电脉冲信号)并转化成与之相对应的角位移或直线位移;它本身就是一个完成数字模式转换的执行元件。而且它可实现开环位置控制,输入一个脉冲信号就得到一个规定的位置增量,这样的所谓增量位置控制系统与传统的直流控制系统相比,成本明显减低,几乎不必进行系统调整。步进电动机的角位移量与输入的脉冲个数严格成正比,而且在时间上与脉冲同步。因而只要控制脉冲的数量、频率和电动机绕组的相序,即可获得所需的转角、速度和方向。

2. 按钮

按钮是一种经常使用的控制电气元件,一般都是用来接通或断开控制电器的,从而达到用来控制电动机或一些电气设备运行的目的。按钮是直接按压操作,通常适用于容量较小的电器。

开关是指能够进行控制电路开路或者电流中断的电气元件,我们经常能够看到的开关是用来操作的机电设备,且会有几个电子接点。开关分为转动操作、翘板式压按操作和往复拨动操作,通常适用于容量较大的电器。

3. PROFINET 通信标准

PROFINET 是由 PROFIBUS 国际组织(PROFIBUS International,PI)推出的新一代基于工业以太网技术的自动化总线标准。

PROFINET为自动化通信领域提供了一个完整的网络解决方案，包括实时通信、分布式现场设备、运动控制、分布式自动化、网络安装、IT标准和信息安全、故障安全和过程自动化8个当前自动化领域的内容。其模块化的功能范围使PROFINET成为适用于所有应用和市场的灵活系统。

4. 气源三联件

气源三联件，即F. R. L。在气动技术中，将空气过滤器（Filter）、减压阀（Reduction Valve）和油雾器（Lubricators）三种气源处理元件组装在一起，称为气动三联件，用以进入气动仪表之气源净化过滤和减压至仪表供给额定的气源压力，相当于电路中电源变压器的功能。

项目二　供料单元的安装与调试

供料单元是 YL-335B 自动化生产线的起始工作站，主要负责向其他工作单元连续地提供工件。其具体功能为：按照需要将放置在供料单元料仓中的待加工工件自动送到供料单元的物料台上，以便输送单元的机械手装置将其抓取送往其他工作单元进行加工、装配或分拣。供料单元既可以作为独立的系统，完成供料操作，也可以与其他工作单元协同工作，构成一个完整的机电一体化系统。而能够协同运行的前提条件是，供料单元作为独立的单元能够正确运行，因此本项目主要学习供料单元独立运行的相关知识。

1. 教学目标

知识目标
- ◇ 了解供料单元的基本组成；
- ◇ 熟悉供料单元的工作过程；
- ◇ 掌握磁性开关、光电传感器、电感传感器的工作原理、接线及应用；
- ◇ 掌握双作用气缸、电磁换向阀、单向节流阀的工作原理、气路连接和调试；
- ◇ 掌握 PLC 程序顺序控制和状态显示的编程方法。

能力目标
- ◇ 能够根据拆装要求正确地选用和规范使用工具；
- ◇ 能够根据任务要求熟练地安装供料单元的机械结构、电气接线和气路连接；
- ◇ 能够正确调整传感器的安装位置及确定相关参数；
- ◇ 能够根据任务要求确定各气缸的初始位置，并完成其动作速度的调节；
- ◇ 能够根据 PLC 的 I/O 分配表绘制接线图，并完成各电气元件的接线及调试；
- ◇ 能够根据任务要求完成 PLC 的编程及调试；
- ◇ 能够根据任务要求完成相关技术手册的查阅。

素质目标
- ◇ 培养学生爱护设备的良好习惯；
- ◇ 通过 PLC 接线图的绘制，培养学生做事规范、耐心的工匠精神；
- ◇ 通过小组配合对供料单元的安装与调试，培养学生团队的协作能力；
- ◇ 通过 PLC 编程的学习，培养学生的创新精神。

2. 项目实施流程

根据供料单元项目任务的描述和机电设备生产的工作流程，本项目需要完成以下工作：

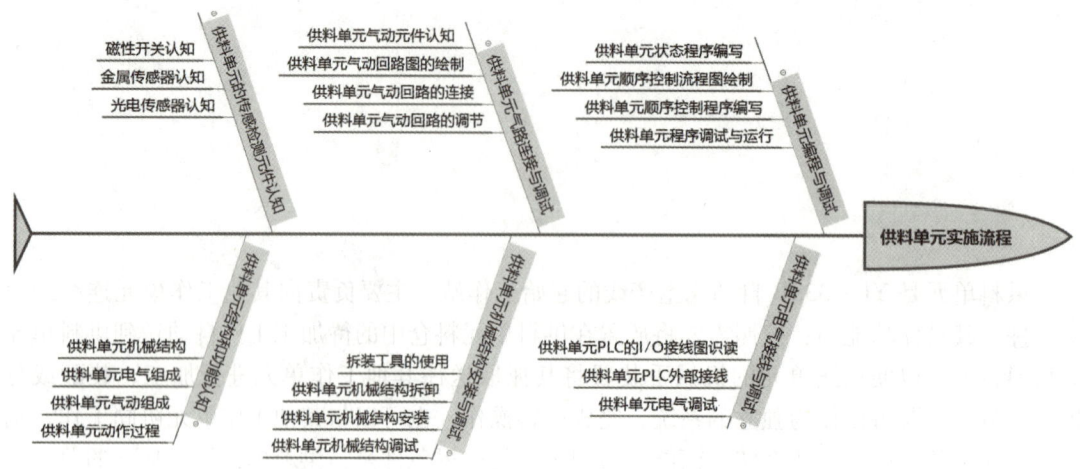

任务 2-1 供料单元结构和功能认知

2.1.1 任务描述

观看供料单元结构和动作视频，供料单元通过两个气缸完成将物料推出到物料台上，模拟自动化生产线的上料过程。供料单元结构如图 2-1-1 所示。

供料单元的结构

图 2-1-1 供料单元结构

完成供料单元结构和工作过程认识,熟悉各组成部分的结构和名称,并写出供料过程的动作流程。

2.1.2 任务目标

(1)了解供料单元的基本组成;
(2)熟悉供料单元的工作过程;
(3)能够描述供料单元的基本构成及工作过程。

2.1.3 任务分组

学生任务分配表如表 2-1-1 所示。

表 2-1-1 学生任务分配表

班级		小组名称		组长	
小组成员及分工					
序号	学号	姓名	任务分工		

2.1.4 任务分析

引导问题 1:请根据供料单元视频、图片及实物结构,说出图 2-1-2 对应的具体结构名称,并将图中序号填入表 2-1-2 对应组件或元件名称前面,并写出后面 7 个元件的主要作用。

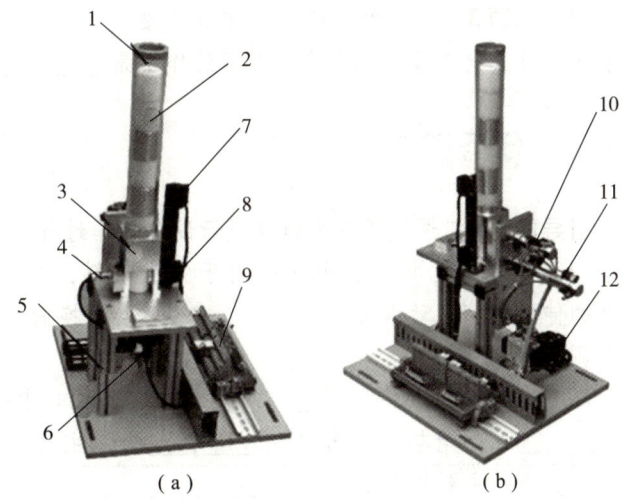

图 2-1-2 供料单元实物
(a)正视图;(b)侧视图

表 2-1-2 供料单元结构名称

序号	名称	序号	名称	作用
	接线端子排		缺料检测	
	支架		物料不足检测	
	工件		电磁阀组	
	料仓底座		物料台物料检测	
	管形料仓		顶料气缸	
			电感式接近开关	
			推料气缸	

引导问题 2：根据图 2-1-3，将图片对应组件与对应供料单元结构的组件进行正确连线。

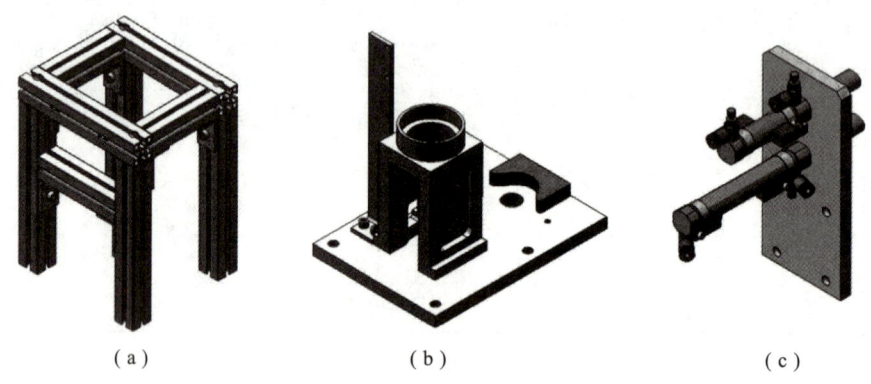

图 2-1-3 供料单元结构组件
(a) 物料台及料仓底座；(b) 推料机构；(c) 铝合金型材支架

引导问题 3：供料单元的电气组成主要有_____、按钮/指示灯模块、_____、接线端子、开关电源等，其中开关电源的作用是_____。

2.1.5 任务实施

引导问题 4：通过观看视频或现场设备动作过程，回答以下问题。

(1) 供料单元共有 2 个气缸用于完成供料，其名称是_____和_____，气缸的伸出和缩回动作由_____阀驱动，换向的信号由控制器_____发出，气缸的速度调节由_____实现。

(2) 供料单元共使用了_____个传感器。其中磁性开关有_____个，主要作用是_____；光电接近开关有_____个，主要作用是_____；金属传感器有_____个，主要作用是_____。

(3) 观看供料单元动作视频，写出其供料动作过程。

2.1.6 任务评价

各组完成描述供料单元结构及动作过程介绍的视频录制,并上传至学习平台,学生展示自己的视频,并完成表 2-1-3 的评价,最后指导老师对各项任务进行评分。

表 2-1-3 任务评价表

序号	任务	分值	学生互评	教师评价
1	引导问题完成情况	50 分		
2	视频完成速度排名	10 分		
3	作品质量情况	15 分		
4	语言表达能力	15 分		
5	小组成员合作情况	10 分		
	总分	100 分		

2.1.7 知识链接

1. 供料单元的组成与结构

我们可以将供料单元的组成分为 3 个部分,即机械部分、气动部分和电气部分。

机械部分由安装底板、铝合金型材支架、出料台底板、气缸安装固定板、光电传感器安装支架、管形料仓等组件构成。

气动部分主要由 2 个标准双作用直线气缸(即顶料气缸和推料气缸)、4 个安装在气缸上的单向节流阀、2 个用于控制气路的单电控电磁换向阀,以及连接气路所用的气管等组件构成。供料单元实物的全貌如图 2-1-4 所示。

电气部分由 PLC、开关电源、按钮/指示灯模块、接线端子和传感器等组成。传感器部分主要由 3 个光电传感器、1 个电感传感器(也称金属传感器)、4 个磁性开关和接线端子排等组件构成。

2. 供料单元的动作过程

供料单元的动作过程原理如图 2-1-5 所示。工件垂直叠放在管形料仓内。推料气缸处于管形料仓的底层,当其活塞伸出时可以通过料仓底部将工件推出到出料台。当推料气缸的活塞在缩回位置时,活塞杆的中心与料仓内最下层工件的中心基本处于同一水平位置。在需要将工件推出到物料台上时,首先使夹紧气缸的活塞杆推出,压住次下层工件;然后使推料气缸活塞杆推出,从而把最下层工件推到物料台上。在推料气缸返回并从料仓底部抽出后,再夹紧气缸返回,松开次下层工件。这样,料仓中的工件在重力的作用下,就自动向下移动一个工件,为下一次推出工件做好准备。

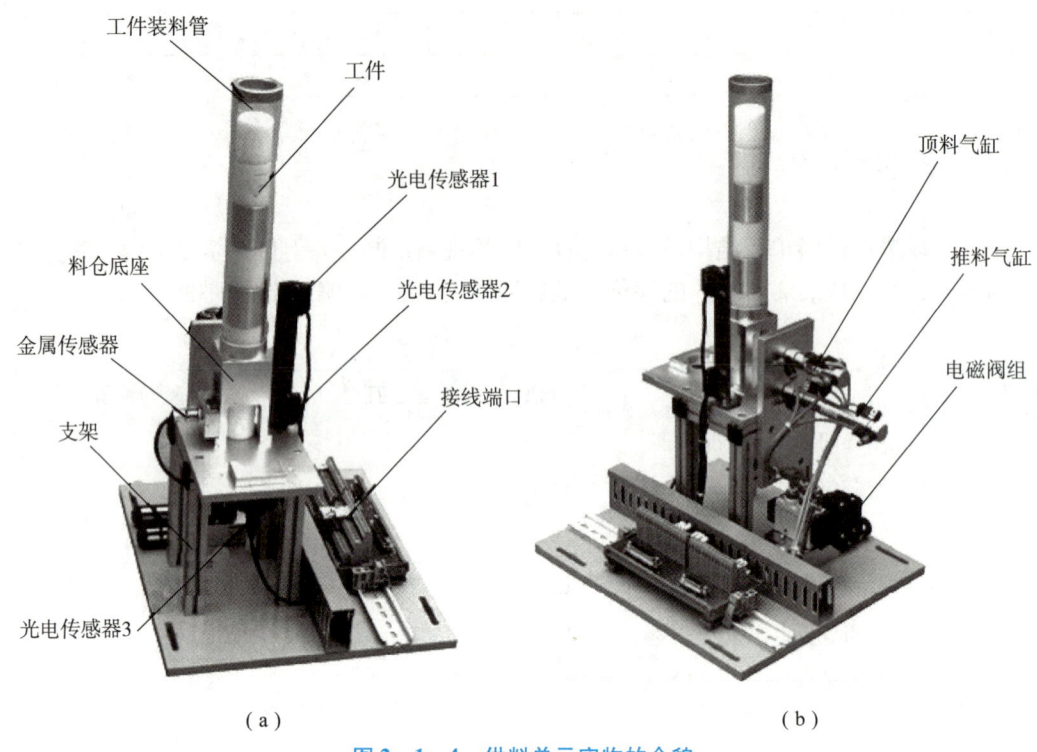

图 2-1-4 供料单元实物的全貌
(a) 正视图；(b) 侧视图

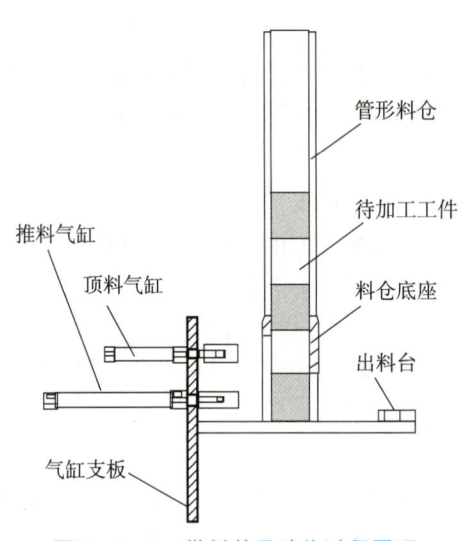

图 2-1-5 供料单元动作过程原理

在底座和管形料仓第 4 层工件位置，分别安装一个漫射式光电接近开关，它们的功能是检测料仓中有无储料或储料是否足够。若该部分机构内没有工件，则处于底层和第 4 层位置的两个漫射式光电接近开关均处于常态；若仅在底层有 3 个工件，则底层处光电接近开关动作，而第 4 层处光电接近开关处于常态，表明工件已经快用完了。料仓中有无储料或储料是否足够,就可用这两个光电接近开关的信号状态反映出来。

推料气缸把工件推出到出料台上。出料台面开有小孔,出料台下面设有一个圆柱形漫射式光电接近开关,工作时向上发出光线,从而透过小孔检测是否有工件存在,以便向系统提供本单元出料台有无工件的信号。输送单元的控制程序就可以利用该信号状态来判断是否需要驱动机械手装置来抓取此工件。

任务 2-2　供料单元的传感检测元件认知

2.2.1　任务描述

供料单元用到了三种接近式传感器:磁性开关(磁性传感器)、光电式接近开关(光电传感器)、电感式接近开关(金属传感器)。

本任务需要完成磁性开关、光电式接近开关及电感式接近开关的工作原理、安装及调试的学习,能正确使用传感器,以保证供料单元正常工作,最终完成自动供料的生产过程。供料单元传感器如图 2-2-1 所示。

供料单元的传感器认知

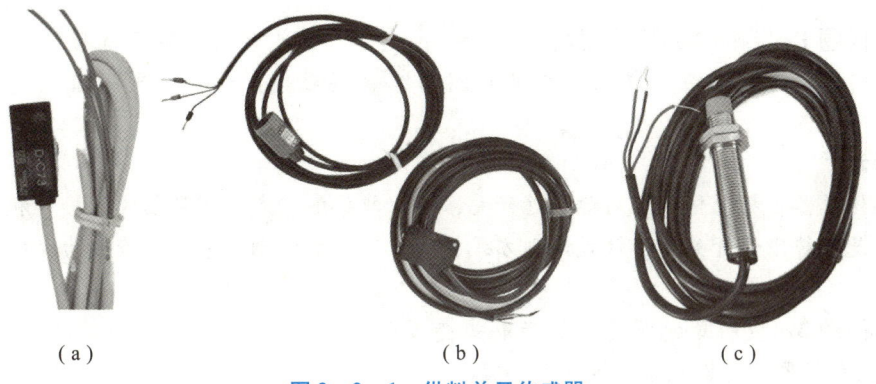

图 2-2-1　供料单元传感器
(a)磁性开关;(b)光电式接近开关;(c)电感式接近开关

2.2.2　任务目标

(1)了解磁性开关、光电式接近开关、电感式接近开关的工作原理;
(2)能够正确安装及调试接近式传感器;
(3)能够画出磁性开关、光电式接近开关、电感式接近开关的图形符号;
(4)能够根据应用场合正确选择传感器的类型。

2.2.3　任务分组

学生任务分配表如表2-2-1所示。

表2-2-1　学生任务分配表

班级		小组名称		组长	
小组成员及分工					
序号	学号	姓名	任务分工		

2.2.4　任务分析

引导问题1：供料单元所使用的磁性开关、光电式接近开关和电感式接近开关都属于_____传感器，此类传感器无须和被检测物体直接触摸，行程开关等属于_____传感器。

小提示

接近传感器：接近传感器又称接近开关，能以非接触方式检测到物体的接近和附近物体的有无，是代替限位开关等接触式检测方式，以无须接触检测对象进行检测为目的的传感器的总称。

引导问题2：供料单元所使用的光电式接近开关为_____（对射式、反射式和漫射式），其光发射器和光接收器位于同侧位置。

引导问题3：供料单元所使用的电感式接近开关输出信号为_____（模拟量、开关量）电感传感器。

2.2.5　任务实施

引导问题4：YL-335B自动化生产线所使用的气缸，都由安装在气缸外侧的_____开关来检测气缸活塞位置，检测活塞的运动行程，气缸上安装的磁性开关如图2-2-2所示。为了能实现检测，气缸的活塞上需要安装一个永久磁铁的磁环。当活塞靠近磁性开关时，磁性开关_____，动作指示灯亮。

引导问题5：磁性开关一般有____根线，其中____色线接PLC数字输入端口，蓝色线接_____。

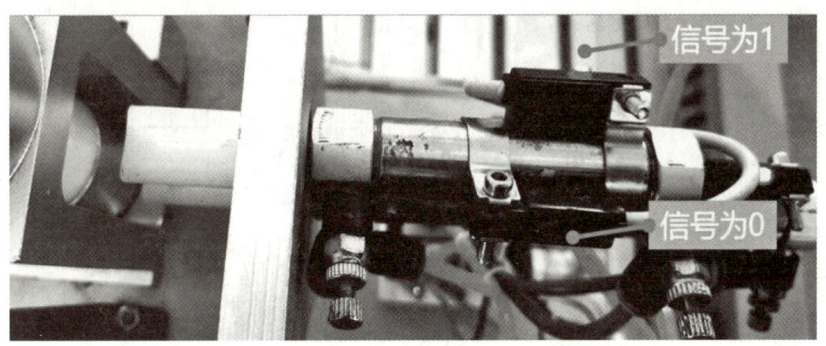

图 2-2-2 气缸上安装的磁性开关

引导问题6：供料单元中，用来检测工件不足或工件有无的漫射式光电接近开关为 OMRON 公司的 E3Z-L61 型光电开关。动作选择开关的功能是选择受光动作 L（Light）模式或遮光动作 D（Drag）模式。当选择 L 模式时，检测到物体时为_____状态，没有检测到物体时为_____状态（ON、OFF）。

引导问题7：光电式接近开关的灵敏度是可以调节的，如果在供料单元物料不足检测时，能检测到白色物料而检测不到黑色物料，那么灵敏度应如何调节？

_____

_____

引导问题8：供料单元使用的光电式接近开关和电感式接近开关均为三线传感器，图 2-2-3 所示为三线传感器的 NPN 和 PNP 两种接线方式，棕色线接电源的_____V，蓝色线接电源的_____V，黑色线接负载。其中图 2-2-3（a）为_____接法，图 2-2-3（b）为_____接法，_____接法为负载的一端接电源的正，_____接法为负载的一端接电源的负。供料单元的接法为_____。

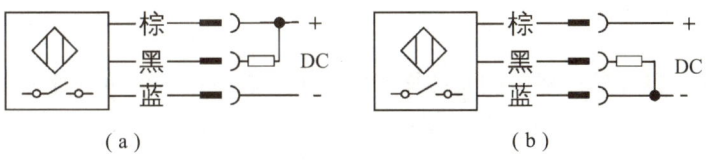

图 2-2-3 三线传感器接线图

引导问题9：电感式接近开关是利用_____效应制造的传感器。图 2-2-4 所示为电感式接近开关工作原理图，由高频振荡器中的电感线圈产生的交变磁场在_____内部产生_____效应，该效应又引起振荡器的振幅或频率的_____，由传感器的输出电路将其转换成输出，从而达到检测的目的。

引导问题10：图 2-2-5 所示为供料单元电感式接近开关的安装，在使用过程中若出现了检测不到料筒中落下的金属工件时，请你根据现场安装情况说明原因是什么？应该如何对其进行调试才可以检测到该金属工件？

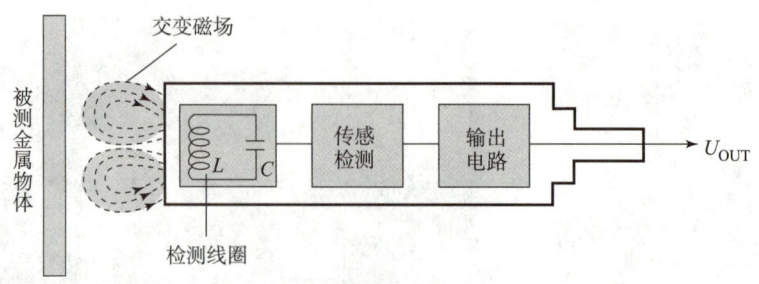

图 2-2-4 电感式接近开关工作原理图

图 2-2-5 供料单元电感式接近开关的安装

引导问题 11：请画出磁性开关、光电式接近开关、电感式接近开关的图形符号。

2.2.6 任务评价

各小组完成供料单元传感检测元件任务后，填写表 2-2-2 所示评分表，最后由指导老师进行评分。

表 2-2-2 评分表

序号	任务描述	能否正常检测	如果不正常如何调整	学生自评	教师评价
1	引导问题得分（共60分）				
2	顶料伸出到位检测磁性开关（5分）				
3	顶料缩回到位检测磁性开关（5分）				
4	推料伸出到位检测磁性开关（5分）				
5	推料缩回到位检测磁性开关（5分）				
6	物料不足检测光电式接近开关（7分）				

续表

序号	任务描述	能否正常检测	如果不正常如何调整	学生自评	教师评价
7	缺料检测光电式接近开关（7分）				
8	电感式接近开关（6分）				
9	总分				

2.2.7 知识链接

YL-335B 自动化生产线各工作单元所使用的传感器都是接近传感器，它利用传感器对所接近的物体具有敏感特性来识别物体是否接近，并输出相应开关信号，因此，接近传感器通常也称为接近开关。

接近传感器有多种检测方式，包括利用电磁感应引起检测对象金属体中产生涡电流的方式、捕捉检测体接近引起的电气信号容量变化的方式、利用磁石和引导开关的方式、利用光电效应和光电转换器件作为检测元件等。YL-335B 自动化生产线所使用的是磁感应式接近开关（或称磁性开关）、电感式接近开关、漫射式光电接近开关和光纤型光电传感器等。下面介绍磁性开关、电感式接近开关和漫射式光电接近开关。

1. 磁性开关

YL-335B 自动化生产线所使用的气缸都是带磁性开关的气缸。这些气缸的缸筒采用导磁性弱、隔磁性强的材料，如硬铝、不锈钢等。在非磁性体的活塞上安装一个永久磁铁的磁环，这样就提供了反映气缸活塞位置的磁场。而安装在气缸外侧的磁性开关则用来检测气缸活塞位置，即检测活塞的运动行程。

有触点式的磁性开关用舌簧开关作磁场检测元件。舌簧开关成型于合成树脂块内，一般还有动作指示灯、过电压保护电路也塑封在内。图 2-2-6 所示为带磁性开关气缸的工作原理图。当气缸中随活塞移动的磁环靠近开关时，舌簧开关的两根簧片被磁化而相互吸引，触点闭合；当磁环移开开关后，簧片失磁，触点断开。当触点闭合或断开且发出电控信号时，在 PLC 的自动控制中，可以利用该信号判断推料及顶料缸的运动状态或所处位置，以确定工件是否被推出或气缸是否返回。

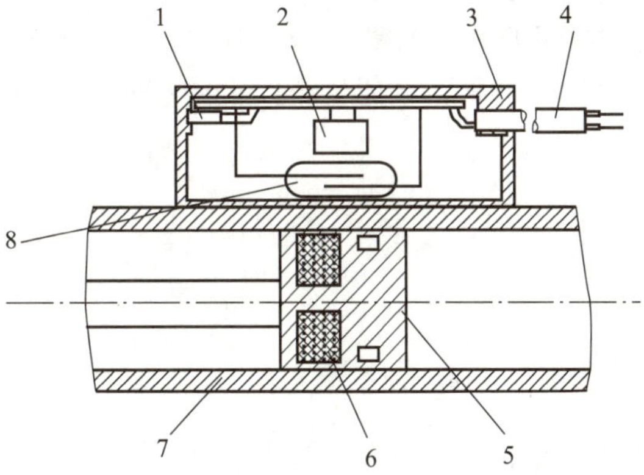

图 2-2-6 带磁性开关气缸的工作原理图
1—动作指示灯；2—保护电路；3—开关外壳；4—导线；5—活塞；6—磁环（永久磁铁）；7—缸筒；8—舌簧开关

在磁性开关上设置的 LED 用于显示其信号状态，供调试时使用。磁性开关动作时，输出信号"1"，LED 亮；磁性开关不动作时，输出信号"0"，LED 不亮。

磁性开关的安装位置可以调整，其调整方法是松开它的紧固定位螺栓，让磁性开关顺着气缸滑动,到达指定位置后,再旋紧固定螺栓。

磁性开关有蓝色和棕色 2 根引出线,使用时蓝色引出线应连接到 PLC 输入公共端,棕色引出线应连接到 PLC 输入端。磁性开关内部电路如图 2-2-7 中的虚线框所示。

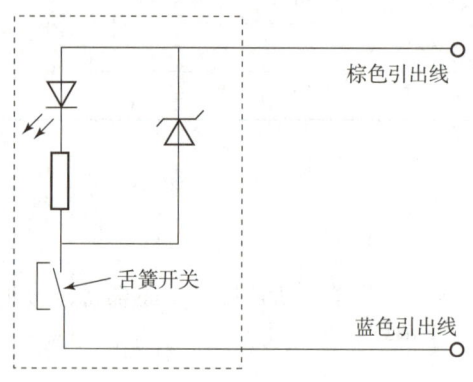

图 2-2-7 磁性开关内部电路

2. 电感式接近开关

电感式接近开关是利用电涡流效应制造的传感器。电涡流效应指当金属物体处于一个交变的磁场时,金属内部会产生交变的电涡流,该涡流又会反作用于产生它的磁场。如果这个交变的磁场是由一个电感线圈产生的,那么这个电感线圈中的电流就会发生变化,用于平衡涡流产生的磁场。

利用这一原理,以高频振荡器(LC 振荡器)中的电感线圈作为检测元件,当被测金属物体接近电感线圈时产生涡流效应,引起振荡器振幅或频率的变化,由传感器的信号调理电路(包括检波、放大、整形、输出等电路)将该变化转换成开关量输出,从而达到检测目的。电感式接近开关原理框图如图 2-2-8 所示。

供料单元中,为了检测待加工工件是否是金属材料,在供料管底座侧面安装了一个电感式接近开关,如图 2-2-9 所示。在接近开关的选用和安装中,必须认真考虑检测距离和设定距离,保证生产线上的接近开关可靠动作。安装距离注意说明如图 2-2-10 所示。

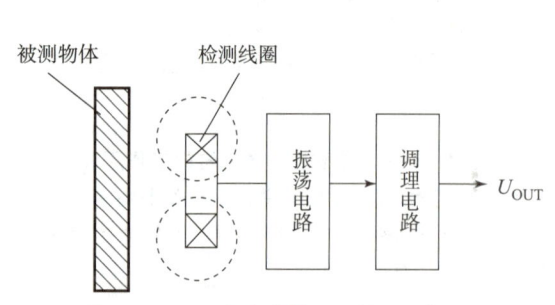

图 2-2-8 电感式接近开关原理框图

图 2-2-9 供料单元上的电感式接近开关

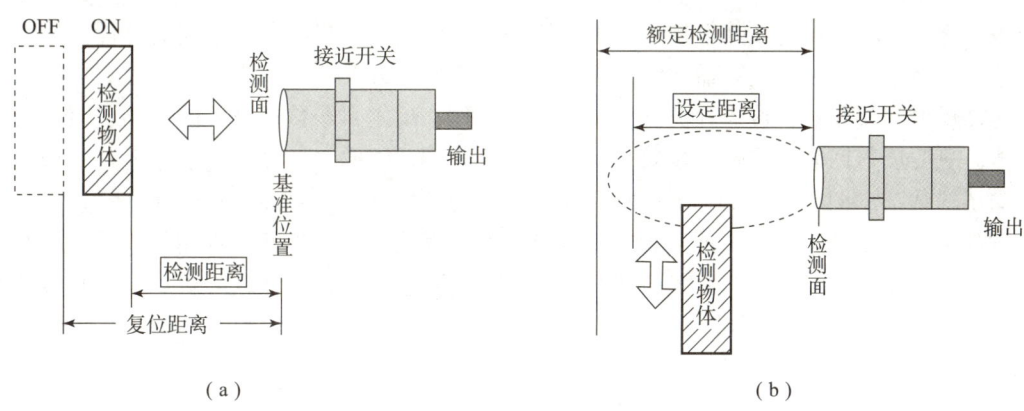

图 2-2-10 安装距离注意说明

(a) 检测距离；(b) 设定距离

3. 漫射式光电接近开关

（1）光电式接近开关。

光电传感器是利用光的各种性质，检测物体的有无和表面状态变化等的传感器，其中输出形式为开关量的传感器为光电式接近开关。

光电式接近开关主要由光发射器和光接收器构成。如果光发射器发射的光线因检测物体不同而被遮掩或反射，到达光接收器的量将会发生变化。光接收器的敏感元件将检测出这种变化，并转换为电气信号，输出电信号传送到 PLC 中。大多接近开关使用可视光（主要为红色，也用绿色、蓝色来判断颜色）和红外光。

按照接收器接收光方式的不同，光电式接近开关可分为对射式、漫射式和反射式 3 种，如图 2-2-11 所示。

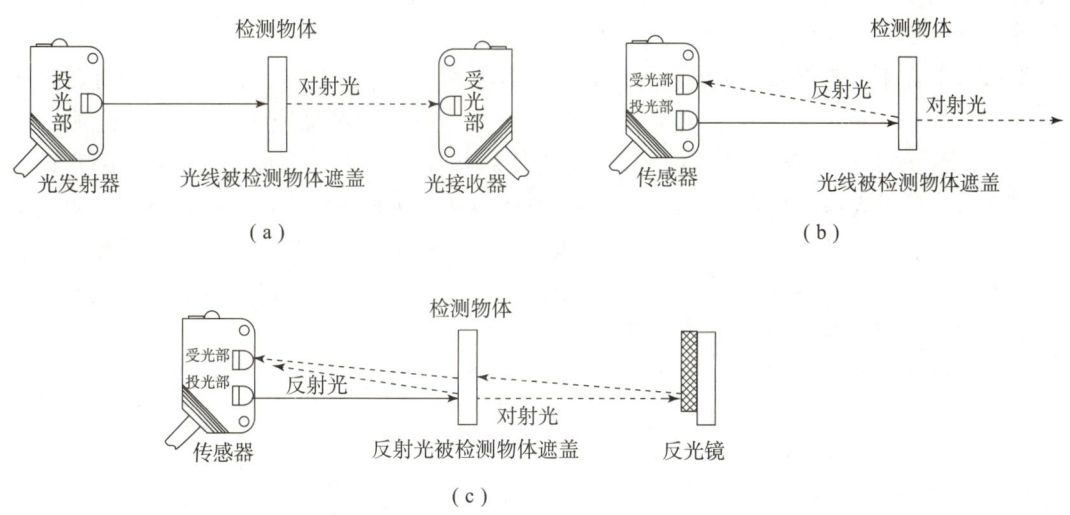

图 2-2-11 光电式接近开关

(a) 对射式光电接近开关；(b) 漫射式（漫反射式）光电接近开关；(c) 反射式光电接近开关

（2）漫射式光电接近开关。

漫射式光电接近开关利用光照射到被测物体上反射回来的光线工作，由于物体反射的光线为漫射光,故称为漫射式光电接近开关。它的光发射器与光接收器处于同侧位置,且为一体化结构。在工作时,光发射器始终发射检测光,若接近开关前方一定距离内没有物体,则没有光被反射到接收器,接近开关处于常态而不动作;反之,若接近开关前方一定距离内出现物体,只要反射回来的光强度足够,则接收器接收到足够的漫射光就会使接近开关动作而改变输出的状态。图 2 – 2 – 11(b)所示为漫射式光电接近开关的工作原理示意图。

供料单元中,用来检测工件不足或工件有无的漫射式光电接近开关选用松下神视(OMRON)公司的 CX – 441(E3Z – L61)型放大器内置型光电开关(细小光束型,NPN 型晶体管集电极开路输出)。CX – 441(E3Z – L61)光电式接近开关的外形和调节旋钮、显示灯如图 2 – 2 – 12 所示。

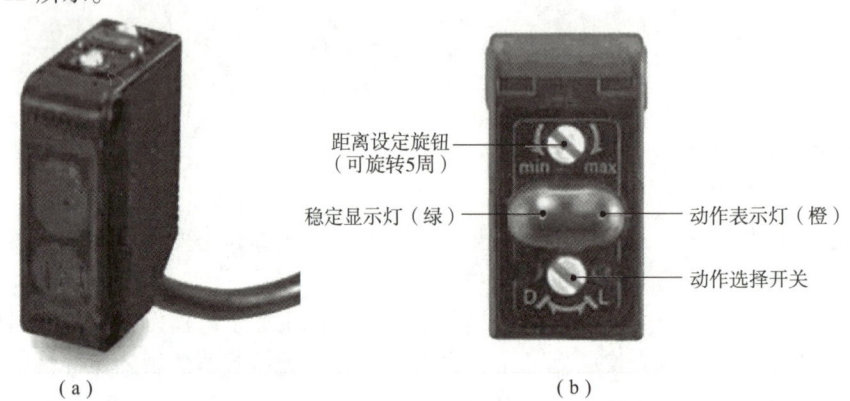

图 2 – 2 – 12　CX – 441(E3Z – L61)光电式接近开关的外形和调节旋钮、显示灯
(a)E3Z – L61 型光电开关外形;(b)调节旋钮和显示灯

图 2 – 2 – 12(b)中动作选择开关的功能是选择受光动作(Light)或遮光动作(Drag)模式,即当此开关按顺时针方向充分旋转时(L 侧),则进入检测 ON 模式;当此开关按逆时针方向充分旋转时(D 侧),则进入检测 OFF 模式。

距离设定旋钮是 5 周回转调节器,调整距离时注意逐步轻微旋转,否则若充分旋转则距离调节器会空转。调整方法是:首先按逆时针方向将距离调节器充分旋到最小检测距离(E3Z – L61 约 20 mm),然后根据要求距离放置检测物体,按顺时针方向逐步旋转距离调节器,找到传感器进入检测条件的点;拉开检测物体距离,按顺时针方向进一步旋转距离调节器,找到传感器再次进入检测状态,一旦进入,向后旋转距离调节器直到传感器回到非检测状态的点。两点之间的中点为稳定检测物体的最佳位置。CX – 441(E3Z – L61)光电式接近开关内部电路原理图如图 2 – 2 – 13 所示。

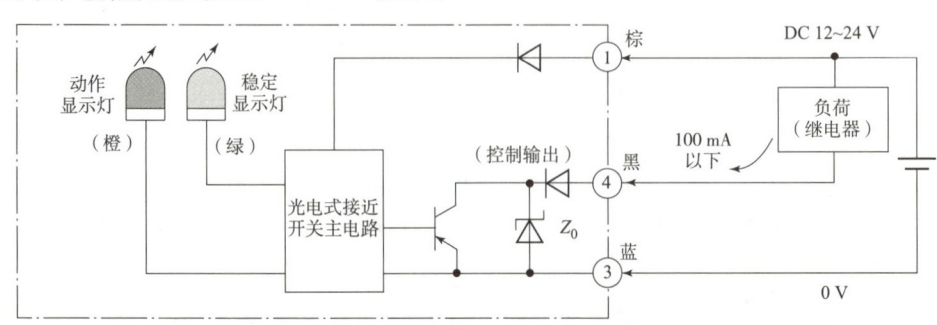

图 2 – 2 – 13　CX – 441(E3Z – L61)光电式接近开关内部电路原理图

用来检测物料台上有无物料的光电式接近开关是一个圆柱形漫射式光电接近开关,工作时向上发出光线,从而透过小孔检测是否有工件存在。该光电式接近开关选用SICK公司的MHT15-N2317型产品,其外形如图2-2-14所示。

图2-2-14　MHT15-N2317光电式接近开关外形

4. 接近开关的图形符号

部分接近开关的图形符号如图2-2-15所示,图中(a)(b)(c)三种情况均使用NPN型三极管集电极开路输出。若使用PNP型,则正负极性应反过来。

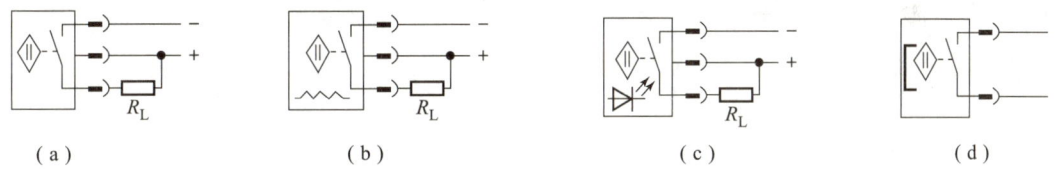

图2-2-15　部分接近开关的图形符号

(a)通用图形符号;(b)电感式接近开关;(c)光电式接近开关;(d)磁性开关

任务2-3　供料单元机械结构安装与调试

2.3.1　任务描述

学院举行自动化生产线安装与调试技能大赛,比赛内容的其中一个部分是机械拆装,如果你将要参加这一比赛,并进行赛前练习,请你通过观察供料单元的结构及安装视频,完成供料单元机械结构的安装和调试。

要求:将供料单元拆成组件后,再将组件拆成零件;安装时先将零件组装成组件,然后将组件装配成供料单元;安装完成后进行必要的调试,使供料单元各部分能正常工作。供料单元实物图如图2-3-1所示。

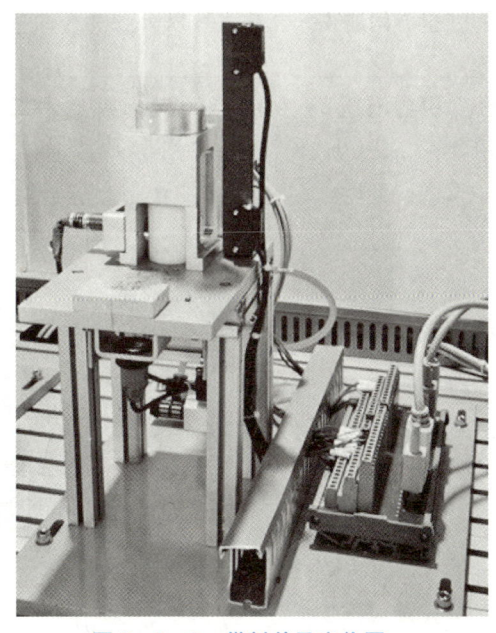

图2-3-1　供料单元实物图

2.3.2 任务目标

(1) 熟悉自动化生产线供料单元的机械结构；
(2) 能够正确确定供料单元各部分的拆装顺序；
(3) 能够正确选用及规范使用工具完成供料单元的机械结构安装；
(4) 安装完成后能进行调试，以确保供料单元后续正常工作。

2.3.3 任务分组

学生任务分配表如表 2-3-1 所示。

表 2-3-1 学生任务分配表

班级		小组名称		组长	
小组成员及分工					
序号	学号	姓名	任务分工		

2.3.4 任务分析

引导问题1：本单元可以分为_____个组件，名称分别是_____、_____、_____。

引导问题2：图 2-3-2（a）所示工具名称是_____，其作用是_____；图 2-3-2（b）所示工具名称是_____，其作用是_____；图 2-3-2（c）所示工具名称是_____，其作用是_____。

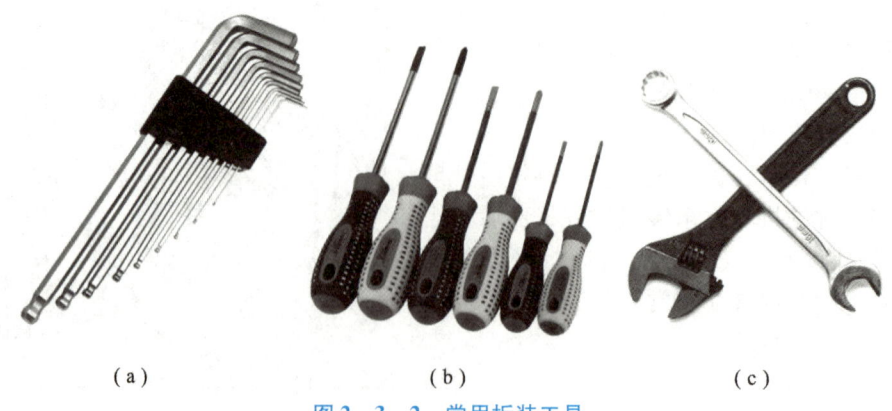

(a)   (b)   (c)

图 2-3-2 常用拆装工具

引导问题3：通过观看供料单元拆装视频、组件情况，制定供料单元机械结构安装方案，并填入表2-3-2。

表2-3-2 安装方案表

安装步骤	安装内容	使用工具

2.3.5 任务实施

1. 拆卸步骤

（1）将供料单元拆卸成组成。将供料单元的信号端子连接电缆拔出，将供料单元连同底板一起抬到安装台面上。

（2）观察供料单元三个组件的连接方式，使用合适的工具将其拆成三个组件，供料单元组件如图2-3-3所示。拆卸过程中注意要将螺钉摆放在工具箱的盒子里，以免丢失。

供料单元的机械结构安装

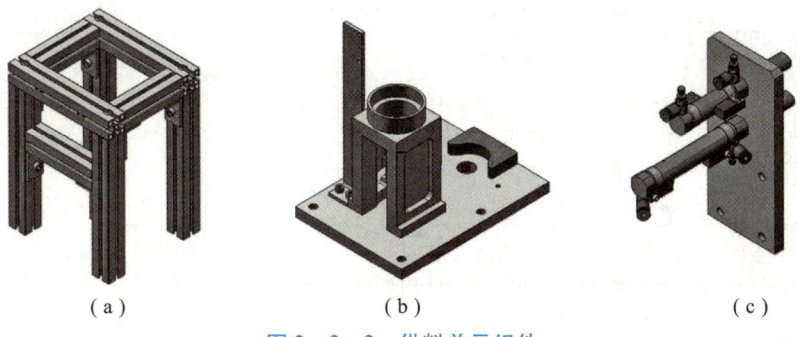

图2-3-3 供料单元组件
(a) 铝合金型材支撑架；(b) 物料台及料仓底座；(c) 推料机构

（3）将组件拆卸成零件形式，并在安装台上面摆放整齐，注意所使用螺钉的规格型号，同样需将螺钉放到工具箱的盒子里。

（4）拆卸完毕后请老师检查是否按要求拆卸，确认后才能开始安装。

2. 安装步骤

（1）先安装成图2-3-3所示的组件。

（2）各组件装配好后，用螺栓把它们连接为总体，再用橡皮锤把装料管敲入料仓底座。

（3）将各传感器安装在对应的位置。

（4）将连接好的供料站机械部分，以及电磁阀组、PLC和接线端子排固定在底板上。

（5）将整个供料单元及底板安装在实验台合适的位置上。

3. 安装注意事项

（1）装配铝合金型材支撑架时，注意调整好各条边的平行及垂直度，锁紧螺栓。

（2）气缸安装板和铝合金型材支撑架的连接，是靠预先在特定位置铝型材"T"形槽中放置预留与之相配的螺母，因此在对该部分的铝合金型材进行连接时，一定要在相应的位置放置相应的螺母。若没有放置螺母或没有放置足够多的螺母，则将造成无法安装或安装不可靠。

（3）机械机构固定在底板上的时候，需要将底板移动到操作台的边缘，螺栓从底板的反面拧入，将底板和机械机构部分的支撑型材连接起来。

（4）用合适的工具进行安装。

（5）螺钉必须全部装上，连接要紧，但也不要拧得过紧，以免后面拆卸造成滑丝。

引导问题4：描述在小组拆装和调试过程中出现了什么问题，是如何解决的？

_____

_____

_____

2.3.6 任务评价

各小组完成供料单元机械结构安装后，进行小组互评和师评，并将得分填入表2-3-3中。

表2-3-3 供料单元机械结构安装评分表

序号	评分项目	评分标准	分值	小组互评	教师评价
1	铝合金型材支撑架组件安装	①每少上一个直角连接块扣2分； ②每少上一个螺钉扣1分； ③紧固件松动现象，每处扣0.5分； ④最多扣30分	30分		
2	物料台及料仓底座组件安装	①每少上一个螺钉扣1分； ②紧固件松动现象，每处扣0.5分； ③最多扣20分	20分		
3	推料机构组件安装	①每少上一个螺钉扣1分； ②紧固件松动现象，每处扣0.5分； ③最多扣10分	10分		
4	传感器的安装	①每少安装一个传感器扣2分； ②安装松动每处扣0.5分； ③传感器装反每处扣2分； ④最多扣15分	15分		
5	整体安装与调试	①每少上一个螺钉扣1分； ②紧固件松动现象，每处扣0.5分； ③最多扣15分	15分		

续表

序号	评分项目	评分标准	分值	小组互评	教师评价
6	职业素养与安全意识	①工具使用不规范扣2分； ②现场操作安全保护不符合安全操作规程，扣2分； ③工具摆放、包装物品、导线线头等的处理不符合职业岗位要求，扣2分； ④团队配合不紧密，扣2分； ⑤不爱惜设备和器材，工位不整洁，扣2分	10分		
7		总分			

任务 2-4　供料单元气路连接与调试

2.4.1　任务描述

通过观看供料单元的视频可知，完成供料动作的元件为气缸，通过控制电磁换向阀的线圈得电与否可以控制气缸活塞杆伸出或缩回。如何连接和调节气路才能保证供料单元正常工作呢？

在 YL-335B 自动化生产线上完成供料单元的气动回路绘制，控制要求为：两个双作用气缸，用单电控电磁换向阀实现方向控制，初始状态为缩回，能够进行速度调节。绘制完成后能够正确连接气管，并进行调试，调试正确后严格按照规范要求进行工艺绑扎。

2.4.2　任务目标

（1）能够按照工作任务绘制气动回路图；
（2）能够按照气动回路图完成气动回路管路连接；
（3）能够进行气缸初态检查、速度调试；
（4）能够按照技术规范要求完成气管工艺绑扎。

2.4.3　任务分组

学生任务分配表如表 2-4-1 所示。

表 2-4-1 学生任务分配表

班级		小组名称		组长	
小组成员及分工					
序号	学号	姓名	任务分工		

2.4.4 任务分析

引导问题1：供料单元的两个气缸均为_____气缸（双作用、单作用），____气缸是指活塞的往复运动均由压缩空气来推动，_____气缸只有一腔可输入压缩空气，实现一个方向推动，其活塞杆只能借助外力将其推回。

引导问题2：气缸活塞运动速度取决于进入气缸的压缩空气流量，供料单元用于调节速度的气动元件主要是_____，它是由_____和_____并联而成的流量控制阀。

引导问题3：分析图2-4-1所示的节流阀连接和调整原理示意图，其属于____节流方式（进气或排气），若需要调节活塞杆伸出时的速度，则应该调节____端的单向节流阀。

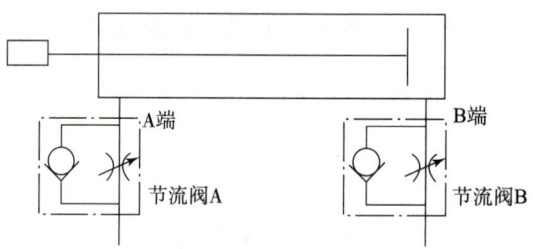

图 2-4-1 节流阀连接和调整原理示意图

引导问题4：请现场观察供料单元电磁换向阀组上的图形符号，其控制线圈是____电控（单或双），表示每一个电磁阀有_____个线圈，是____位____通电磁换向阀。请在下面画出电磁换向阀的图形符号。

引导问题5：供料单元使用的电磁阀带有手动换向和加锁钮，有锁定（LOCK）和开启（PUSH）2个位置，请说明如何进行手动调试。

引导问题 6：请根据图 2-4-2 所示的电磁阀组结构，试说明使用阀组的好处 _____。

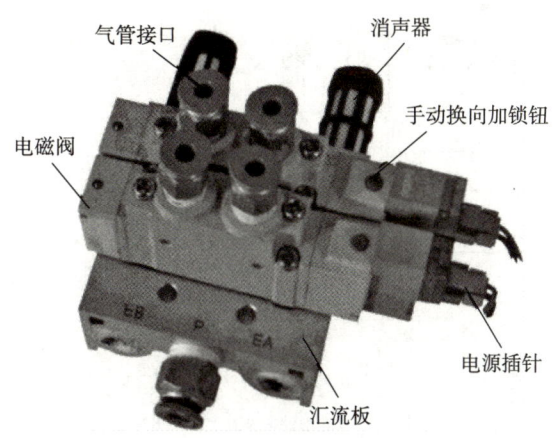

图 2-4-2　电磁阀组结构

引导问题 7：扫码观看供料单元的气路连接视频并制定工作方案，填写表 2-4-2。

供料单元气路
连接视频

表 2-4-2　工作方案

步骤	工作内容	负责人
1		
2		
3		
4		
5		

2.4.5　任务实施

1. 绘制气动回路图

引导问题 8：图 2-4-3 所示的供料单元气动回路图，已完成推料气缸的回路绘制，请将顶料气缸的回路图绘制完成。

2. 气动回路连接

从汇流板开始，按图 2-4-3 所示的供料单元气动回路图连接电磁阀、气缸。连接时注意气管走向应按序排布，均匀美观，不能交叉、打折；气管要在快速接头中插紧，不能有漏气现象。

供料单元气动
控制回路

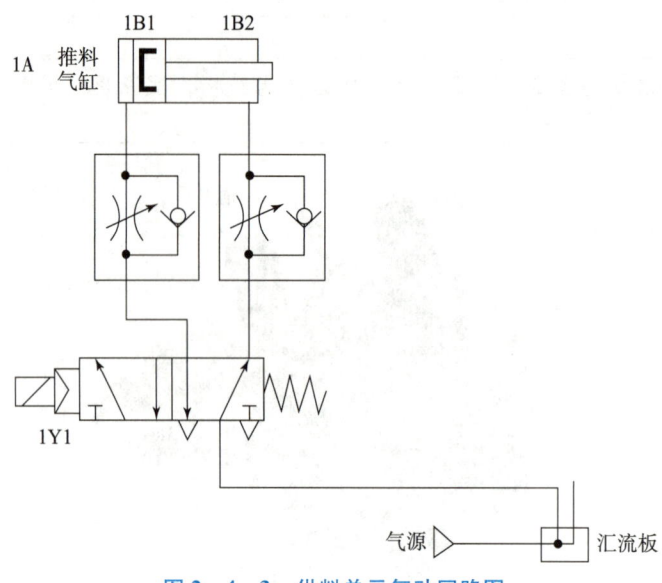

图 2-4-3 供料单元气动回路图

3. 气动回路调试

（1）用电磁阀上的手动换向加锁钮验证顶料气缸和推料气缸的初始位置和动作位置是否正确；

（2）调整气缸节流阀以控制活塞杆的往复运动速度，伸出速度以不推倒工件为准。

引导问题 9：气管连接完成后，接上气源发现顶料气缸的初始状态是伸出的，那么可以通过哪些方法将其初始状态调整为缩回的？

_____

_____

_____

4. 气管绑扎

供料单元气路连接完成后，为了使气管的连接走线整齐、美观，需要使用扎带对气管进行绑扎，绑扎时扎带间的距离保持在 4~5 cm 为宜。

引导问题 10：在图 2-4-4 所示的绑扎工艺中，你认为符合规范的是（　　）？

安装规范

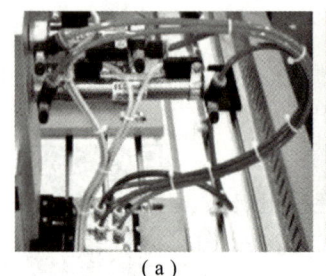
（a）

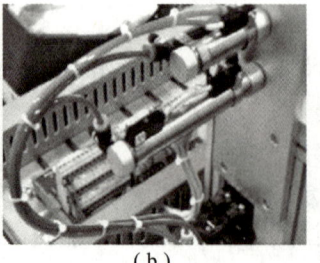
（b）

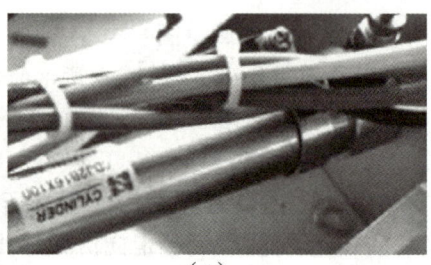
（c）

图 2-4-4 绑扎工艺

（a）绑扎1；（b）绑扎2；（c）绑扎3

2.4.6 任务评价

各组完成供料单元气动回路连接、调试与绑扎后,请同学或教师评分,并完成表2-4-3。

表 2-4-3 供料单元编程与调试项目评分表

序号	评分项目	评分标准	分值	小组互评	教师评分
1	引导问题	其中引导问题8中图2-4-3所示的供料单元气动回路图绘制评分为: ①电磁阀绘制错误扣2分; ②单向节流阀绘制错误扣2分; ③气缸初始状态及磁性开关错误各扣1.5分	50分		
2	气动回路连接	①气路连接未完成或有错,每处扣2分; ②气路连接有漏气现象,每处扣1分; ③气管太长或太短每处扣0.5分	15分		
3	气动回路调试	①气缸节流阀调节不当,每处扣2分; ②气缸初始状态不对每处扣5分	15分		
4	气管绑扎	①气路连接凌乱扣4分; ②气管没有绑扎扣4分; ③气管绑扎不规范扣2分	10分		
5	职业素养与安全意识	①工具使用不规范扣2分; ②现场操作安全保护不符合安全操作规程,扣2分; ③工具摆放、包装物品、导线线头等的处理不符合职业岗位要求,扣2分; ④团队配合不紧密,扣2分; ⑤不爱惜设备和器材,工位不整洁,扣2分	10分		
6		总分			

2.4.7 知识链接

1. 标准双作用直线气缸

标准气缸是指气缸的功能和规格是普遍使用的、结构容易制造的,制造厂通常作为通用产品供应市场的气缸。

双作用气缸是指活塞的往复运动均由压缩空气来推动。图2-4-5所示是标准双作用直线气缸半剖面图。图中气缸的两个端盖上都设有进排气口,从无杆侧端盖气口进气时,推动活塞向左运动;反之,从有杆侧端盖气口进气时,推动活塞向右运动。双作用气缸具有结构简单、输出力稳定、行程可根据需要选择的优点,但由于是利用压缩空气交替作用于活塞上实现伸缩运动的,回缩时压缩空气的有效作用面积较小,所以产生的力要小于伸出时产生的推力。

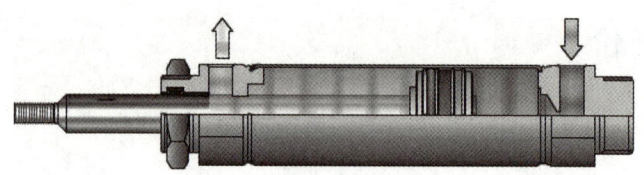

图2-4-5 标准双作用直线气缸半剖面图

为了使气缸的动作平稳可靠,应对气缸的运动速度加以控制,常用的方法是使用单向节流阀。单向节流阀是由单向阀和节流阀并联而成的流量控制阀,常用于控制气缸的运动速度,所以也称为速度控制阀。

图2-4-1给出了在双作用气缸装上两个单向节流阀的连接示意图,这种连接方式称为排气节流方式,即当压缩空气从A端进气、从B端排气时,单向节流阀A的单向阀开启,向气缸无杆腔快速充气。由于单向节流阀B的单向阀关闭,有杆腔的气体只能经节流阀排气,调节节流阀B的开度,便可改变气缸伸出时的运动速度。反之,调节节流阀A的开度则可改变气缸缩回时的运动速度。这种控制方式的活塞运行稳定,是最常用的控制方式。

节流阀上带有气管的快速接头,只要将合适外径的气管往快速接头上一插就可以将管连接好,使用时十分方便。图2-4-6所示是安装带快速接头的限出型气缸节流阀的气缸外观。

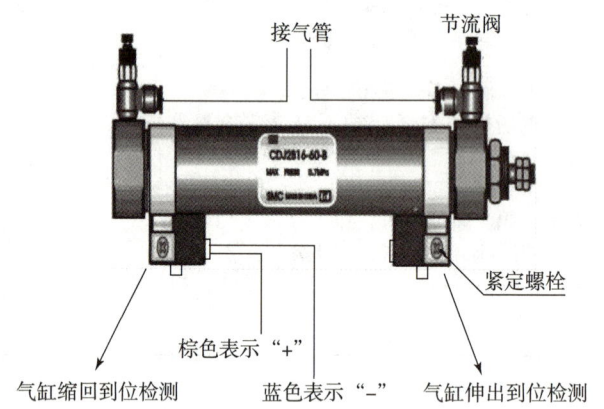

图2-4-6 安装带快速接头的限出型气缸节流阀的气缸外观

2. 单电控电磁换向阀

如前所述,顶料或推料气缸活塞的运动是依靠向气缸一端进气,并从另一端排气,再反过来,从另一端进气,一端排气来实现的。气体流动方向的改变则由能改变气体流动方向或通断的控制阀,即方向控制阀控制。在自动控制中,方向控制阀常采用电磁控制方式实现方向控制,称为电磁换向阀。

电磁换向阀是利用电磁线圈通电时,静铁芯对动铁芯产生电磁吸力使阀芯切换,达到改变气流方向的目的。图2-4-7所示为单电控电磁换向阀的工作原理。

"位"指的是为了改变气体方向,阀芯相对于阀体所具有不同的工作位置。"通"指的是换向阀与系统相连的通口,有几个通口即为几通。图2-4-7中只有两个工作位置,具有供气口P、工作口A和排气口R,故为二位三通阀。

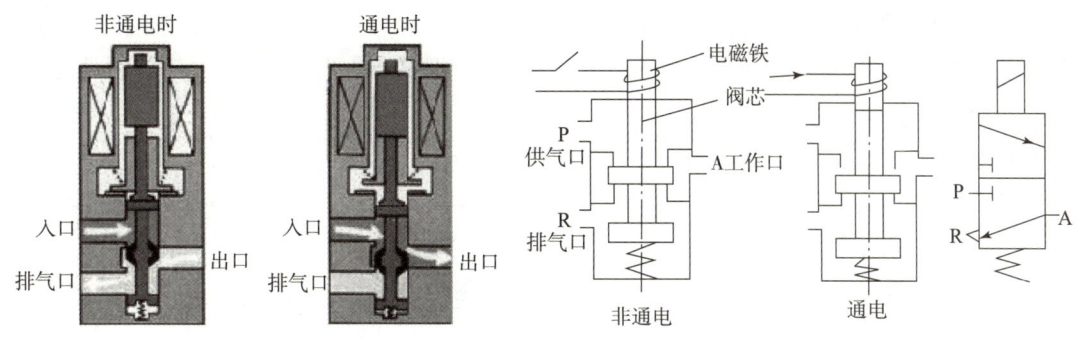

图 2-4-7 单电控电磁换向阀的工作原理

图 2-4-8 分别给出了二位三通、二位四通和二位五通单控电磁换向阀的图形符号，图形中有几个方格就是几位，方格中的"⊤"和"⊥"符号表示各接口互不相通。

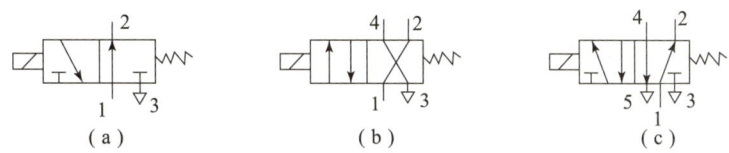

图 2-4-8 部分单电控电磁换向阀的图形符号
(a) 二位三通阀；(b) 二位四通阀；(c) 二位五通阀

YL-335B 自动化生产线所有工作单元的执行气缸都是双作用气缸，因此控制它们工作的电磁阀需要有两个工作口、两个排气口，以及一个供气口，故使用的电磁阀均为二位五通电磁阀。供料单元用了两个二位五通的单电控电磁阀。这两个电磁阀带有手动换向和加锁钮，有锁定（LOCK）和开启（PUSH）两个位置。用小螺丝刀把加锁钮旋到锁定位置时，手控开关向下凹进去，不能进行手控操作。只有在开启位置时，可用工具向下按，信号为"1"，等同于该侧的电磁信号为"1"；常态时，手控开关的信号为"0"。在进行设备调试时，可以使用手控开关对阀进行控制，从而实现对相应气路的控制，以改变推料缸等执行机构的控制，达到调试的目的。

3. 电磁阀组

多个阀与消声器、汇流板等集中在一起构成一组控制阀的集成称为阀组，每个阀的功能是彼此独立的。电磁阀组结构如图 2-4-2 所示，两个电磁阀集中安装在汇流板上，汇流板中两个排气口末端均连接了消声器，消声器的作用是减少压缩空气在向大气排放时的噪声。

任务 2-5 供料单元电气接线与调试

2.5.1 任务描述

完成了供料单元的机械安装和气动回路连接之后，为了能够通过 PLC 程序实现自动供料，就必须将传感器、按钮开关信号连接到 PLC 的输入模块，PLC 输出控制信号需要连接到被控制对象，如电磁阀线圈、指示灯等。

供料单元 PLC 的 I/O 接线原理如图 2-5-1 所示，完成 PLC 侧、装置侧及按钮/指示灯模块的电气接线，并进行调试与诊断，可为后续实现供料单元 PLC 程序编制提供硬件条件。

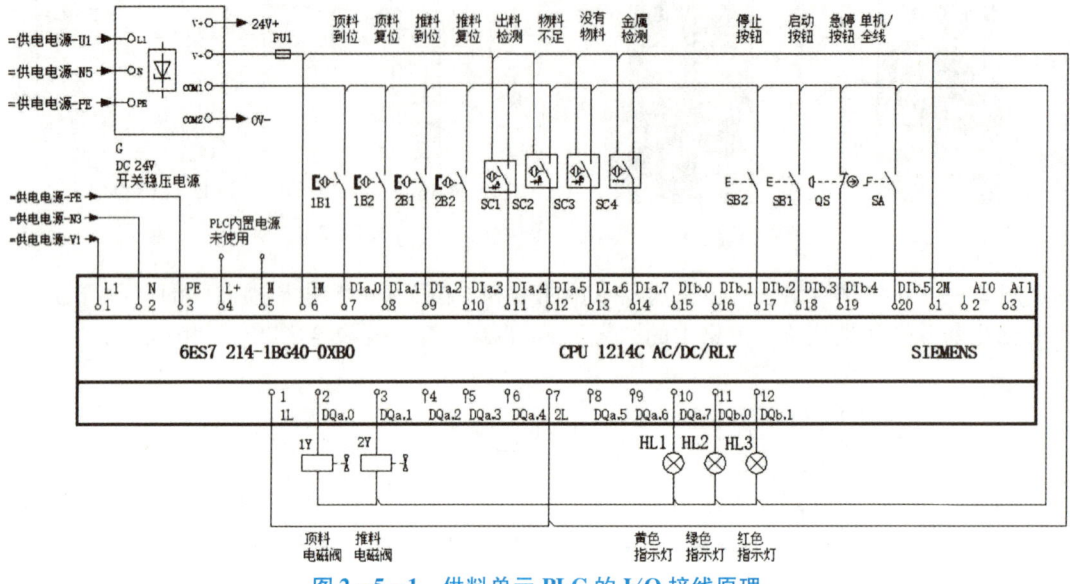

图 2-5-1　供料单元 PLC 的 I/O 接线原理

2.5.2　任务目标

（1）能够识读 PLC 的外部 I/O 接线图；
（2）能够完成 PLC 的 I/O 接口模块与 PLC 侧接线端子及装置侧端子接线；
（3）能够对 PLC 接线及信号进行调试与诊断。

2.5.3　任务分组

学生任务分配表如表 2-5-1 所示。

表 2-5-1　学生任务分配表

班级		小组名称		组长	
小组成员及分工					
序号	学号	姓名	任务分工		

2.5.4 任务分析

引导问题 1：供料单元使用 PLC 的 CPU 型号是_____，其中"12"表示_____，该 CPU 集成有____个数字输入点，有____个数字输出点，有____个模拟量输入通道，型号中的 AC/DC/RLY，AC 表示_____，DC 表示_____，RLY 表示_____。

引导问题 2：根据供料单元的结构及控制要求，确定本单元的 PLC 数字输入点数____个，分别连接的输入信号是_____、_____、_____、_____、_____、_____、_____、_____、启动按钮、停止按钮、工作方式选择开关、急停按钮。

小提示

PLC 的输入信号分为数字量和模拟量。

数字量是通常所说的由"0"和"1"组成的信号类型，是经过编码后有规律的信号。对于开关量来说，触点闭合可以认为是"1"，触点断开可以认为是"0"，作为数字量采集信号。其中数字量一般连接开关、按钮、传感器等信号。

模拟量是指一些连续变化的物理量，如电压、电流、压力、速度、流量等信号量，模拟信号是幅度随时间连续变化的信号，通常电压信号为 0~10 V，电流信号为 4~20 mA，可以用 PLC 的模拟量模块进行数据采集，经过抽样和量化后可以转换为数字量。

引导问题 3：供料单元 PLC 的输出类型为_____输出，其输出信号有____个，驱动的负载分别为_____、_____、_____、指示灯 HL2、指示灯 HL3。

小提示

PLC 的输出信号分为数字量和模拟量，PLC 的数字量输出端口接线一般有三种：继电器输出、晶体管输出、晶闸管输出。

继电器输出既可驱动直流负载，也可驱动交流负载。继电器输出反应速度慢（开关延迟为 10 ms），输出电流大，一般能达到 2 A，但触点寿命较短，输出频率较低，最大为 1 Hz。

晶体管输出只可驱动直流负载。晶体管输出反应速度快（开关延迟为 3.0 μs），输出电流小，触点寿命较长，输出频率很高，通常可以达到 10 kHz，有些甚至可以达到 100 kHz。

晶闸管输出其 PLC 内部使用双向晶闸管，当晶闸管导通时输出为 ON，晶闸管截止时输出为 OFF，晶闸管没有极性，输出端负载电源必须使用交流电源 AC 100~240 V。

模拟量输出规格一般为 0~20 mA 电流信号、4~20 mA 电流信号、0~5 V 电压信号、0~10 V 电压信号等。

引导问题 4：由图 2-5-1 可以得出，供料单元 PLC 输入电源是_____V，数字 I/O 模块电源是_____V，其中 1M、2M 接入电源是_____V。对于三线传感器来说此种接法为_____（NPN 或 PNP），1L、2L、3L 接入电源是_____V，直流电源由单独的_____供电，而没有使用 PLC 内置的 24 V 电源。

引导问题 5：由图 2-5-1 和传感器接线可知，三线传感器的____色导线接 PLC 的输入端子，接 +24 V 的是____色导线，接 0 V 的是____色导线。磁性开关的____色导线接 PLC 的输入端子，接 0 V 的是____色导线。

引导问题 6：观察供料单元装置侧传感器到 PLC 输入点的接线，以 I0.5 输入信号的接线为例描述输入信号如何从传感器接到 PLC 的输入端。

_____
_____

引导问题 7：观察供料单元 PLC 输出点到装置侧电磁阀线圈的接线，以 Q0.0 输出信号的接线为例描述输出信号如何从 PLC 的输出端接到电磁阀线圈。

_____
_____

引导问题 8：通过扫码观看供料单元电气接线视频，制订工作计划，并填入表 2-5-2 中。

表 2-5-2　工作计划表

序号	工作内容	负责人

引导问题 9：根据图 2-5-1，将表 2-5-3、表 2-5-4 填写完整，确定正确的电气接线方法。

表 2-5-3　供料单元 PLC 的 I/O 信号表

输入信号				输出信号				
序号	输入点	信号名称	信号来源	序号	输出点	信号名称	信号来源
1		顶料气缸伸出到位	装置侧	1		顶料电磁阀	装置侧
2		顶料气缸缩回到位		2		推料电磁阀	
3		推料气缸伸出到位		3			
4		推料气缸缩回到位		4			
5		出料台物料检测		5			
6		供料不足检测		6			
7		缺料检测		7			
8		金属工件检测		8		黄色指示灯	按钮/指示灯模块
9				9	Q1.0	绿色指示灯	
10				10	Q1.1	红色指示灯	

续表

输入信号				输出信号			
序号	输入点	信号名称	信号来源	序号	输出点	信号名称	信号来源
11	I1.2	停止按钮	按钮/指示灯模块				
12	I1.3	启动按钮					
13	I1.4	急停按钮					
14	I1.5	工作方式选择开关					

表 2-5-4 供料单元装置侧接线端口信号端子的分配

输入端口中间层			输出端口中间层		
端子号	设备符号	信号线	端子号	设备符号	信号线
2	1B1	顶料气缸伸出到位	2	1Y	顶料电磁阀
3		顶料气缸缩回到位	3		推料电磁阀
4	2B1	推料气缸伸出到位			
5	2B2	推料气缸缩回到位			
6		出料台物料检测			
7		供料不足检测			
8		缺料检测			
9	SC4	金属工件检测			
10#~17#端子没有连接			4#~14#端子没有连接		

2.5.5 任务实施

1. PLC 侧接线

PLC 侧接线包括 PLC 电源接线、PLC I/O 端口的接线、按钮/指示灯模块的接线三部分。

（1）PLC 电源接线。

PLC 电源接线需要根据 PLC 的电源类型来区分。西门子 S7-1200 PLC 电源常用的有 AC/DC/RLY 和 DC/DC/DC，表示 CPU 电源模块电源/数字输入电源/数字输出类型；CPU 电源的 "AC" 表示交流 220 V，"DC" 表示直流 24 V。数字输入电源都为 "DC"，数字输出类型中的 "RLY" 表示继电器输出，可驱动直流负载也可驱动交流负载，"DC" 表示晶体管输出，规定的输出端口可输出高频脉冲信号。

供料单元电气接线

供料单元使用的 PLC 类型为西门子 S7-1200 CPU 1214C AC/DC/RLY 型，所以 PLC 的电源接线为 AC 220 V，图 2-5-1 所示 PLC 的工作电源接线端子 L1\N 接 AC 220 V 电源。I/O 的公共端 "1M" "2M" "1L" "2L" "3L" 接直流电源 24 V，PLC 输出模块驱动直流负载。

(2) PLC I/O 端口的接线。

PLC 侧接线端子为双层两列端子，因为用到的输出点数较少而输入信号较多，所以左边较窄一列接 PLC 的输出端口（可接 13 个输出点），右边较宽一列接 PLC 的输入端口（可接 16 个输入点），两列下层分别接 24 V 电源端子和 0 V 端子，上层为信号端子，供料单元 PLC 侧接线如图 2-5-2 所示。

 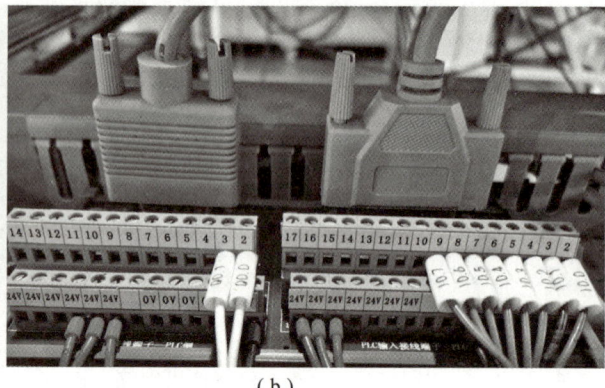

(a) (b)

图 2-5-2　供料单元 PLC 侧接线

(a) PLC I/O 接口接线；(b) PLC 侧端子排接线

(3) 按钮/指示灯模块的接线。

按钮/指示灯模块安装于 PLC 侧边，其信号线直接连接到 PLC 的 I/O 模块端口，不需要通过 PLC 侧接线端子排，如图 2-5-3 所示。

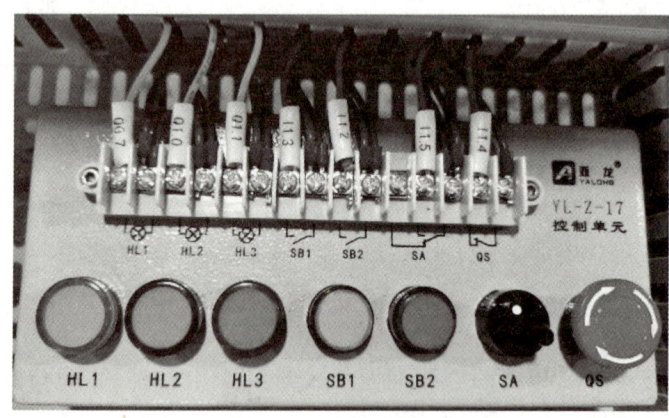

图 2-5-3　按钮/指示灯模块接线

2. 装置侧接线

装置侧的接线分为传感器接线和电磁阀线圈接线两部分，即把供料单元各传感器信号线、24 V 电源线、0 V 线按规定接至装置侧左边较宽接线端子排对应的端口上，把供料单元电磁阀的信号线接至装置侧右边较窄的接线端子排上。图 2-5-4 所示的装置侧端子排的接线，共分为三层，最上层为 24 V 电源端口，最下层为 0 V 电源接线端口，中间层为信号接线端口。

图 2-5-4 装置侧端子排的接线

对于装置侧的接线，各传感器信号线及电磁阀信号线与装置侧对应的端子排号如表 2-5-4 所示。

装置侧接线端子排和 PLC 侧接线端子排信号端口通过电缆线连接，端子上的序号为一一对应。例如 PLC 输入接口地址 I0.0 接到 PLC 侧信号端口的 2 号端口，若传感器顶料气缸伸出到位检测的磁性开关信号接到 I0.0，则将该传感器信号线连接到装置侧端子排信号端口 2 号端口即可。

3. 电缆线的连接

PLC 侧端子排与装置侧端子排连接示意如图 2-5-5 所示，在连接过程中注意接口对准，直接连接。

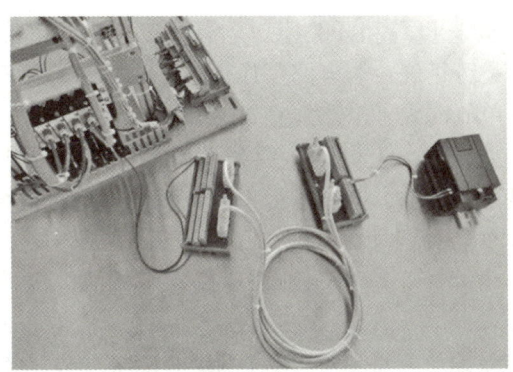

图 2-5-5 PLC 侧端子排与装置侧端子排连接示意

4. 电气接线工艺要求

（1）电气接线的工艺应符合国家标准规定，如导线连接到端子时，采用端子压接方法，且不可出现导线金属丝外露的情况；连接线须有符合规定的标号；每一端子连接的导线不超过两根等。

（2）装置侧接线完成后，应用扎带绑扎，力求整齐美观。

引导问题 10：通过查看《GZ-2017011 自动化生产线安装与调试技术规范》，总结电气接线的主要规范要求，图 2-5-6

GZ-2017011 自动化生产线
安装与调试技术规范

是否符合接线规范，如果不符合请说出不规范的地方。

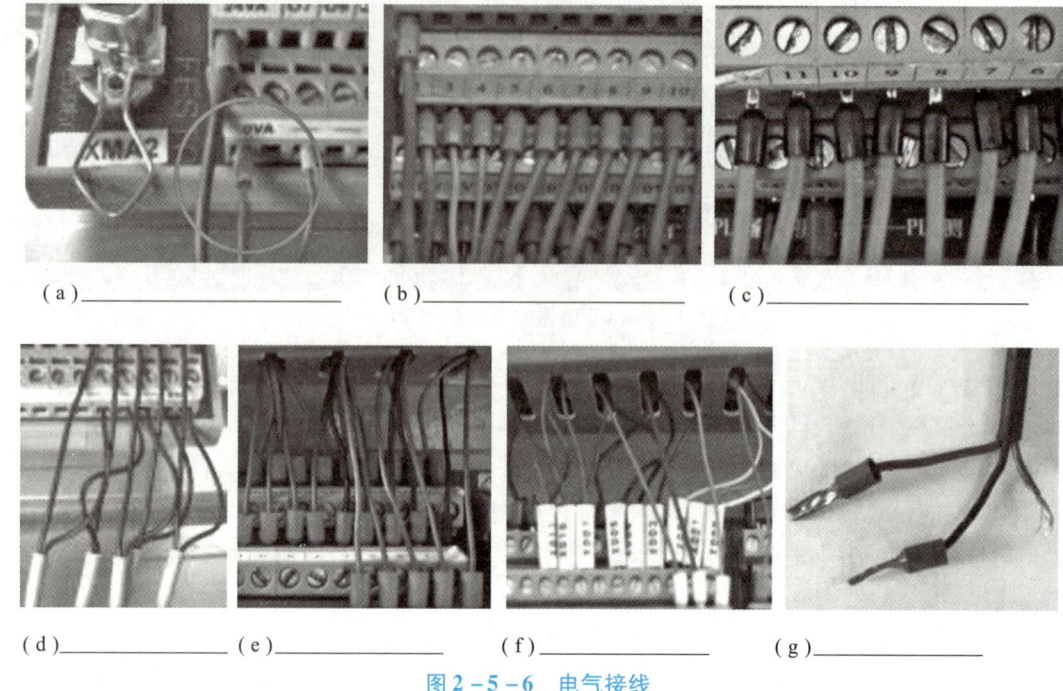

(a)＿＿＿＿＿＿ (b)＿＿＿＿＿＿ (c)＿＿＿＿＿＿

(d)＿＿＿＿＿＿ (e)＿＿＿＿＿＿ (f)＿＿＿＿＿＿ (g)＿＿＿＿＿＿

图 2-5-6 电气接线

5. 电气调试

电气调试部分主要是检查 PLC 和开关稳压电源等工作是否正常。检查 PLC 的输入端口电路和输出端口电路连接是否正确。若电路工作不正常或电路连接不正确，则需要对电路进行排查和调试，保证供料单元的硬件电路能正常工作。

（1）检查工作电源是否正常。上电后，观察 PLC、开关稳压电源的电源指示灯是否正常点亮，否则关闭电源以检测其电源接线是否正确或元器件是否损坏。可以使用万用表检测输入电压和输出电压是否在范围值内。

（2）检查 DC 24 V 电源是否正确连接到 PLC 侧端子排的电源端口，查看进入端子排之前的熔断器是否正常。

（3）检查各传感器信号端口、按钮/指示灯模块的按钮（或开关）信号端口与 PLC 输入端口的连接是否正确。上电后，对照表 2-5-3 的输入信号部分，逐个检测各传感器信号线是否正确连接至 PLC 的输入端口，当某个传感器有动作信号输出时，传感器的动作指示灯会点亮，其连接到 PLC 输入端口的 LED 指示灯点亮。若传感器本身不工作或无动作信号输出，则需要检查传感器的电源线或信号线是否连接正确，以调整传感器的检测位置。若传感器工作正常，但 PLC 输入端口的指示灯不亮，则应检查传感器信号端口与 PLC 输入端口之间的连线是否正常。

按钮/指示灯模块的按钮或开关信号，则对照表 2-5-4 逐个检测各按钮或开关是否正常。手动按下某个按钮，或切换工作方式开关，PLC 对应的输入端口指示灯点亮，否则检查按钮或工作方式开关的接线是否正确并做相应调试。

（4）核对 PLC 输出端口与电磁阀线圈、指示灯连接是否正确。打开西门子博途 TIA Portal 编程软件，分别用软件强制方法调试 Q0.0、Q0.1 端口对应的两个电磁阀是否工作正常。当 Q0.0 =1 时，顶料气缸电磁阀线圈得电，电磁阀上的灯将点亮，若气动回路正确且有压缩空气，则顶料气缸活塞杆将伸出。电磁阀上的灯如果不点亮，应检查 Q0.0 至装置侧电磁阀的信号线接线是否正常，同时也可以使用万用表测量装置侧端子排对应端口与 0 V 之间是否有 24 V 的电压，如果没有应该是接线有问题，如果有，则查看电磁阀内部接线是否正常或电磁阀是否已经损坏，可以通过更换气管到正常工作的电磁阀来进行确认。用同样的方法完成推料电磁阀和指示灯的调试。

2.5.6 任务评价

各组完成供料单元电气连接与调试之后，由小组互评或教师评分，并完成表 2-5-5。

表 2-5-5 供料单元电气连接与调试评分表

序号	评分项目	评分标准	分值	互评得分	师评得分
1	电气连接	①I/O 分配表信号与实际连接信号不符，每处扣 2 分；②端子排插接不牢或超过 2 根导线，每处扣 1 分	40 分		
2	工艺规范	①电路接线凌乱扣 2 分；②未规范绑扎，每处扣 2 分；③未压冷压端子，每处扣 1 分；④有电线外露，每处扣 0.5 分	20 分		
3	电气调试（小组任意一位同学示范操作）	①不能描述信号的流向与连接，扣 15 分；②不会使用仪表量具进行调试，扣 15 分	30 分		
4	职业素养与安全意识	①现场操作安全保护不符合安全操作规程，扣 1 分；②工具摆放、包装物品、导线线头等的处理不符合职业岗位的要求，扣 1 分；③团队配合不紧密，扣 1 分；④不爱惜设备和器材，工位不整洁，扣 1 分	10 分		
5	1~4 电气接线与调试总分		100 分		
6	引导问题	1~10 题	100 分		
7	总分	电气接线与调试占比为 0.6，引导问题占比为 0.4	100 分		

任务 2-6 供料单元编程与调试

2.6.1 任务描述

完成供料单元工作状态定义及指示灯显示、供料动作及设备异常情况控制的 PLC 程序编写与调试。具体任务要求为：供料单元独立运行的主令信号和工作状态指示信号来自本单元的按钮/指示灯模块，并且此模块上的工作选择开关 SA 应被置于"单站方式"位置。具体控制要求如下：

1. 单元初始状态检测

设备上电和气源接通后，若供料单元的两个气缸均处于缩回位置，且料仓内有足够的待加工工件，表示设备准备好，则"正常工作"指示灯 HL1（黄色）常亮。否则，该指示灯以 1 Hz 频率闪烁。

2. 单元启动运行

若设备准备好，按下启动按钮，工作单元启动，则"设备运行"指示灯 HL2（绿灯）常亮。启动后，若出料台没有工件，则应把工件推出到出料台上。出料台上的工件被人工取出后，若没有停止信号，则进行下一次推出工件操作。

3. 单元停止

若在运行中按下停止按钮，则在完成本工作周期任务后，工作单元停止工作，HL2 指示灯熄灭。

4. 单元异常工作状态

若在运行中料仓内工件不足，则工作单元继续工作，但"正常工作"指示灯 HL1 以 1 Hz 的频率闪烁，"设备运行"指示灯 HL2 保持常亮。

若料仓内没有工件，则 HL1 指示灯和 HL2 指示灯均以 2 Hz 频率闪烁，红色指示灯常亮，工作站在完成本周期任务后停止，除非向料仓中补充足够的工件，否则工作站不能再启动。

2.6.2 任务目标

（1）能够完成供料单元准备就绪、运行与停止状态的 PLC 程序编制；
（2）能够根据供料单元动作画出其顺序控制功能流程图；
（3）能够编写对应顺序控制功能流程图的 PLC 程序；
（4）能够编写供料单元设备异常的 PLC 程序；
（5）能够完成供料单元的 PLC 程序调试与运行。

2.6.3 任务分组

学生任务分配表如表 2-6-1 所示。

表 2-6-1　学生任务分配表

班级		小组名称		组长	
小组成员及分工					
序号	学号	姓名	任务分工		

2.6.4　任务分析

引导问题 1：在 PLC 控制设计中，应如何选择 PLC 的品牌和型号？

引导问题 2：在编写 PLC 程序前，需要先进行 I/O 分配和接线图绘制吗？为什么？

引导问题 3：编写 PLC 程序时，什么时候用常开触点？什么时候用常闭触点？

引导问题 4：通过查阅资料，理解什么是顺序控制功能图？共有几种基本形式？供料单元供料控制属于哪种形式？

引导问题 5：若学习过程中没有按 I/O 分配表接线，则需要根据现场设备的接线，查找 PLC 对应的输入和输出地址，请将查找的地址填入表 2-6-2。

供料单元输入点地址查找

供料单元输出点地址查找

表 2-6-2 供料单元 PLC 的 I/O 信号表

序号	PLC 输入地址	信号名称	序号	PLC 输出地址	信号名称
1		顶料气缸伸出到位	1		顶料电磁阀
2		顶料气缸缩回到位	2		推料电磁阀
3		推料气缸伸出到位	3		黄色指示灯
4		推料气缸缩回到位	4		绿色指示灯
5		出料台物料检测	5		红色指示灯
6		供料不足检测	6		
7		缺料检测	7		
8		金属工件检测	8		
9		停止按钮	9		
10		启动按钮	10		
11		急停按钮			
12		工作方式选择开关			

2.6.5 任务实施

1. PLC 编程步骤

（1）PLC 硬件组态。

打开西门子博途软件，新建一个项目，命名为"自动化线 YL-335B"，在"添加新设备"对话框中找到供料单元的 PLC 型号并将其添加上，如图 2-6-1 所示。在 CPU 属性中修改 IP 地址，如图 2-6-2 所示，并修改 PLC 的名称为"供料单元"。

供料单元程序编写

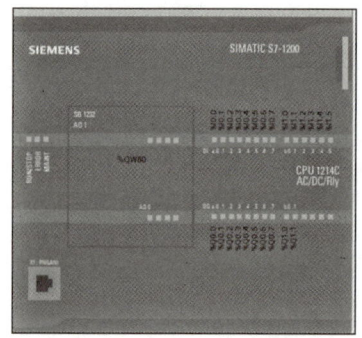

图 2-6-1 PLC 的 CPU 型号

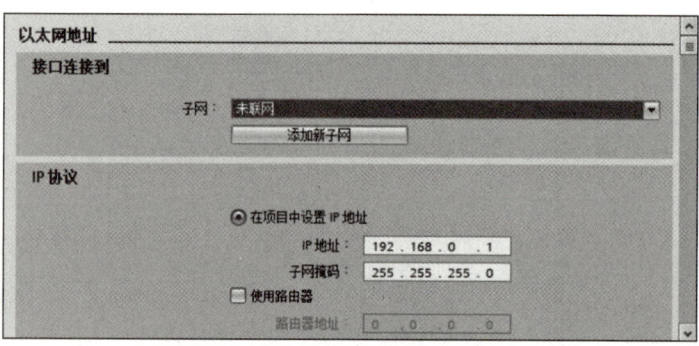

图 2-6-2 IP 地址设置

为了能够使用 CPU 自带的时钟存储器，编写指示灯闪烁程序时可以直接使用不同频率的地址，所以在 CPU 属性中启用系统和时钟存储器，如图 2-6-3 所示。

PLC 的 I/O 地址也可以根据需要进行修改，这里使用默认的地址，即输入地址对应为 IB0~IB1，输出地址对应为 QB0~QB1。

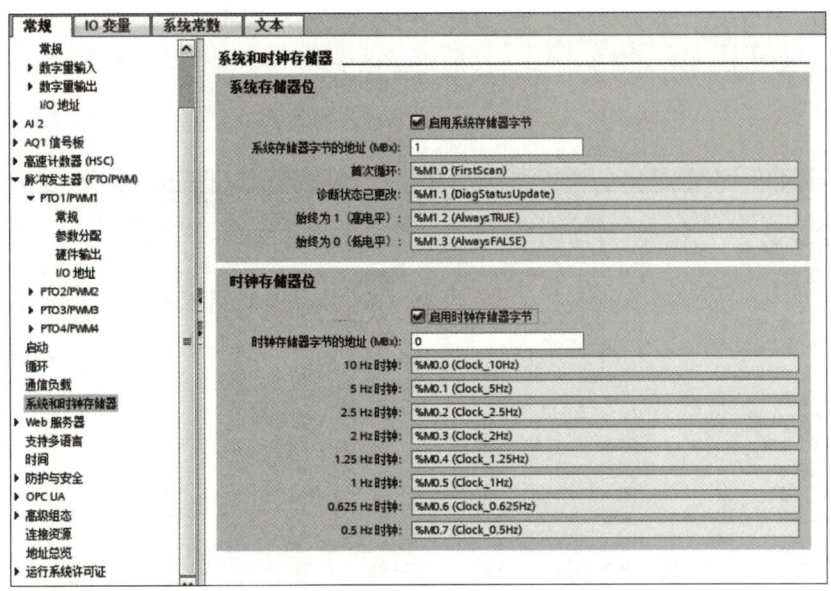

图 2-6-3 启用系统和时钟存储器

(2) 计算机与 PLC 通信。

在编写 PLC 程序之前,请先进行通信。S7-1200 PLC 与计算机之间通过以太网口进行通信,在前面已经设置过 IP 地址,现在选中供料单元,然后单击"下载"按钮。设置 PG/PC 接口为计算机的网络适配器,单击"开始搜索"按钮,找到供料单元的 PLC 后,再单击"下载"按钮,下载界面如图 2-6-4 所示,下载成功后就可以开始编程工作了。

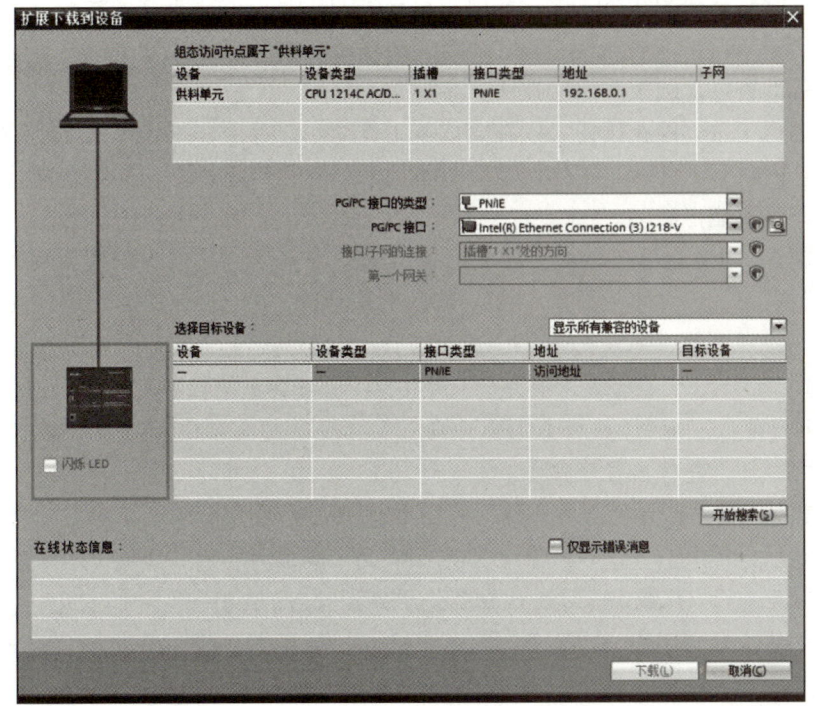

图 2-6-4 下载界面

（3）编辑变量表。

为了规范编程及程序的易读性，请在编写程序之前，将 PLC 的 I/O 符号名称输入变量表中，供料单元 I/O 变量表如图 2－6－5 所示。

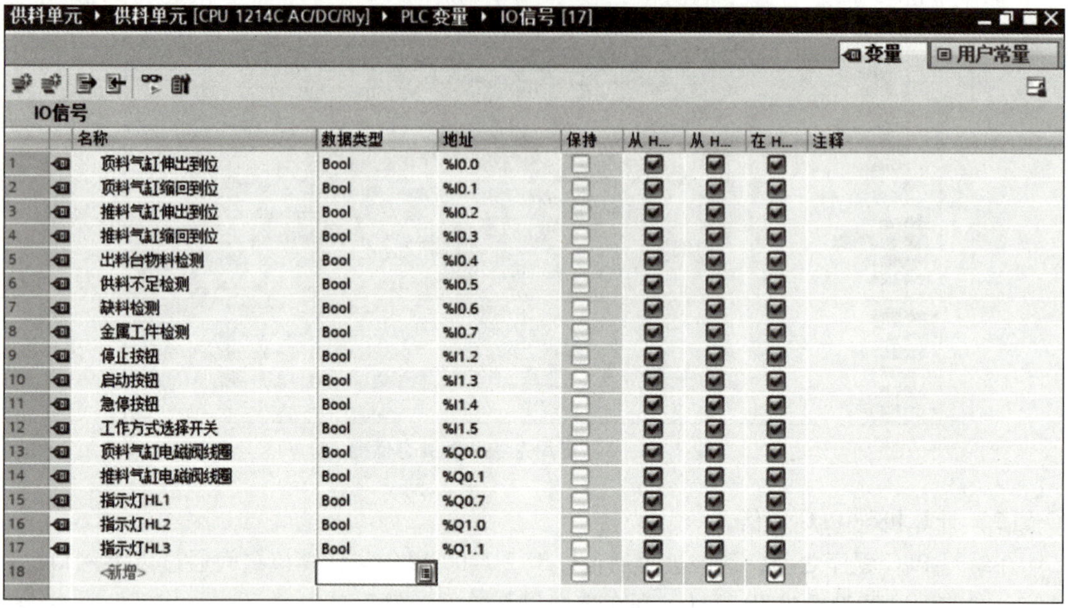
供料单元 ▸ 供料单元 [CPU 1214C AC/DC/Rly] ▸ PLC 变量 ▸ IO信号 [17]

变量　用户常量

IO信号

	名称	数据类型	地址	保持	从 H...	从 H...	在 H...	注释
1	顶料气缸伸出到位	Bool	%I0.0	☐	☑	☑	☑	
2	顶料气缸缩回到位	Bool	%I0.1	☐	☑	☑	☑	
3	推料气缸伸出到位	Bool	%I0.2	☐	☑	☑	☑	
4	推料气缸缩回到位	Bool	%I0.3	☐	☑	☑	☑	
5	出料台物料检测	Bool	%I0.4	☐	☑	☑	☑	
6	供料不足检测	Bool	%I0.5	☐	☑	☑	☑	
7	缺料检测	Bool	%I0.6	☐	☑	☑	☑	
8	金属工件检测	Bool	%I0.7	☐	☑	☑	☑	
9	停止按钮	Bool	%I1.2	☐	☑	☑	☑	
10	启动按钮	Bool	%I1.3	☐	☑	☑	☑	
11	急停按钮	Bool	%I1.4	☐	☑	☑	☑	
12	工作方式选择开关	Bool	%I1.5	☐	☑	☑	☑	
13	顶料气缸电磁阀线圈	Bool	%Q0.0	☐	☑	☑	☑	
14	推料气缸电磁阀线圈	Bool	%Q0.1	☐	☑	☑	☑	
15	指示灯HL1	Bool	%Q0.7	☐	☑	☑	☑	
16	指示灯HL2	Bool	%Q1.0	☐	☑	☑	☑	
17	指示灯HL3	Bool	%Q1.1	☐	☑	☑	☑	
18	<新增>			☐	☑	☑	☑	

图 2－6－5　供料单元 I/O 变量表

（4）编写准备就绪、运行与停止状态的 PLC 程序。

①各气缸已具备初始状态，以及料筒中料充足的情况表示准备就绪状态，否则表示未准备就绪。

②若设备准备好，则按下启动按钮，工作单元启动。

③若在运行中按下停止按钮，则在完成本工作周期任务后，工作单元停止工作。

④若料仓内没有工件时，工作站在完成本周期任务后停止，除非向料仓中补充足够的工件，否则工作站不能再启动。

引导问题 6：准备就绪条件对应的 PLC 输入地址分别是：顶料气缸缩回到位 I____、推料气缸缩回到位 I____、料仓内有足够的待加工工件 I____。3 个条件若同时满足，则 3 个常开触点应____（串联、并联）。图 2－6－6 所示的程序用________来表示准备状态，值为____（0 或 1）时表示准备就绪，值为____（0 或 1）时表示未准备就绪。—（S）—是____指令，—（R—是____指令，—| NOT |—是____指令。补全图 2－6－6 准备状态定义程序段中虚线框的地址，并写出程序注释。

引导问题 7：根据运行状态的条件，补全图 2－6－7 运行状态定义程序段虚线框中两个常开触点的地址，图中________用来定义运行情况，其值为____（0 或 1）时表示设备处于运行状态，值为____（0 或 1）时表示设备处于停止状态。“MOVE”是________指令，图中若执行该指令，则 MB10 的值等于________，本程序段中使用此指令的作用是____________。程序段的接通条件串联 M2.1 的常闭触点，作用是____________________。在程序段后面写出程序注释。

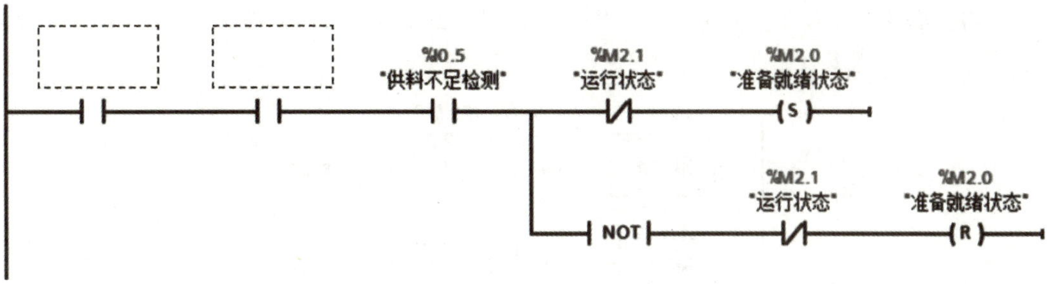

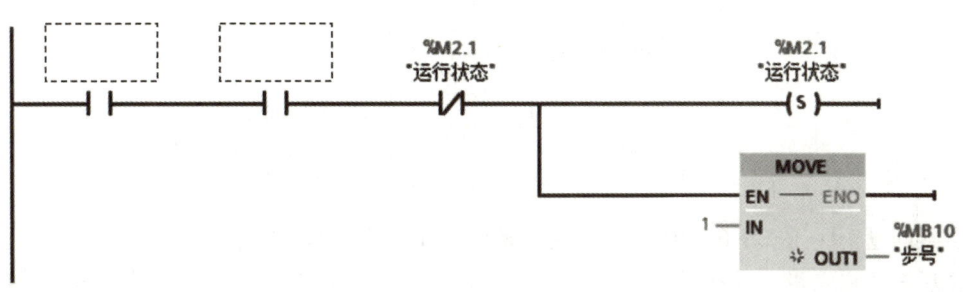

程序注释：

图 2-6-6 准备状态定义程序段

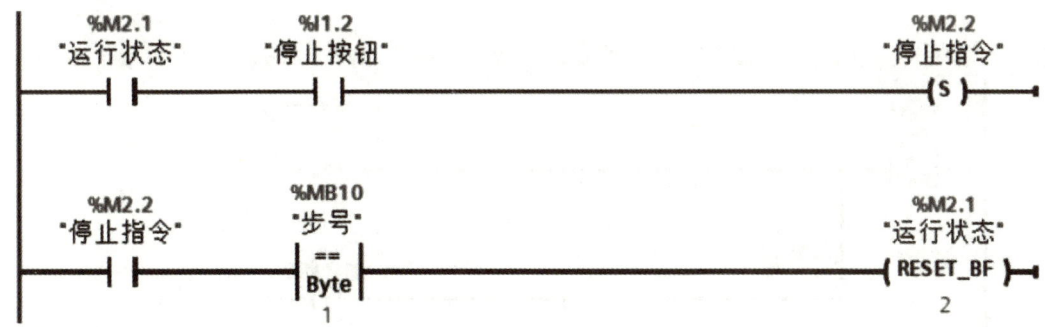

程序注释：

图 2-6-7 运行状态定义程序段

引导问题 8：根据供料单元停止的条件，图 2-6-8 是运行中停止定义程序段，图中 M2.2 的作用是_____，其值为 1 时表示_____，值为 0 时表示设备运行中未按下停止按钮。MB10 = 1 表示_____条件，"RESET_BF"是_____指令，如图 2-6-8 中所示，表示对 M2.1 和_____执行复位，指令下方的"2"表示_____。如果编程时只对 M2.1 复位，会出现_____。在程序段后面写出程序注释。

程序注释：

图 2-6-8 运行中停止定义程序段

（5）编写供料动作控制 PLC 程序。

供料动作控制要求：启动后，若出料台没有工件，则应把工件推出到出料台上。出料台上的工件被人工取出后，若没有停止信号，则进行下一次推出工件操作。

引导问题 9：根据供料单元供料动作要求，理解并补齐图 2-6-9 所示虚线框中的供料动作顺序控制功能流程图。

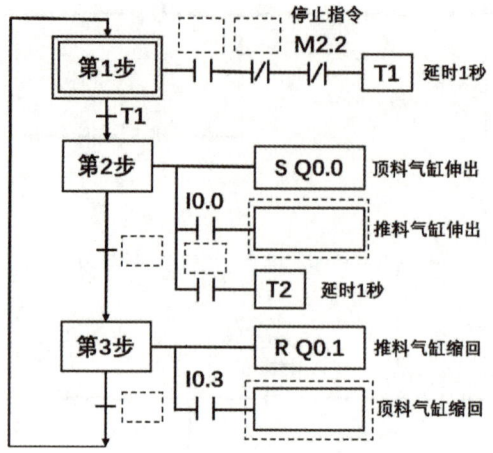

图 2-6-9　供料动作顺序控制功能流程图

引导问题 10：图 2-6-10 所示是供料动作顺序对应梯形图，将程序写在一个 FC 块中，在主程序中完成调用，请在虚线框中填入对应地址，并在下方空白处写出图 2-6-9 中第 3 步的 PLC 程序梯形图并理解程序。

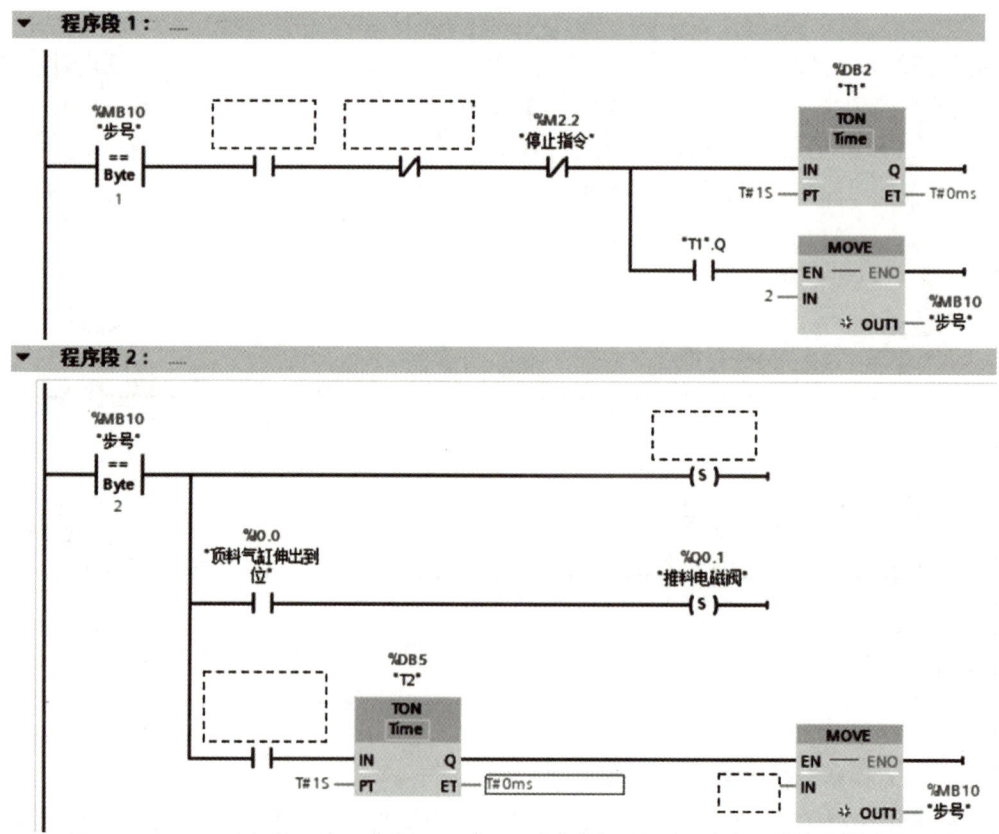

图 2-6-10　供料动作顺序控制对应梯形图

（6）编写 HL1（黄灯）、HL2（绿灯）指示灯显示状态 PLC 程序。

黄色指示灯 HL1：设备准备就绪时常亮，未准备就绪时以 1Hz 的频率闪烁；若运行中料仓内工件不足时，则以 1 Hz 的频率闪烁；若料仓内没有工件时，则以 2 Hz 频率闪烁。

绿色指示灯 HL2：在正常运行和运行中料仓内工件不足时均常亮；若料仓内没有工件时，以 2 Hz 频率闪烁。

红色指示灯 HL3：若料仓内没有工件时常亮，重新加料之后熄灭。

引导问题 11：通过查阅资料，说明设备中常用哪些颜色的按钮和指示灯，不同颜色的按钮和指示灯有什么作用，灯为什么有时需要闪烁？掌握相关知识从而具备安全使用及设计符合安全要求的设备。

引导问题 12：图 2-6-11 是指示灯 HL1 的部分程序，程序的第一条支路编写的是 HL1 在 _____ 条件下的程序；第二条支路编写的是 HL1 在 _____ 条件下的程序；第三条支路编写的是 HL1 在 _____ 条件下的程序。图中虚线所框的两处的作用是 _____。图中所给程序是不完整的，请在正文空白处补充完整程序。

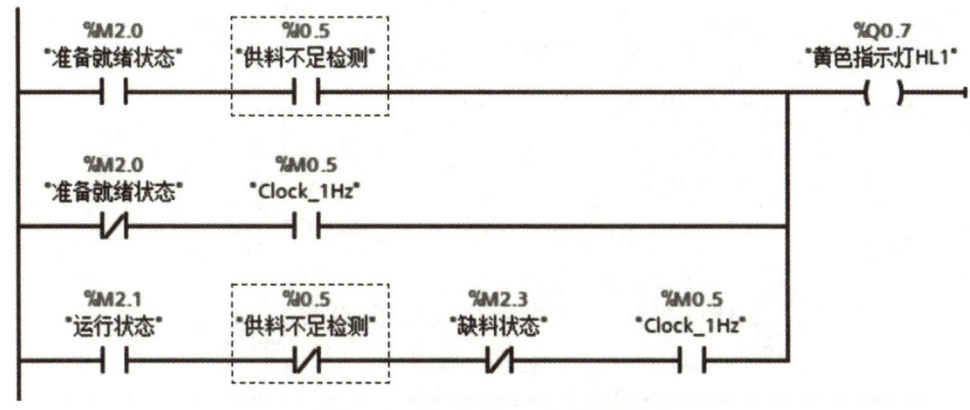

图 2-6-11 指示灯 HL1 部分程序

引导问题 13：由于供料单元推料时，会出现缺料检测没有信号的情况，如何才能正确判断料筒真的缺料，请在下方写出可以判断真假缺料的程序。

引导问题 14：在下方空白处写出 HL2 和 HL3 的 PLC 程序，并写出程序注释。

2. PLC 程序调试步骤

（1）调整气动部分，检查气路是否正确，气压是否合理、恰当，气缸的动作速度是否合适。

（2）检查磁性开关的安装位置是否到位，磁性开关工作是否正常。

供料单元程序调试视频

（3）检查 I/O 接线是否正确。

（4）检查光电传感器安装是否合理，灵敏度是否合适，保证检测的可靠性。

（5）放入工件，运行程序，观察加工单元动作是否满足任务要求。

（6）调试各种可能出现的情况，比如在任何情况下都有可能加入工件，系统都能可靠工作。

引导问题 15：请描述调试过程中出现了什么样的问题？是如何解决的？

2.6.6 任务评价

（1）各组完成供料单元任务编程与调试后，请同学或教师评分，并完成表 2-6-3。

表 2-6-3 供料单元编程与调试项目评分表

序号	评分项目	评分标准	分值	小组互评	教师评分
1	准备状态	就绪时 HL1 常亮；未就绪时 HL1 以 1 Hz 频率闪烁	6 分		
2	运行状态	运行时 HL2 常亮	6 分		
3	供料动作	运行时满足条件能正常推料，气缸运行速度合适，没有冲击	20 分		
4	停止状态	按停止按钮能按要求停止；缺料时能正确停止	6 分		
5	料不足情况	HL1 以 1 Hz 频率闪烁，HL2 常亮	6 分		
6	缺料情况	HL1 和 HL2 均以 1 Hz 频率闪烁	6 分		
7		引导题得分	50 分		
8		总分	100 分		

（2）各组同学按要求操作，边操作边讲解，将过程录制成视频，并完成表 2-6-4。

表 2-6-4 学生互评表

序号	任务	完成情况记录
1	完成速度排名	
2	完成质量情况	

续表

序号	任务	完成情况记录
3	语言表达能力	
4	小组成员合作情况	
5	小组存在的问题	

2.6.7 知识链接

1. 顺序控制设计法

顺序控制设计法就是指设计出的系统按照生产工艺预先规定的顺序，在各个输入信号的作用下，根据内部状态和时间顺序，在生产过程中各个执行机构自动有秩序地进行操作。

顺序控制设计法最基本的思想是将系统的一个工作周期划分为若干个顺序相连的阶段，这些阶段称为步（Step），并用编程元件（如内部辅助继电器 M 和状态继电器 S）来代表各步。步是根据输出量的状态变化来划分的。

设计步骤：

（1）首先将系统的工作过程划分为若干步；

（2）给出各相邻步之间的转换条件；

（3）画出顺序控制功能图或列出状态表；

（4）根据功能表或状态表，采用各种编程方法设计出系统的程序。

2. 顺序控制功能图的绘制

顺序控制功能图又称流程图，是描述控制系统的控制过程、功能和特性的一种图，并不涉及所描述的控制功能的具体技术，是一种通用的技术语言。

（1）功能图的基本概念。

①步（Step）。

步是控制系统中相对不变的状态，在功能图中，步通常表示某个或某些执行元件的状态。一个控制系统至少要有 1 个起始步，起始步用双线框表示。起始步对应于控制系统的初始状态，是系统运行的起点。步的符号如图 2-6-12 所示，起始步的符号如图 2-6-13 所示。

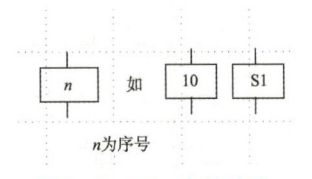

图 2-6-12 步的符号

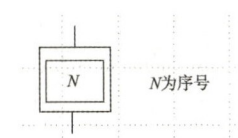

图 2-6-13 起始步的符号

步是一个稳定的状态，表示过程中的一个动作，该步的右边用一个矩形框表示；一个步也可对应多个动作，如图 2-6-14 所示。

②转移与转移条件。

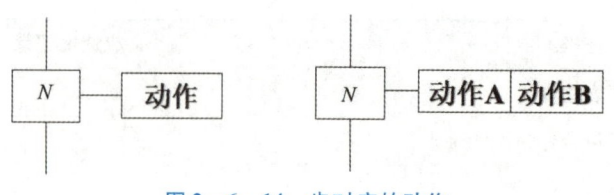

图 2-6-14 步对应的动作

- 转换。

在控制系统中活动步是变化的,是会向前转移的,转移的方向是按有向线规定的路线进行的,一般是从上到下、从左到右。如不是上述方向,则应在有向线上用箭头标明转移方向。

- 转移条件。

活动步的转移是有条件的,转移条件是在有向线上划一条短横线表示,短横线旁边注明转移条件。若同一级步都是活动步,且该步后的转移条件满足,则实现转移,即后一非活动步变为活动步,原来的活动步变为非活动步,如图 2-6-15 所示。

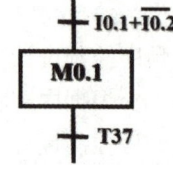

图 2-6-15 转移和转移条件

(2)画控制系统功能表图的规则。

①步与步不能直接相连,必须用转移分开;

②转移与转移不能相连,必须用步分开;

③步与步之间的连接采用有向线,从上到下或由左到右画时,可以省略箭头。当有向线从下到上或由右到左时,必须画箭头,以明示方向;

④至少有 1 个起始步。

3. 顺序控制功能图的基本结构

(1)单一序列。

单一序列由一系列前后相继激活的步组成,每步的后面紧接一个转移,每个转移后面只有一个步,单一序列的特点是没有分支和合并,如图 2-6-16(a)所示。

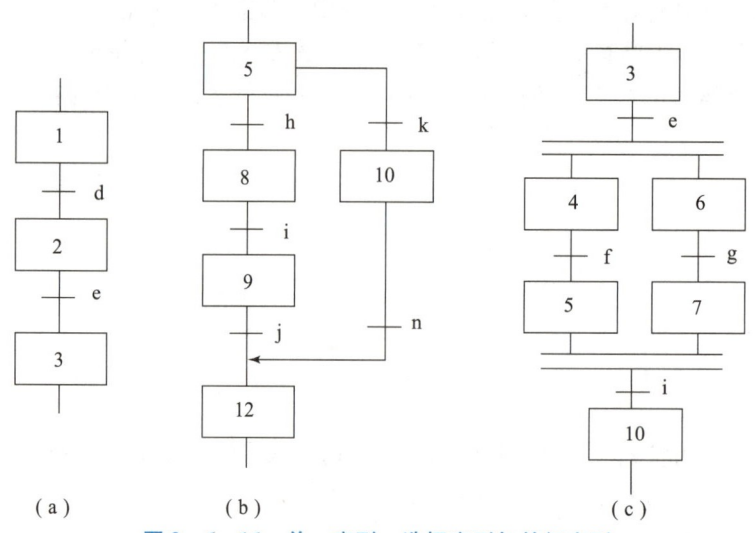

图 2-6-16 单一序列、选择序列与并行序列

(2) 选择序列。

选择序列的开始称为分支,如图 2-6-16 (b) 所示,转移符号只能标在水平连线之下。如果步 5 是活动步,并且转移条件 h=1,则发生由步 5→步 8 的进展;如果步 5 是活动步,并且转移条件 k=1,则发生由步 5→步 10 的进展。

在步 5 之后选择序列的分支处,每次只允许选择一个序列,如果将选择条件 k 改为 kh,则当 k 和 h 同时为 ON 时,将优先选择 h 对应的序列。选择序列的结束称为合并,转移符号只允许标在水平连线之上。

(3) 并行序列。

并行序列的开始称为分支,如图 2-6-16 (c) 所示。当转移的实现导致几个序列同时激活时,这些序列称为并行序列。当步 3 是活动的,并且转移条件 e=1 时,步 4、步 6 这两步变为活动步,同时步 3 变为非活动步。为了强调转移的同步实现,水平连线用双线表示。步 4、步 6 被同时激活后,每个序列中活动步的进展是独立的。在表示同步的水平双线上,只允许有一个转移符号。

并行序列的结束称为合并,在表示同步的水平双线之下,只允许有一个转移符号。当直接连在双线上的所有前级步都处于活动状态,并且转移条件 i=1 时,才会发生步 5、步 7 到步 10 的进展,即步 5、步 7 同时变为非活动步,而步 10 变为活动步。

项目三　加工单元的安装与调试

加工单元的功能是把待加工工件从物料台移送到加工区域冲压气缸的正下方；完成对工件的冲压加工，然后把加工好的工件重新送回物料台。

本项目以加工单元为载体，认知气动元件、直线导轨和加工单元工作原理，使读者能搭建气动控制回路，并画出气动原理图；能正确安装直线导轨，并保证直线导轨的平行度；能用 PLC 编写加工单元的程序。

1. 教学目标

知识目标
◇ 了解加工单元的基本组成；
◇ 熟悉加工单元的工作过程；
◇ 掌握薄型气缸、气动手指等基本气动元件的工作原理；
◇ 掌握直线导轨的安装方法；
◇ 掌握 PLC 接线图的绘制方法。

能力目标
◇ 能够根据任务要求使用工具熟练地安装加工单元的机械结构、电气接线和气路连接；
◇ 能够正确调整传感器的安装位置及确定相关参数；
◇ 能够根据任务要求确定各气缸的初始位置，并完成其动作速度的调节；
◇ 能够根据 PLC 的 I/O 分配表绘制接线图，并完成各电气元件的接线及调试；
◇ 能够根据任务要求完成 PLC 的编程及调试；
◇ 能够根据任务要求完成相关技术手册的查阅。

素质目标
◇ 培养学生爱护设备的良好习惯；
◇ 通过规范使用各类拆装工具，培养学生做事规范的工匠精神；
◇ 通过 PLC 接线图的绘制，培养学生做事规范、耐心的工匠精神；
◇ 通过小组配合对加工单元进行安装与调试，培养学生的团队协作能力；
◇ 通过 PLC 程序的编写，培养学生善于思考、举一反三的能力。

2. 项目实施流程

根据加工单元项目的任务描述和工作流程，完成本项目任务需要完成以下工作：

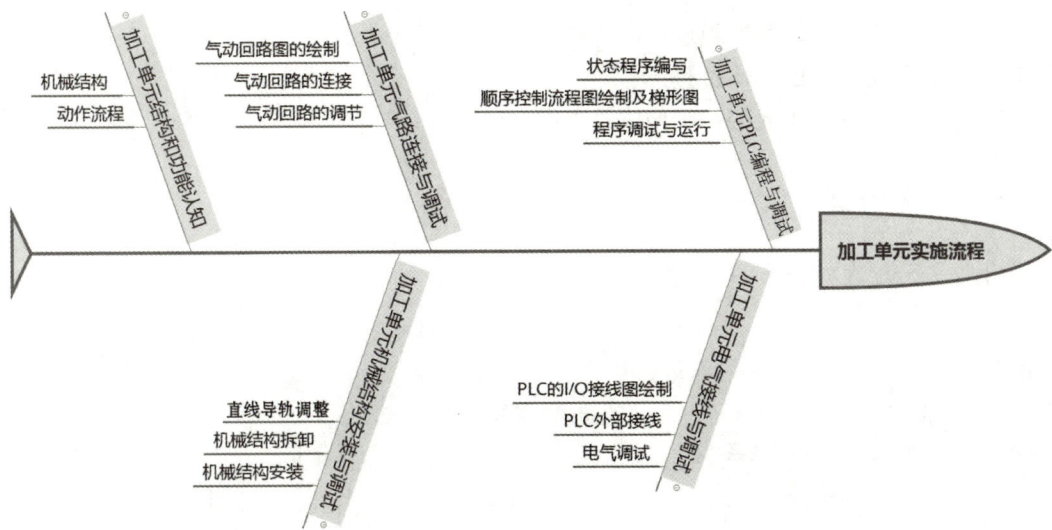

任务 3-1　加工单元结构和功能认知

3.1.1　任务描述

观看加工单元结构和动作视频，了解加工单元结构和功能。加工单元把待加工工件从物料台移送到加工区域冲压气缸的正下方，完成对工件的冲压加工，然后把加工好的工件重新送回物料台，模拟自动化生产线的加工过程。加工单元结构如图 3-1-1 所示。

图 3-1-1　加工单元结构

加工单元的结构

本任务要求完成加工单元结构和工作过程认识，熟悉各组成部分的结构和名称，并写出加工过程的动作流程。

3.1.2 任务目标

（1）了解加工单元的基本组成；
（2）熟悉加工单元的工作过程；
（3）能够描述加工单元的基本构成及工作过程。

3.1.3 任务分组

学生任务分配表如表3-1-1所示。

表3-1-1 学生任务分配表

班级		小组名称		组长	
小组成员及分工					
序号	学号	姓名	任务分工		

3.1.4 任务分析

引导问题1：请根据加工单元视频、图片及实物结构，说出图3-1-2所示对应的具体结构名称，并将正确的组件或元件名称对应填写在表3-1-2中。

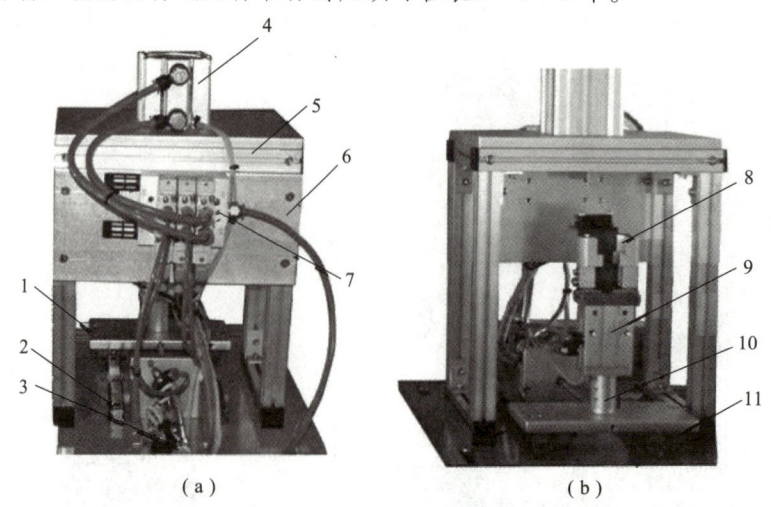

图3-1-2 加工单元实物
（a）背视图；（b）前视图

表 3-1-2　加工单元结构名称

序号	名称	序号	名称
1		7	
2		8	
3		9	
4		10	
5		11	
6			

小提示

加工单元主要由以下部分构成：冲压气缸、加工气缸安装板、电磁阀组、阀组安装板、气动手指（物料夹紧气缸）、手爪、料台滑动气缸、滑动导轨、滑块、滑动底板、气动手指连接座。

引导问题 2：根据图 3-1-3 所示，正确连接图中对应组件与对应加工单元结构组件。

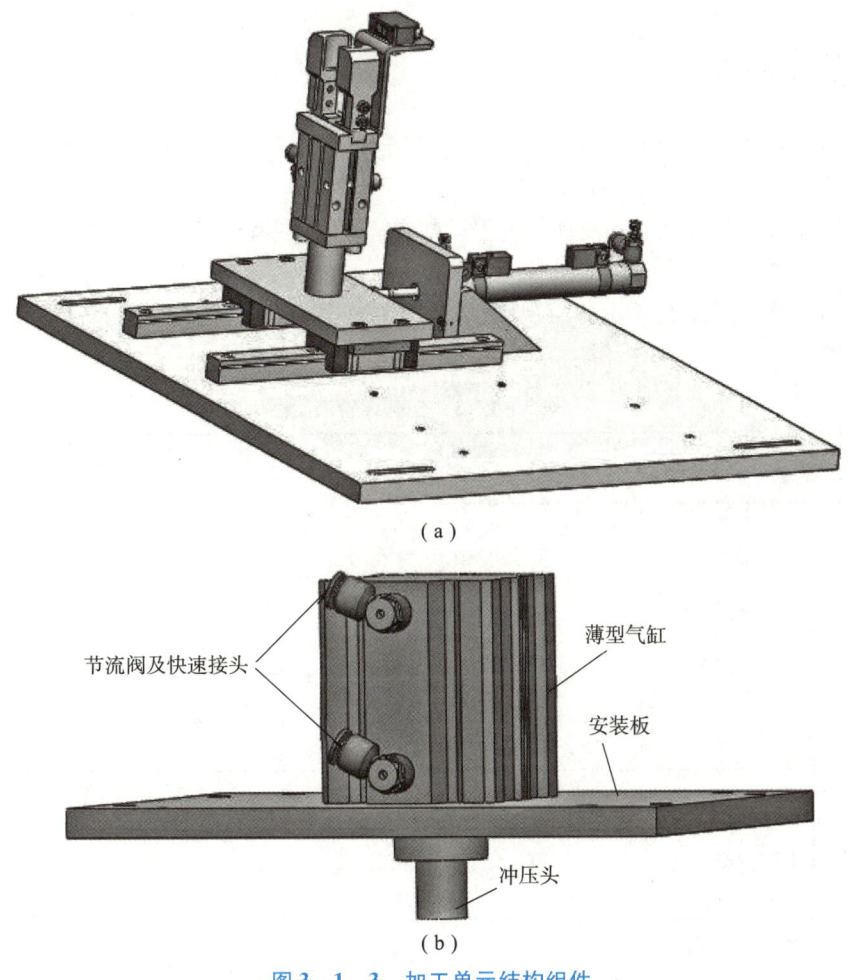

(a)

(b)

图 3-1-3　加工单元结构组件
(a) 加工台及滑动机构；(b) 加工（冲压）机构

3.1.5 任务实施

引导问题3：通过观看视频或现场设备动作过程，回答以下问题。

（1）加工单元使用的气动执行元件包括标准直线气缸、薄型气缸和气动手指；请写出各气缸名称及其作用。

①标准直线气缸的作用：＿＿＿＿＿＿＿＿＿＿＿＿＿。

②薄型气缸的作用：＿＿＿＿＿＿＿＿＿＿＿＿＿。

③气动手指的作用：＿＿＿＿＿＿＿＿＿＿＿＿＿。

（2）加工单元共使用了＿＿＿个传感器。其中磁性开关有＿＿＿个，光电接近开关有＿＿＿个。

（3）通过观看加工单元动作过程视频，画出本单元的动作顺序流程图。

3.1.6 任务评价

首先，各小组组内通过互评的方式，完成任务分析和任务实施环节引导问题的评分，并将分值填写在表3-1-3的第一行。

其次，各组就加工单元结构及动作过程录制讲解视频，并将视频和评好第一项分的表3-1-3一并上传至学习平台。

最后，教师在学习平台展示各组视频，各小组之间对表3-1-3中的2~5项进行小组互评。

表3-1-3 任务评价表

序号	评分项目	分值	得分
1	引导问题完成情况	50分	
2	视频完成速度排名	10分	
3	作品质量情况	15分	
4	语言表达能力	15分	
5	小组成员合作情况	10分	
6	总分		

3.1.7 知识链接

1. 加工单元的组成与结构

加工单元装置侧主要结构组成为：加工台及滑动机构、加工（冲压）机构、电磁阀组、接线端口、底板等。加工单元机械结构如图3-1-4所示。

项目三　加工单元的安装与调试

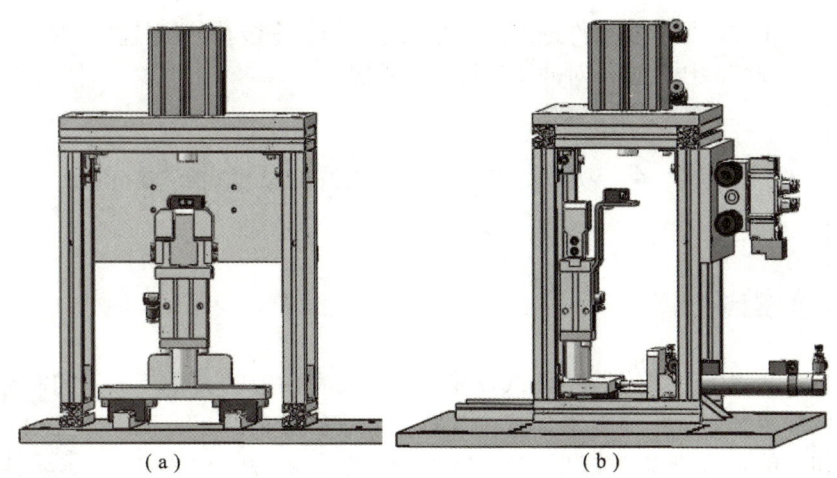

图 3-1-4　加工单元机械结构
(a) 前视图；(b) 右视图

2. 加工单元的动作过程

（1）加工台及滑动机构。

加工台及滑动机构如图 3-1-3（a）所示。加工台用于固定被加工件，并把工件移到加工（冲压）机构正下方进行冲压加工，主要由气动手爪、气动手指、加工台伸缩气缸、线性导轨及滑块、磁感应接近开关、漫射式光电接近开关组成。

加工台及滑动机构的工作原理：加工台及滑动机构在系统正常工作后的初始状态为伸缩气缸伸出，加工台气动手指呈张开状态。当输送机构把物料送到料台上，物料检测传感器检测到工件后，PLC 控制程序驱动气动手指将工件夹紧→加工台回到加工区域冲压气缸下方→冲压气缸活塞杆向下伸出冲压工件→完成冲压动作后向上缩回→加工台重新伸出→到位后气动手指松开，完成工件加工工序，并向系统发出加工完成信号，为下一次工件到来做加工准备。

在加工台上安装一个漫射式光电接近开关。若加工台上没有工件，则漫射式光电接近开关均处于常态；若加工台上有工件，则漫射式光电接近开关动作，表明加工台上已有工件。该光电接近开关的输出信号被送到加工单元 PLC 的输入端，用以判别加工台上是否有工件需要加工；当加工过程结束后，加工台伸出到初始位置。同时，PLC 通过通信网络，把加工完成信号回馈给系统，以协调控制。

加工台上安装的漫射式光电接近开关仍选用 E3Z-L61 型放大器内置型光电开关（细小光束型），该光电开关的原理、结构，以及调试方法在前面已经介绍过。

加工台伸出和返回到位的位置是通过调整伸缩气缸上两个磁性开关位置来定位的。要求缩回位置位于加工冲头正下方，伸出位置应与输送单元的抓取机械手装置配合动作，确保输送单元的抓取机械手能顺利地把待加工工件放到料台上。

（2）加工（冲压）机构。

加工（冲压）机构如图 3-1-3（b）所示。加工（冲压）机构用于对工件进行冲压加工。它主要由冲压气缸、冲压头、安装板等组成。

冲压气缸的工作原理：当工件到达冲压位置，即伸缩气缸活塞杆缩回到位时，冲压气缸伸出，对工件进行加工，完成加工动作后冲压气缸缩回，为下一次冲压做准备。

冲压头根据工件的要求对工件进行冲压加工，冲压头安装在冲压气缸头部。安装板用于安装冲压气缸，对冲压气缸进行固定。

任务 3-2　加工单元机械结构安装与调试

3.2.1　任务描述

学校举行自动化生产线安装与调试技能大赛，比赛内容的其中一个部分是机械拆装，如果你将要参加这个比赛，并进行赛前练习，请你通过观察加工单元的结构及安装视频，完成加工单元机械结构的安装和调试。装配完成效果图如图 3-2-1 所示。

加工单元安装视频

图 3-2-1　装配完成效果图

本任务要求将加工单元拆开成零件的形式，然后组装成原样。安装内容是机械部分的装配，先将零件组装成组件，然后将组件安装成加工单元，并进行必要调试，以使加工单元各部分能正常工作。

3.2.2　任务目标

（1）熟悉自动化生产线加工单元的机械结构；
（2）能够确定加工单元各部分的拆装顺序；
（3）能够正确选用及规范使用工具，完成加工单元的机械结构安装；
（4）安装完成后能进行调试，以确保加工单元后续正常工作。

3.2.3 任务分组

学生任务分配表如表 3-2-1 所示。

表 3-2-1 学生任务分配表

班级		小组名称		组长	
小组成员及分工					
序号	学号	姓名	任务分工		

3.2.4 任务分析

引导问题 1：观看加工单元结构拆装视频，并填写表 3-2-2。

表 3-2-2 工作计划表

序号	工作内容	负责人

3.2.5 任务实施

引导问题 2：制定加工单元机械结构安装方案，并填写表 3-2-3。

表 3-2-3 安装方案表

安装步骤	安装内容	使用工具

续表

安装步骤	安装内容	使用工具

先将加工单元的机械部分拆开成组件和零件，然后组装成原样。

加工单元的装配过程包括两部分，一是加工（冲压）机构组件装配；二是加工台及滑动机构组件装配，然后进行总装。图3-2-2所示为加工（冲压）机构组件装配，图3-2-3所示为加工台及滑动机构组件装配，图3-2-4所示为整个加工单元组装。

加工单元安装动画

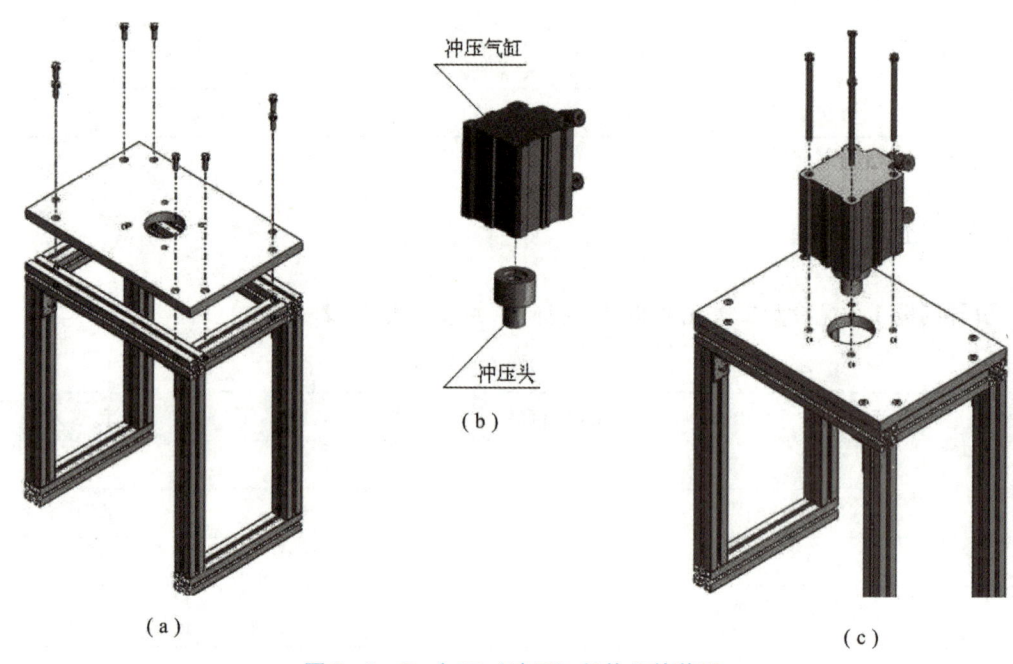

图3-2-2　加工（冲压）机构组件装配
(a) 加工（冲压）机构支撑架装配；(b) 冲压气缸及压头装配；(c) 将冲压气缸安装到支撑架上

完成以上各组件的装配后，首先将物料夹紧，以及将运动送料部分和整个安装底板连接固定，再将铝合金支撑架安装在大底板上，最后将加工组件部分固定在铝合金支撑架上，完成该单元的装配。

安装时的注意事项如下：

（1）调整两直线导轨是否平行时，一边移动安装在两直线导轨上的安装板，一边拧紧固定导轨的螺栓。

（2）若加工（冲压）机构组件部分的冲压头和加工台上工件的中心没有对正，则可以通过调整推料气缸旋入两直线导轨连接板的深度来校正。

加工单元机械调试

(a)

(b)

(c)

(d)

(e)

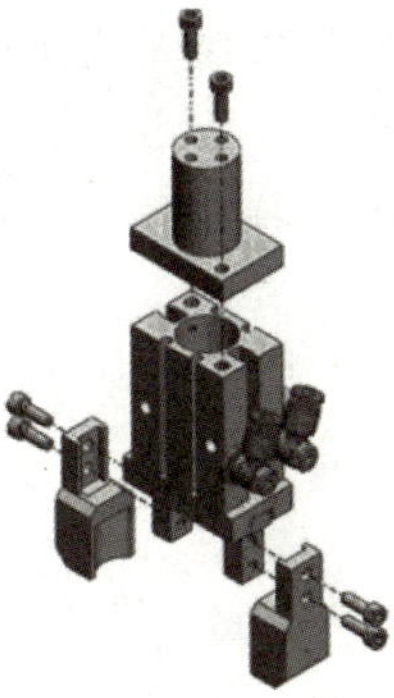

图 3-2-3　加工台及滑动机构组件装配

(a) 夹紧机构组装；(b) 伸缩台组装；(c) 将夹紧机构安装到伸缩台上；
(d) 直线导轨组装；(e) 将加工（冲压）机构安装到直线导轨上

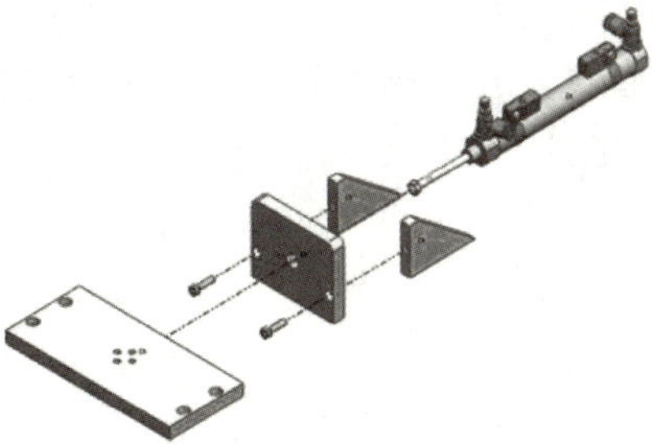

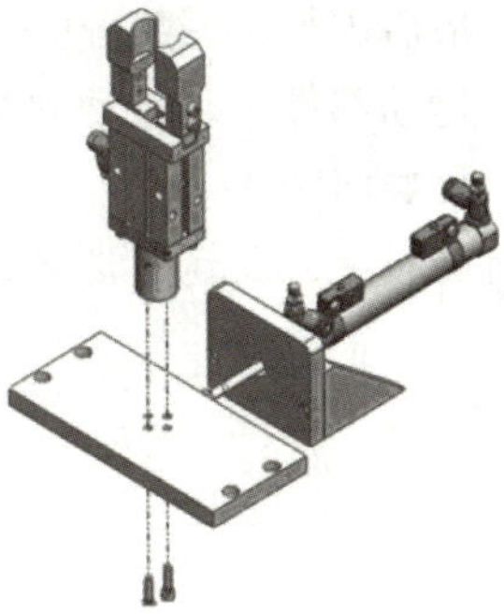

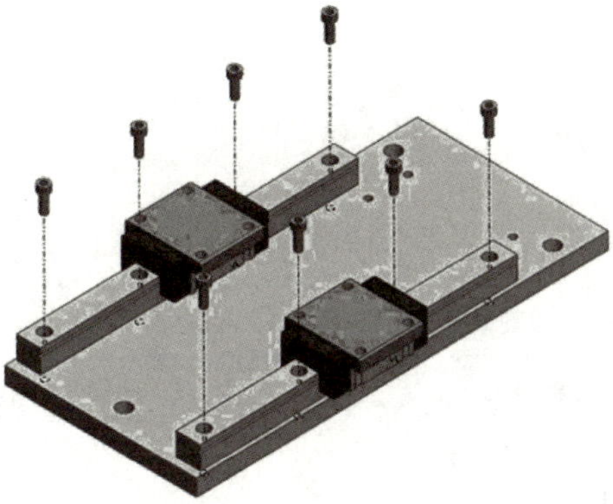

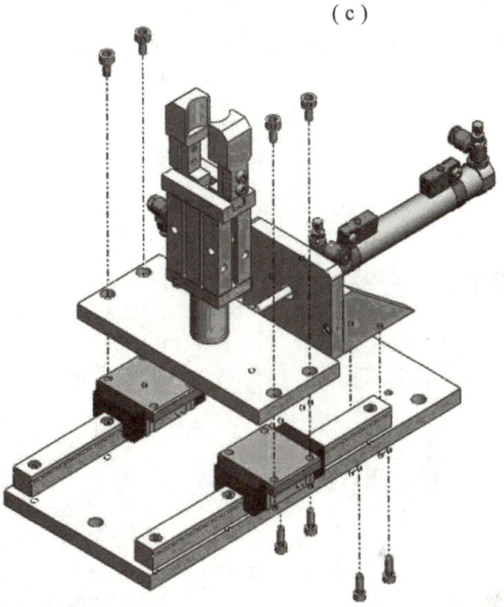

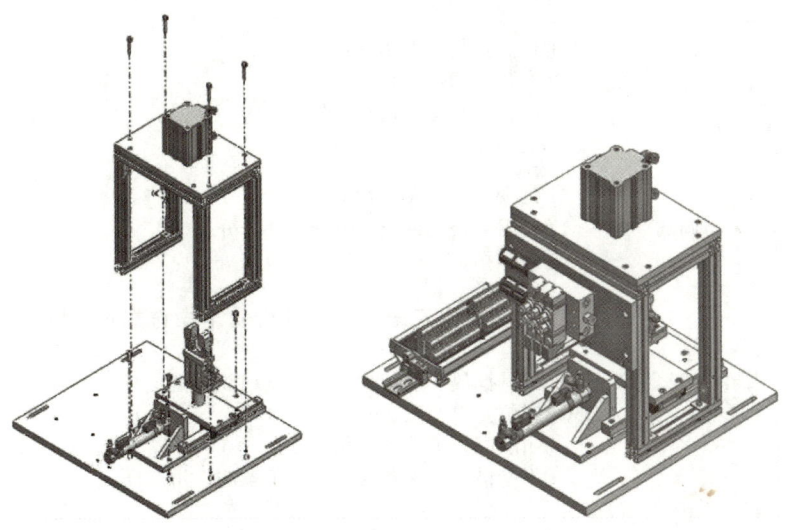

图 3-2-4　整个加工单元组装

最后进行机械部分的调试，主要检查冲压气缸、加工台、伸缩气缸等安装是否牢固；检查各运动部件是否运动顺畅。

引导问题 3：按上述方法装配完成后，如果直线导轨的运动依旧不是特别顺畅，那么应该对物料夹紧及运动送料部分做何调整？

引导问题 4：安装完成后，运行时间不长便出现物料夹紧及运动送料部分的直线气缸密封损伤或损坏，试想这是由哪些原因造成的？

3.2.6 任务评价

各组完成加工单元机械结构的安装后，请同学或老师评分，并完成表3-2-4。

表3-2-4 加工单元机械结构安装评分表

序号	评分项目	评分标准	分值	得分
1	加工（冲压）机构组件安装	①每少上一个直角连接块扣2分； ②每少上一个螺钉扣1分； ③紧固件松动现象，每处扣0.5分； ④最多扣30分	30分	
2	加工台及滑动机构组件安装	①每少上一个螺钉扣1分； ②紧固件松动现象，每处扣0.5分； ③最多扣20分	30分	
3	传感器的安装	①每少安装一个传感器扣2分； ②安装松动每处扣0.5分； ③传感器装反每处扣2分； ④最多扣15分	15分	
4	整体安装与调试	①每少上一个螺钉扣1分； ②紧固件松动现象，每处扣0.5分； ③最多扣15分	15分	
5	职业素养与安全意识	①现场操作安全保护不符合安全操作规程，扣1分； ②工具摆放、包装物品、导线线头等的处理不符合职业岗位要求，扣1分； ③团队配合不紧密，扣1分； ④不爱惜设备和器材，工位不整洁，扣1分	10分	
6	总分			

3.2.7 知识链接

直线导轨

直线导轨是一种滚动导引,它由钢珠在滑块与导轨之间做无限滚动循环,使负载平台能沿着导轨以高精度做线性运动,其摩擦系数可降至传统滑动导引的1/50,使之达到很高的定位精度。在直线传动领域,直线导轨副一直是关键性产品,目前已成为各种机床、数控加工中心、精密电子机械中不可缺少的重要功能部件。

直线导轨副通常按照滚珠在导轨和滑块之间的接触牙型进行分类,主要有两列式和四列式两种。YL-335B自动化生产线上均选用普通级精度的两列式直线导轨副,其接触角在运动中能保持不变,刚性也比较稳定。图3-2-5(a)所示为两列式直线导轨副截面图,图3-2-5(b)所示为装配好的两列式直线导轨副。

图 3-2-5 两列式直线导轨副
(a) 直线导轨副截面图;(b) 装配好的直线导轨副

安装直线导轨副时应注意:要十分小心,轻拿轻放,避免磕碰以影响导轨副的直线精度;不要将滑块拆离导轨或超过行程又推回去。

加工单元的加工台及滑动机构由两个直线导轨副和导轨安装构成,安装滑动机构时要注意调整两直线导轨的平行度。

任务 3-3 加工单元气路连接与调试

3.3.1 任务描述

本任务要求在YL-335B自动化生产线上完成加工单元的气动回路绘制。加工单元所使用的气动执行元件有标准直线气缸、薄型气缸和气动手指,控制要求为:薄型气缸执行冲压加工动作,用单电控电磁换向阀实现方向控制,初始状态为缩回;标准直线气缸执行物料台伸出缩回动作,用单电控电磁换向阀实现方向控制,初始状态为伸出;气动手指气缸执行物料夹紧动作,也是用单电控电磁换向阀实现夹紧松开控制,初始状态为松开;三个气缸都能够进行双向动作的速度调节。绘制完成后能够正确连接气管,并进行调试,调试正确后严格按照规范要求进行工艺绑扎。

3.3.2 任务目标

(1) 能够按照工作任务绘制气动回路图;
(2) 能够按照气动回路图连接气动回路管路;
(3) 能够进行气缸初态检查、速度调试;
(4) 能够按照技术规范要求完成气动回路工艺绑扎。

3.3.3 任务分组

学生任务分配表如表 3-3-1 所示。

表 3-3-1 学生任务分配表

班级		小组名称		组长	
小组成员及分工					
序号	学号	姓名	任务分工		

3.3.4 任务分析

引导问题1:加工单元共有_____个气缸,这几个气缸与供料单元中的气缸相同吗?

引导问题2:加工单元的加工(冲压)机构中执行冲压加工动作的气缸是_____气缸(气缸类型),选用此类气缸的理由是_____。

引导问题3:加工单元的加工台及执行机构中执行物料台伸出缩回动作的气缸是_____气缸(气缸类型),选用此类气缸的理由是_____;执行物料夹紧动作的气缸是_____气缸(气缸类型),选用此类气缸的理由是_____。

引导问题4:制订工作计划表,完成表 3-3-2。

表 3-3-2 工作计划表

步骤	工作内容	负责人
1		
2		
3		
4		
5		
6		
7		

3.3.5 任务实施

1. 绘制气动回路图

引导问题5：图 3-3-1 所示的加工单元气动回路图已完成物料台伸缩气缸和物料夹紧气缸的回路绘制，请绘制完成冲压加工气缸的回路图，注意正确画出其初始位置，并标出电磁阀标号（1Y）和气缸上的磁性开关标号（1B1、1B2）。

加工单元气路连接视频

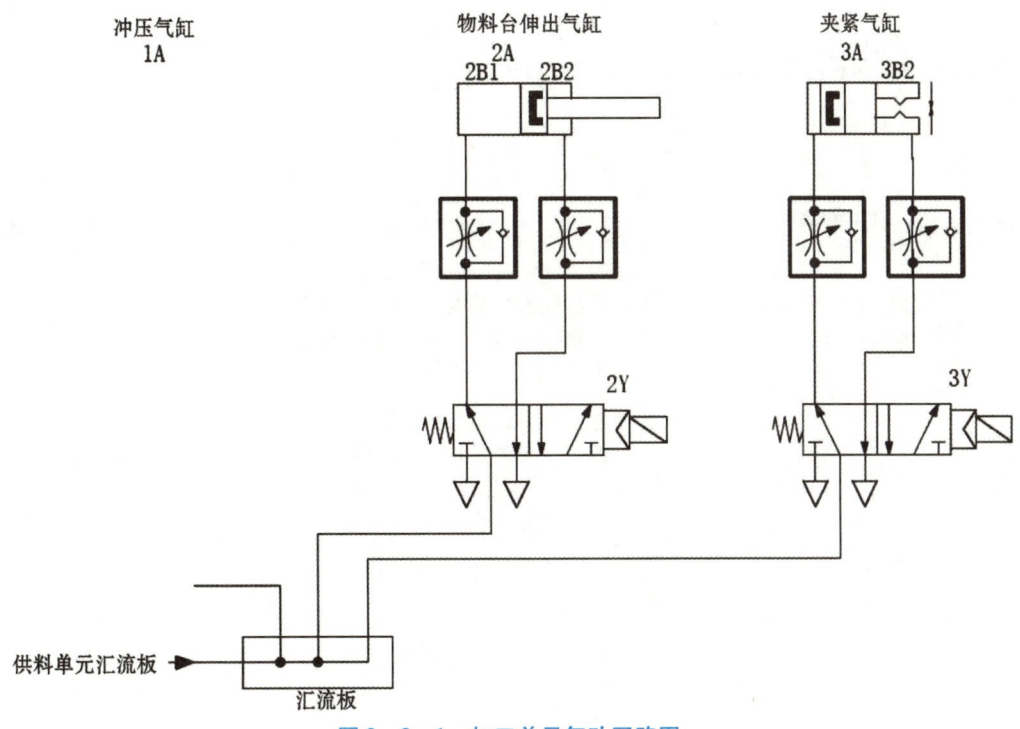

图 3-3-1 加工单元气动回路图

2. 气动回路连接

从汇流板开始，按图 3-3-1 所示的加工单元气动回路图连接电磁阀、气缸。连接时注意气管走向应按序排布，应均匀美观，不能交叉、打折；气管要在快速接头中插紧，不能够有漏气现象。

加工单元气路调试

3. 气动回路调试

（1）用电磁阀上的手动换向加锁键验证冲压加工气缸、物料台伸缩气缸和物料夹紧气缸的初始位置和动作位置是否正确。

（2）调整气缸节流阀以控制气缸的往复运动速度，以气缸运动时物料不会摇晃掉落为准。

引导问题 6：气管连接完成后，接上气源发现物料夹紧气缸的初始状态是夹紧状态时，可以通过哪些方法将其初始状态调整为松开？

4. 气管绑扎

加工单元气路连接完成后，为了使气管的连接走线整齐、美观，需要使用扎带对气管进行绑扎，绑扎时扎带间的距离保持在 4~5 cm 为宜。

3.3.6 任务评价

各组完成加工单元气动回路连接、调试与绑扎后，请同学或老师评分，并完成表 3-3-3。

表 3-3-3 加工单元气路连接与调试项目评分表

序号	评分项目	评分标准	分值	得分
1	完成图 2-4-3 气动回路图绘制	①电磁阀绘制错误，每处扣 2 分； ②单向节流阀绘制错误，每处扣 2 分； ③气缸初始状态错误，每处扣 1 分； ④标号未标，每处扣 2 分	20 分	
2	气动回路连接	①气路连接未完成或有错，每处扣 1 分； ②气路连接有漏气现象，每处扣 0.5 分； ③气管太长或太短每处扣 0.5 分	25 分	
3	气动回路调试	①气缸节流阀调节不当，每处扣 1 分； ②气缸初始状态不对，每处扣 2 分	25 分	
4	气管绑扎	①气路连接凌乱，扣 4 分； ②气管没有绑扎，每处扣 2 分； ③气管绑扎不规范，每处扣 2 分	20 分	

续表

序号	评分项目	评分标准	分值	得分
5	职业素养与安全意识	①现场操作安全保护不符合安全操作规程，扣1分； ②工具摆放、包装物品、导线线头等的处理不符合职业岗位要求，扣1分； ③团队配合不紧密，扣1分； ④不爱惜设备和器材，工位不整洁，扣1分	10分	
6		总分		

3.3.7 知识链接

加工单元所使用的气动执行元件包括标准直线气缸、薄型气缸和气动手指，下面只介绍前面尚未提及的薄型气缸和气动手指。

1. 薄型气缸

薄型气缸属于省空间气缸类，即薄型气缸的轴向或径向尺寸比标准气缸有较大减小。薄型气缸具有结构紧凑、质量轻、占用空间小等优点。图3-3-2所示为薄型气缸的实例图。

 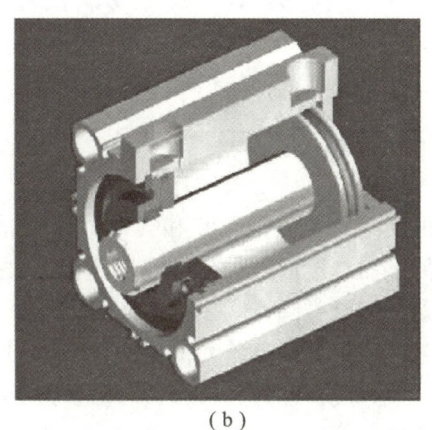

(a) (b)

图3-3-2 薄型气缸的实例图

(a) 薄型气缸实例；(b) 工作原理剖视图

薄型气缸的特点是：缸筒与无杆侧端盖压铸成一体，杆盖用弹性挡圈固定，缸体为方形。这种气缸通常用于固定夹具和搬运中固定工件等。在YL-335B自动化生产线的加工单元中，薄型气缸用于冲压，这主要是考虑到该气缸行程短的特点。

2. 气动手指（气爪）

气动手指用于抓取、夹紧工件。气动手指通常有滑动导轨型、支点开闭型和回转驱动型等工作方式。YL-335B自动化生产线的加工单元所使用的是滑动导轨型气动手指，如图3-3-3（a）所示。其工作原理可从图3-3-3（b）和图3-3-3（c）中看出。

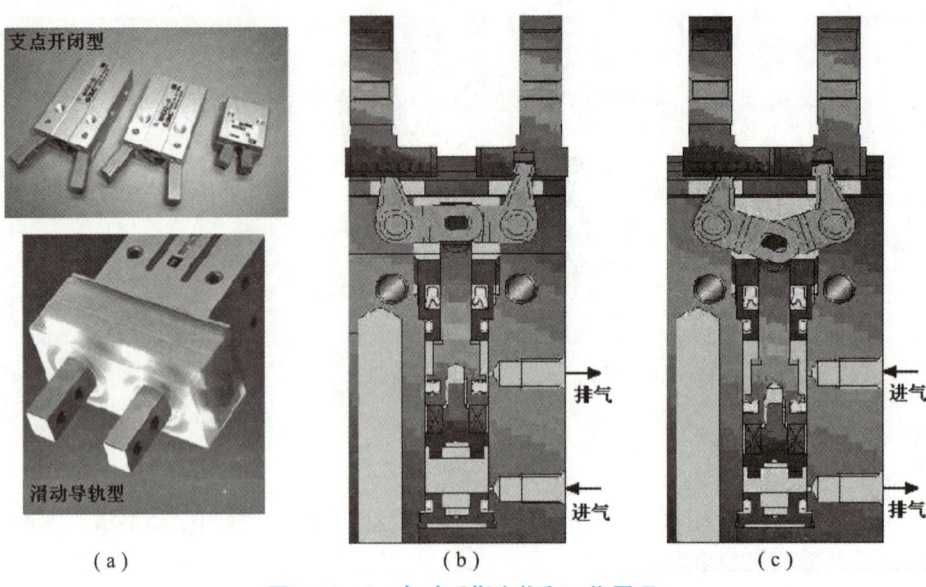

图 3-3-3 气动手指实物和工作原理
(a) 气动手指实物;(b) 气动手指松开状态;(c) 气动手指夹紧状态

任务 3-4 加工单元电气接线与调试

3.4.1 任务描述

完成加工单元的机械安装和气动回路连接后,为了能够通过 PLC 程序实现自动加工,就必须将传感器、按钮开关信号连接到 PLC 的输入模块,而 PLC 输出控制信号需要连接到被控对象,如电磁阀线圈、指示灯等。

本任务要求根据加工单元 PLC 的 I/O 接线原理图(见图 3-4-1),完成 PLC 侧、装置侧及按钮/指示灯模块的电气接线,并进行调试与诊断,为后续实现加工单元 PLC 程序编制提供硬件条件。

3.4.2 任务目标

(1) 能够设计并绘制 PLC 的 I/O 接线图;
(2) 能够完成 PLC 的 I/O 接口模块与 PLC 侧接线端子接线;
(3) 能够完成 I/O 信号与装置侧端子接线;
(4) 能够对 PLC 接线及信号进行调试与诊断。

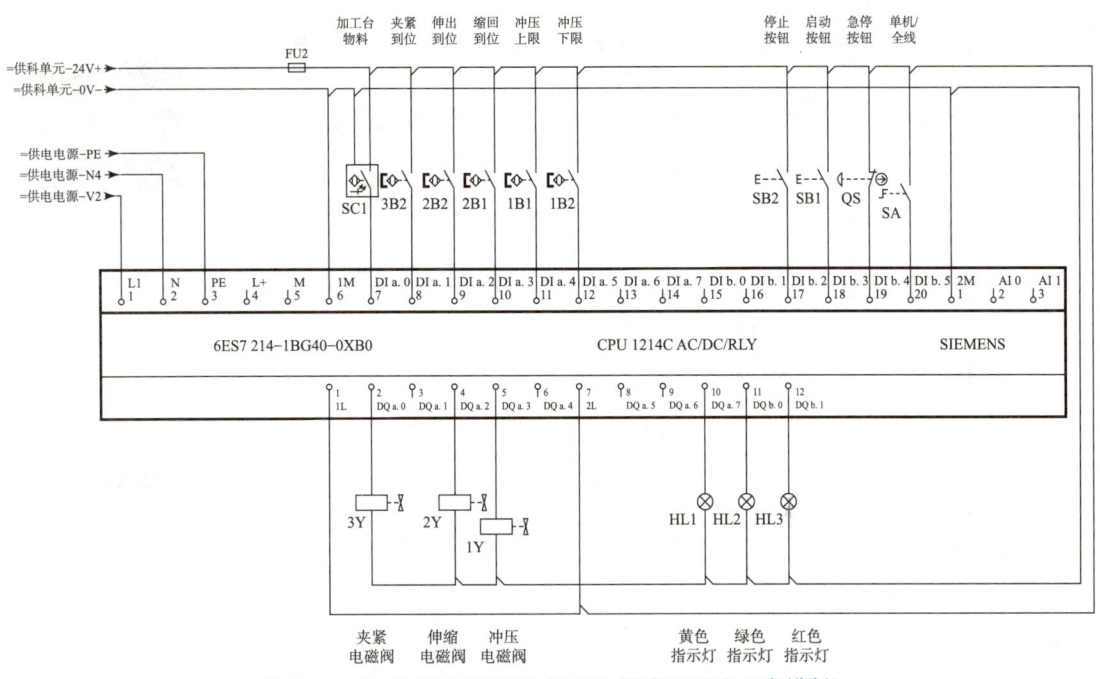

图 3-4-1 加工单元 PLC 的 I/O 接线原理图（出错版）

3.4.3 任务分组

学生任务分配表如表 3-4-1 所示。

表 3-4-1 学生任务分配表

班级		小组名称		组长	
小组成员及分工					
序号	学号	姓名	任务分工		

3.4.4 任务分析

引导问题1：图 3-4-1 所示的 I/O 接线原理图有几处错误，请在图中标出，并将正确的 I/O 接线图用手绘或用 CAD 软件画出电子版，并上交。

引导问题 2：加工单元使用的 PLC 型号是_____，有_____个数字输入点，有_____个数字输出点。

引导问题 3：根据加工单元的结构及控制要求，确定本单元的 PLC 数字输入点数_____个，分别连接的输入信号有_____、_____、_____、_____、_____、启动按钮、停止按钮、选择开关、急停按钮。

加工单元电气接线视频

引导问题 4：加工单元 PLC 输出类型为_____输出，数字输出信号有_____个，驱动的负载分别为_____、_____、_____和三个指示灯。

引导问题 5：请制订工作计划，并填入表 3-4-2 中。

表 3-4-2 工作计划表

序号	工作内容	负责人
1		
2		
3		
4		
5		
6		

引导问题 6：根据图 3-4-1 所示的加工单元 PLC 的 I/O 接线原理图和表 3-4-4 所示的加工单元装置侧接线端口信号端子的分配，完成表 3-4-3 所示的加工单元 PLC 的 I/O 信号表，并确定正确的电气接线方法。

表 3-4-3 加工单元 PLC 的 I/O 信号表

输入信号				输出信号			
序号	PLC 输入点	信号名称	信号来源	序号	PLC 输出点	信号名称	信号来源
1	I0.0		装置侧	1	Q0.0		装置侧
2	I0.1			2	Q0.1	—	
3	I0.2			3	Q0.2		
4	I0.3			4	Q0.3		
5	I0.4			5	Q0.4	—	—
6	I0.5			6	Q0.5		

续表

输入信号				输出信号			
序号	PLC输入点	信号名称	信号来源	序号	PLC输出点	信号名称	信号来源
7	I0.6	—	—	7	Q0.6	—	—
8	I0.7	—	—	8	Q0.7	黄色指示灯	按钮/指示灯模块
9	I1.0	—	—	9	Q1.0	绿色指示灯	
10	I1.1	—	—	10	Q1.1	红色指示灯	
11	I1.2	停止按钮	按钮/指示灯模块	—	—	—	—
12	I1.3	启动按钮		—	—	—	—
13	I1.4	急停按钮		—	—	—	—
14	I1.5	工作方式选择开关		—	—	—	—

表 3-4-4 加工单元装置侧接线端口信号端子的分配

输入端口中间层			输出端口中间层		
端子号	设备符号	信号线	端子号	设备符号	信号线
2	SC1	加工台物料检测	2	3Y	夹紧电磁阀
3	3B2	工件夹紧检测	3	—	—
4	2B2	加工台伸出到位	4	2Y	伸缩电磁阀
5	2B1	加工台缩回到位	5	1Y	冲压电磁阀
6	1B1	加工压头上限	—	—	—
7	1B2	加工压头下限	—	—	—
8#~17#端子没有连接			6#~14#端子没有连接		

3.4.5 任务实施

（1）加工单元的电气接线包括 PLC 侧、装置侧接线和电缆线的连接，其中 PLC 侧接线包括电源接线、PLC I/O 端口接线、按钮/指示灯模块接线 3 个部分。装置侧接线包括传感器接线和电磁阀线圈接线两部分。

加工单元电气调试

（2）接线过程中注意电气接线的工艺要求，应符合国家标准规定。

（3）接线完成后要进行调试，电气部分调试主要是检查 PLC 和开关稳压电源等工作是否正常。工作电源检查正常后，可以上电检查各传感器信号端口、按钮/指示灯模块的按钮（或开关）信号端口与 PLC 输入端口的连接是否正确。请将检查出来的 PLC 输入地址填入表 3-4-5 中，若检查到不正常的情况，则在表中说明情况，并写明解决方法。

表 3-4-5　加工单元 PLC 输入信号的调试

序号	输入信号名称	PLC 输入地址	检查情况说明
1	加工台物料检测		
2	工件夹紧检测		
3	加工台伸出到位		
4	加工台缩回到位		
5	加工压头上限		
6	加工压头下限		
7	停止按钮		
8	启动按钮		
9	急停按钮		
10	工作方式开关		

PLC 输出信号的调试参照供料单元的方法，在西门子博途 TIA Portal 软件上用强制输出或编写点动程序下载控制的方法核对 PLC 输出端口与电磁阀线圈、指示灯连接是否正确。请将检查出来的 PLC 输出地址对应的输出信号填入表 3-4-6 中，若检查到不正常的情况，请在表中说明情况，并写明解决方法。

表 3-4-6　加工单元 PLC 输出信号的调试

序号	PLC 输出地址	输出信号名称	检查情况说明
1	Q0.0		
2	Q0.2		
3	Q0.3		
4	Q0.7		
5	Q1.0		
6	Q1.1		

3.4.6　任务评价

各组完成加工单元电气连接与调试之后，请同学或老师评分，并完成表 3-4-7。

表 3-4-7　加工单元电气连接与调试评分表

序号	评分项目	评分标准	分值	得分
1	引导问题	其中引导问题 1 评分标准为绘制出错每处扣 1 分，最多扣 11 分	20 分	
2	电气连接	①I/O 分配表信号与实际连接信号不符，每处扣 2 分；②端子排插接不牢或超过 2 根导线，每处扣 1 分	30 分	

续表

序号	评分项目	评分标准	分值	得分
3	工艺规范	①电路接线凌乱扣2分； ②未规范绑扎，每处扣2分； ③未压冷压端子，每处扣1分； ④有电线外露，每处扣0.5分	20分	
4	电气调试（小组任意一位同学示范操作）	①不能描述信号的流向与连接，扣10分； ②不会使用仪表量具进行调试，扣10分	20分	
5	职业素养与安全意识	①现场操作安全保护不符合安全操作规程，扣1分； ②工具摆放、包装物品、导线线头等的处理不符合职业岗位要求，扣1分； ③团队配合不紧密，扣1分； ④不爱惜设备和器材，工位不整洁，扣1分	10分	
6		总分		

任务 3-5　加工单元 PLC 编程与调试

3.5.1　任务描述

本任务要求完成加工单元工作状态定义及指示灯显示、加工动作及启动停止控制的 PLC 程序编写与调试。

本任务只考虑加工单元作为独立设备运行时的情况，按钮/指示灯模块上的工作方式选择开关应置于"单站方式"位置，具体控制要求为以下几点。

（1）单元初始状态检测。

设备上电和气源接通后，滑动加工台伸缩气缸处于伸出位置、加工台气动手爪处于松开状态，冲压气缸处于缩回位置，急停按钮没有按下。

若设备在上述初始状态，则"正常工作"指示灯 HL1 常亮，表示设备已准备好。否则，该指示灯以 1 Hz 频率闪烁。

（2）单元启动运行。

若设备已准备好，按下启动按钮，则设备启动，"设备运行"指示灯 HL2 常亮。当待加工工件送到加工台上并被检出后，设备执行将工件夹紧，送往加工区域冲压，完成冲压动作后返回待料位置的工件加工工序。如果没有停止信号输入，当再有待加工工件送到加工台上时，加工单元又开始下一周期工作。

（3）单元停止。

在工作过程中，若按下急停按钮，则立即停止加工动作；急停复位后，从断点开始继续运行。

在工作过程中，若按下停止按钮，加工单元在完成本周期的动作后停止工作。HL2 指示灯熄灭。

3.5.2 任务目标

（1）参照项目二中的供料单元编程与调试任务完成本任务，培养学生善于思考、举一反三的能力。

（2）能够完成加工单元准备就绪、运行与停止状态的 PLC 程序编制。

（3）能够根据加工单元动作画出其顺序控制功能流程图并编写对应顺序功能流程图的 PLC 程序。

（4）能够编写加工单元启动和停止的 PLC 程序。

（5）能够完成加工单元的 PLC 程序调试与运行。

3.5.3 任务分组

学生任务分配表如表 3-5-1 所示。

表 3-5-1 学生任务分配表

班级		小组名称		组长	
小组成员及分工					
序号	学号	姓名	任务分工		

3.5.4 任务分析

引导问题1：在学习并完成了项目二中供料单元的 PLC 编程与调试后，你认为加工单元的 PLC 编程与供料单元相比，更难还是更简单，为什么？

引导问题2：在编写 PLC 程序之前，请根据现场设备的接线，查找 PLC I/O 地址对应的信号名称，并填入表 3-5-2 中。

表 3-5-2 加工单元 PLC 的 I/O 信号表

序号	PLC 输入地址	信号名称	序号	PLC 输出地址	信号名称
1	I0.0		1	Q0.0	
2	I0.1		2	Q0.1	
3	I0.2		3	Q0.2	
4	I0.3		4	Q0.3	
5	I0.4		5	Q0.4	
6	I0.5		6	Q0.5	
7	I0.6		7	Q0.6	
8	I0.7		8	Q0.7	
9	I1.0		9	Q1.0	
10	I1.1		10	Q1.1	
11	I1.2				
12	I1.3				
13	I1.4				
14	I1.5				

引导问题 3：借鉴供料单元的编程思路，加工单元的程序中还需要添加几个状态变量，分别是_____（分配地址 M ____）、_____（分配地址 M ____）和_____（分配地址 M ____）。

引导问题 4：借鉴供料单元的编程思路，为加工单元 PLC 程序添加一个 FC，取名为_____。当设备启动运行后，加工动作流程控制程序采用_____程序设计方法，先根据加工动作要求，画出_____，再将其转换成 PLC 梯形图。

引导问题 5：加工单元有两种停止方法，一是按下急停按钮，二是按下停止按钮，二者有何区别？

引导问题 6：请制订工作计划表，并填入表 3-5-3 中。

表 3-5-3 工作计划表

步骤	工作内容	负责人
1		
2		
3		

续表

步骤	工作内容	负责人
4		
5		
6		
7		
8		
9		
10		

3.5.5 任务实施

1. PLC 硬件组态

在西门子博途 TIA Portal 软件中打开供料单元项目，双击"添加新设备"，在弹出的对话框中添加一个名为"加工单元"的 PLC 控制器，型号为 CPU 1214C AC/DC/RLY，订货号为 6ES7 214-1BG40-0XB0，如图 3-5-1 所示。

加工单元编程与调试视频

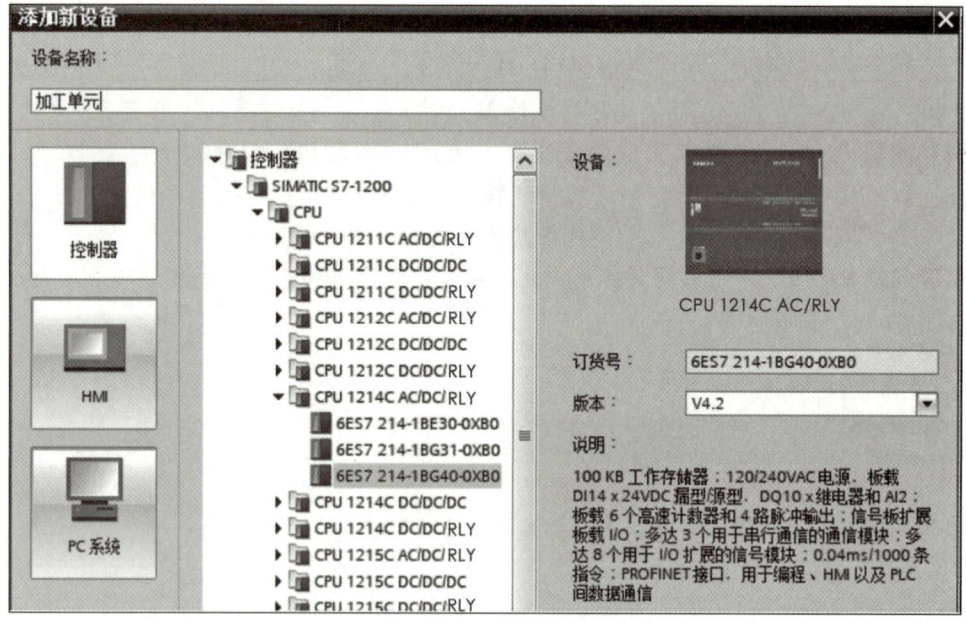

图 3-5-1 添加新设备

在 CPU 属性中修改其 IP 地址时请注意，虽然本项目只考虑加工单元作为独立设备运行时的情况，但为了方便后面改进为全线运行模式，注意将加工单元 PLC 的地址修改为与其他各设备同一网段但不冲突的 IP 地址，如供料单元的 IP 地址为 192.168.0.1，则加工单元的 IP 地址可以修改为 192.168.0.2，如图 3-5-2 所示。

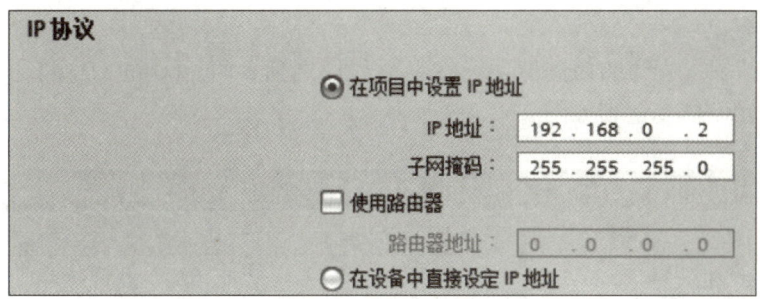

图 3-5-2　IP 地址设置

引导问题 7：设备上电后，若初始状态未达成，则"正常工作"指示灯 HL1 以 1Hz 的频率闪烁；此闪烁功能若使用 CPU 时钟存储器实现，则需要设置什么？怎么操作？

2. 计算机与 PLC 通信

在编写 PLC 程序之前，一定要把上一步在设备组态中进行的修改下载到加工单元的 PLC 设备中。选中加工单元，单击"下载"按钮。设置"PG/PC 接口"为计算机的网络适配器，然后单击"开始搜索"按钮。

注意：如果 PC 端和 PLC PROFINet 口的网络电缆是连接到交换机上，而交换机上还连接着其他 PLC 设计，那么此处会搜索到多台 PLC，如图 3-5-3 所示。此时需要正确选择加工单元的 PLC，如果不能确定，那么可勾选"闪烁 LED"复选框，观察此时加工单元的 PLC CPU 模块指示灯是否在闪烁，闪烁则表示设备选择正确，可进行下载。

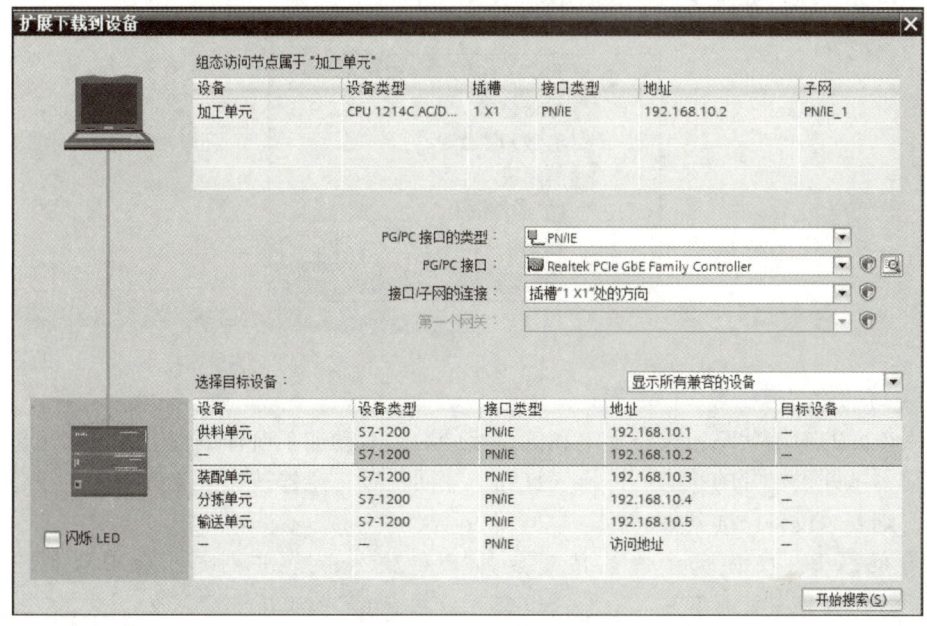

图 3-5-3　下载界面

3. 编辑变量表

为了规范编程及程序的易读性，请在编写程序之前，将 PLC 的 I/O 符号名称输入变量表中。加工单元 I/O 变量表如图 3-5-4 所示。

	名称	数据类型	地址	保持
1	加工台物料检测	Bool	%I0.0	
2	工件夹紧检测	Bool	%I0.1	
3	加工台伸出到位	Bool	%I0.2	
4	加工台缩回到位	Bool	%I0.3	
5	加工压头上限	Bool	%I0.4	
6	加工压头下限	Bool	%I0.5	
7	停止按钮	Bool	%I1.2	
8	启动按钮	Bool	%I1.3	
9	急停按钮	Bool	%I1.4	
10	夹紧电磁阀	Bool	%Q0.0	
11	单机/全线切换	Bool	%I1.5	
12	料台伸缩电磁阀	Bool	%Q0.1	
13	冲压气缸电磁阀	Bool	%Q0.2	
14	黄色指示灯 HL1	Bool	%Q0.7	
15	绿色指示灯 HL2	Bool	%Q1.0	
16	红色指示灯 HL3	Bool	%Q1.1	

图 3-5-4 加工单元 I/O 变量表

4. 参照供料单元，为加工单元添加程序块

加工单元程序块如图 3-5-5 所示。

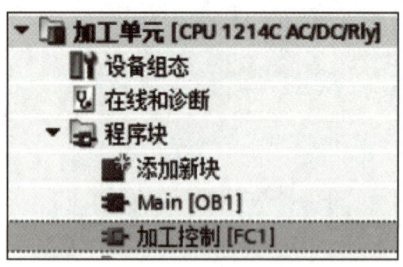

图 3-5-5 加工单元程序块

5. 编写初始状态检查 PLC 程序

加工单元的初始状态：设备上电和气源接通后，滑动加工台伸缩气缸处于伸出位置、加工台气动手爪处于松开的状态，冲压气缸处于缩回位置，急停按钮没有按下。若设备在此初始状态，则表示设备已准备好。

引导问题 8：准备就绪的条件对应的 PLC 输入地址分别是：加工台伸出到位 I_____、工件夹紧检测 I_____（用常___触点）、加工压头上限 I_____、急停按钮 I_____（用常___触点）。4 个条件要同时满足，4 个触点应_____（串联、并

联）。用 M _____表示准备就绪状态，其值为____（0 或 1）时表示准备就绪，值为____（0 或 1）时表示未准备就绪。

引导问题 9：请写出初始状态检查程序，并写出程序注释。

6. 编写启动运行 PLC 程序

引导问题 10：若设备已准备就绪，按下启动按钮 I ____，设备启动运行。用 M ____表示运行状态，其值为____（0 或 1）时表示设备运行，值为____（0 或 1）时表示设备未运行。设备成功启动后，还要将加工动作顺序控制的步号（地址：_____）用_____指令初始化为____。此处程序与供料单元是否一致？____。

引导问题 11：当设备处于工作状态时运行状态 M _____值为____（0 或 1），此时调用子程序，会执行加工动作。

引导问题 12：请写出启动运行的程序，并写出程序注释。

7. 编写停止按钮 PLC 程序

引导问题 13：在工作过程中，运行状态 M _____值为____（0 或 1），此时若按下停止按钮 I _____，加工单元在完成本周期的加工动作后停止工作。用 M _____表示停止标志，按下停止按钮后，其值为____（0 或 1），加工动作在完成本周期后停止，停止后应复位运行状态 M _____和停止标志 M _____。此处程序与供料单元是否一致？_____。

引导问题 14：请写出停止标志的程序段，并写出程序注释。同时思考停止标志应该放在顺序控制功能流程图的哪里。

8. 编写急停按钮 PLC 程序

引导问题 15：在工作过程中，若按下急停按钮 I _____，则立即停止加工动作；急停复位后，从断点开始继续运行。

引导问题 16：请写出加入了急停按钮的程序段，并写出程序注释。

9. 编写加工动作控制 PLC 程序

设备启动后，当待加工工件被送到加工台上并被检出后，设备执行将工件夹紧，送往加工区域冲压，完成冲压动作后返回待料位置的工件加工工序。若没有停止信号输入，则当再有待加工工件被送到加工台上时，加工单元又开始下一周期工作。

引导问题 17：根据加工单元加工动作要求，画出顺序控制功能流程图。

引导问题 18：加工动作完成一个周期，将已加工好的工件送回加工台后，如果出现还未重新放置一个新的待加工工件又开始新一轮加工动作的情况，是怎么回事？如何解决这种重复加工问题？

引导问题 19：设备启动后，当放置一个待加工工件送到加工台上时，工件会立即被夹紧，而夹紧过程中有可能发生将工件夹歪，或者将工件弹出加工台的情况，如何避免这种情况？

引导问题 20：请在下方写出将顺序控制功能流程图转换成 PLC 梯形图的程序，并写出程序注释。

10. 编写指示灯显示状态 PLC 程序

黄色指示灯 HL1：设备准备就绪时常亮，未准备就绪时以 1 Hz 的频率闪烁。
绿色指示灯 HL2：在设备正常运行时常亮；设备停止运行时熄灭。

引导问题 21：设备准备就绪时，准备就绪状态 M _____ 值为 ____（0 或 1），黄色指示灯 HL1（地址为 _____）常亮。设备未准备就绪时，准备就绪状态值为 ____（0 或 1），使用其常 ____ 触点 _____（串联、并联）频率为 1 Hz 的时钟存储器位 M _____，则黄色指示灯 HL1 以 1 Hz 的频率闪烁。注意不要出现双线圈问题。

引导问题 22：请写出 HL1、HL2 的 PLC 程序，并写出程序注释。

11. PLC 程序调试

程序编写并下载完成后，按以下步骤对程序进行调试。

（1）调整气动部分，检查气路是否正确，气压是否合理、恰当，气缸的动作速度是否合适。

（2）检查磁性开关的安装位置是否到位，磁性开关工作是否正常。

（3）检查 I/O 接线是否正确。

（4）检查光电传感器安装是否合理，灵敏度是否合适，保证检测的可靠性。

（5）放入工件，运行程序，观察加工单元动作是否满足任务要求。

（6）调试各种可能出现的情况，比如在任何情况下都有可能加入工件，系统都要能可靠工作。

引导问题 23：请描述调试过程中出现了什么样的问题？是如何解决的？

3.5.6 任务评价

各组完成加工单元任务 PLC 编程与调试后，请同学或教师评分，并完成表 3-5-4。

表 3-5-4 加工单元编程与调试项目评分表

序号	评分项目	评分标准	分值	得分
1	准备状态	能正确切换；就绪时 HL1 常亮；未就绪时 HL1 以 1 Hz 频率闪烁	10 分	
2	运行状态	能正确切换；运行时 HL2 常亮	10 分	
3	加工动作	运行时满足条件能正常加工，气缸运行速度合适，没有冲击	40 分	
4	停止状态	按停止按钮和急停按钮能按要求停止	15 分	
5	引导问题		25 分	
6	总分		100 分	

项目四　装配单元的安装与调试

装配单元的功能是将该单元料仓内的黑色或白色小圆柱工件嵌入放置在装配料斗的待装配工件中。

本项目以装配单元为载体，认知气动摆台、导向气缸、光纤传感器和装配单元的工作原理，使读者能正确进行机械结构安装、气路连接和电气接线，能在 PLC 上编写程序使装配单元按要求正确运行。

1. 教学目标

知识目标
◇ 了解装配单元的基本组成；
◇ 熟悉装配单元的工作过程；
◇ 掌握气动摆台、导向气缸基本气动元件的工作原理、接线及应用；
◇ 掌握光纤传感器的基本原理，并能完成光纤传感器的安装与调试；
◇ 掌握人机界面与 S7-1200 PLC 连接组态设置和常用控件的建立及设置；
◇ 掌握 PLC 程序顺序控制和状态显示的编程方法。

能力目标
◇ 能够根据任务要求使用工具熟练地安装装配单元的机械结构、电气接线和气路连接；
◇ 能够正确调整传感器的安装位置及相关参数的确定；
◇ 能够根据任务要求确定各气缸的初始位置，并完成其动作速度的调节；
◇ 能够根据 PLC 的 I/O 分配表绘制接线图，并完成各电气元件的接线及调试；
◇ 能够根据任务要求完成 PLC 编程及调试；
◇ 能够根据任务要求完成相关技术手册的查阅；
◇ 能够根据任务要求完成人机界面的组态；
◇ 能够解决安装与运行过程中出现的常见问题。

素质目标
◇ 培养学生爱护设备的良好习惯；
◇ 通过规范使用各类拆装工具，培养学生做事规范的工匠精神；
◇ 通过 PLC 接线图的绘制，培养学生做事规范、耐心的工匠精神；

项目四 装配单元的安装与调试

◇ 通过小组配合安装与调试装配单元，培养学生团队协作的能力；
◇ 通过 PLC 编程的学习，培养学生善于思考、举一反三的能力；
◇ 通过人机界面的设计和优化，培养学生精益求精的匠心精神。

2. 项目实施流程

根据装配单元项目任务的描述和机电设备生产的工作流程，本项目任务需要完成以下工作：

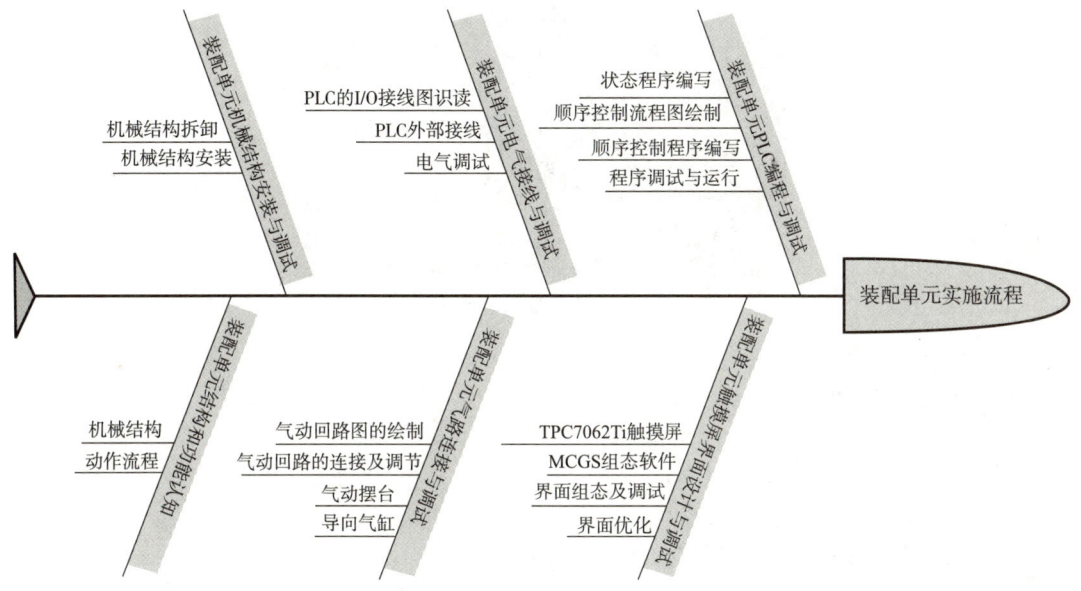

任务 4-1 装配单元结构和功能认知

4.1.1 任务描述

产品装配的场景不管是生活中还是工业生产中都很常见，例如工业生产中给饮料瓶加盖子、将牛奶装入纸箱等都属于装配。请读者观看装配单元结构和动作视频，分析其包含的结构有哪些，又是如何工作的。装配单元的效果图，如图 4-1-1 所示。

本任务要求完成装配单元结构和工作过程认识，熟悉各组成部分的结构和名称，并写出装配过程的工作流程。

装配单元动作
演示视频

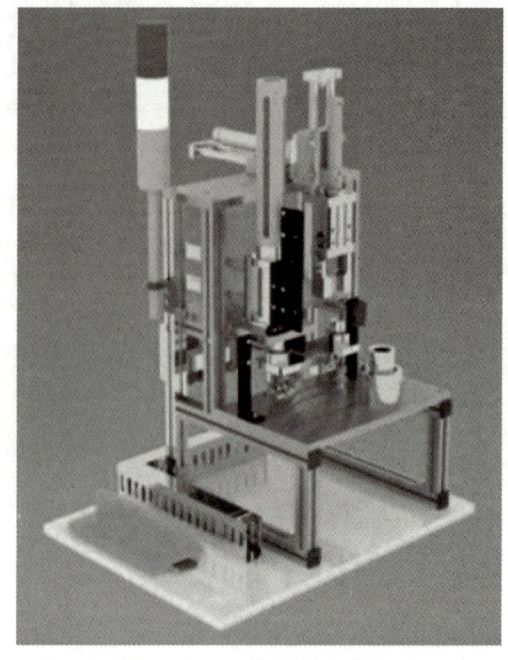

图4-1-1 装配单元结构

4.1.2 任务目标

(1) 了解装配单元的基本组成;
(2) 熟悉装配单元的工作过程;
(3) 能够描述装配单元的基本构成及工作过程。

4.1.3 任务分组

学生任务分配表如表4-1-1所示。

表4-1-1 学生任务分配表

班级		小组名称		组长	
小组成员及分工					
序号	学号	姓名	任务分工		
1					
2					
3					
4					
5					
6					

4.1.4 任务分析

引导问题1：请根据装配单元视频、图片及实物结构，说出图4-1-2对应的具体结构名称，并将图中序号填入表4-1-2中对应组件或元件名称的前面。

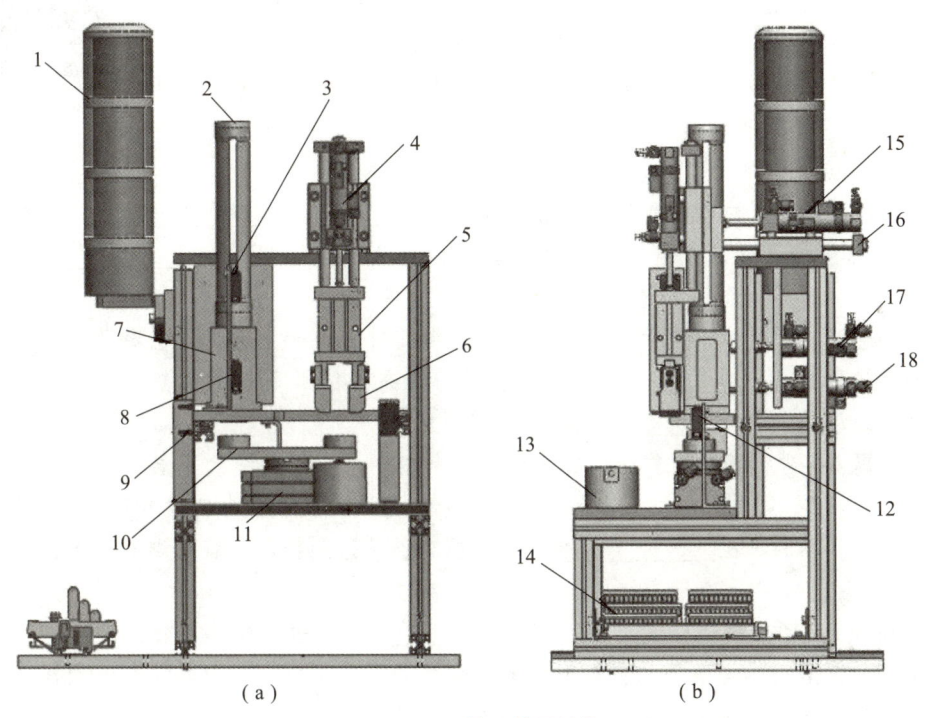

图4-1-2 装配单元结构
（a）正视图；（b）侧视图

表4-1-2 装配单元组件名称

序号	名称	序号	名称
	指示整条生产线状态的三色警示灯		放置待装配工件的装配台
	管形料仓		回转物料台左料盘检测传感器
	料仓底座		回转物料台右料盘检测传感器
	物料不足检测光电传感器		用于落料的顶料气缸
	缺料检测光电传感器		用于落料的挡料气缸
	机械手的升降气缸		机械手的伸缩气缸
	机械手的夹紧气动手指		机械手的伸缩导杆
	气动手指的手爪		用于电气连接的端子排组件
	回转物料台		摆动气缸

4.1.5 任务实施

通过观看视频或现场设备动作过程，回答以下问题。

引导问题2：装配单元的管形料仓用来存储装配用的小圆柱零件，仔细观察其与供料单元管形料仓的区别。塑料圆管上开有纵向铣槽，是为了让_____能可靠检测到是否有工件。

引导问题3：管形料仓上安装了_____个漫反射光电传感器，位于上面的光电传感器用于检测是否_____，位于下面的光电传感器用于检测是否_____。

装配单元机械结构

引导问题4：小圆柱零件有3种，分别是_____、_____和_____，要想让3种小圆柱零件都能检测到，光电传感器的灵敏度调整应以能检测到_____为准则。

引导问题5：管形料仓的背面安装了两个直线气缸，位于上面的气缸称为_____气缸，初始位置是_____（伸出、缩回）状态，位于下面的气缸称为_____气缸，初始位置是_____（伸出、缩回）状态。

引导问题6：进行落料操作时，首先使顶料气缸_____，把次下层的工件夹紧，然后挡料气缸_____，最下层工件掉入回转物料台的料盘中。之后挡料气缸_____，顶料气缸_____，次下层工件跌落到挡料气缸终端挡块上，为再一次供料做准备。

引导问题7：回转物料台使用的气缸是_____气缸，能够使物料台旋转_____度，其作用是把落料机构落下到左侧料盘的工件移动到正下方，以供其执行装配操作。为了检测回转物料台的左右两个料盘上是否有工件，安装了两个_____。

引导问题8：装配单元的待装配工件放置在装配台料斗中，并使用_____传感器检测装配台料斗内是否放置了待装配工件。

引导问题9：装配机械手包括3个气缸，请写出各气缸名称及其初始位置。
①名称：_____，初始位置：_____。
②名称：_____，初始位置：_____。
③名称：_____，初始位置：_____。

引导问题10：装配机械手从初始状态开始执行装配动作的先决条件：
①装配机械手下方的回转物料台料盘上有小圆柱零件，即_____传感器有信号。
②装配台料斗上有待装配工件，即_____传感器有信号。

引导问题11：请在图4-1-3所示的8个圆圈中将装配机械手的装配步骤序号标出来。

引导问题12：装配单元共使用了_____个传感器。其中磁性开关有_____个；光电接近开关有_____个；光纤传感器有_____个。

引导问题13：装配单元上安装有一个三色警示灯，3种颜色分别是_____、_____、_____，作为整个系统的警示灯用，但在单站运行模式下未用到。

引导问题14：通过观看装配单元动作视频，写出其装配动作过程。

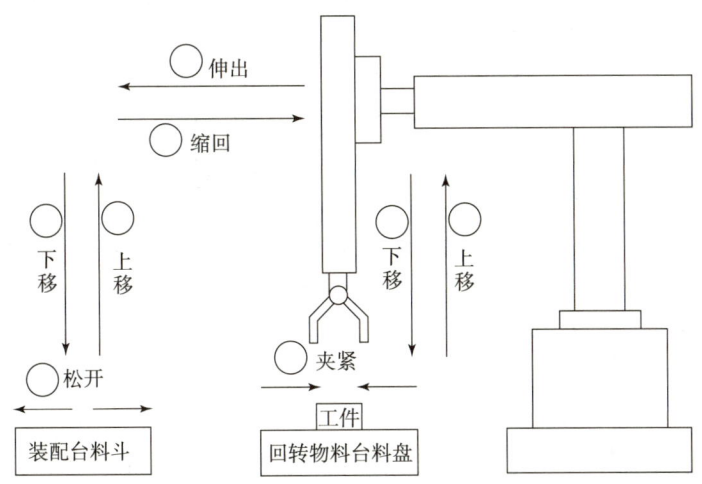

图 4-1-3 装配机械手动作步骤示意

4.1.6 任务评价

首先,各小组组内通过互评的方式,完成任务分析和任务实施环节引导问题的评分,并将分值填写在表 4-1-3 的第一行。

其次,各组就装配单元结构及动作过程录制讲解视频,并将视频和评好第一项分的表 4-1-3 一并上传至学习平台。

最后,教师在学习平台展示各组视频,各小组之间对表 4-1-3 中的 2~5 项进行小组互评。

表 4-1-3 任务评价表

序号	评分项目	分值	得分
1	引导问题完成情况	50 分	
2	视频完成速度排名	10 分	
3	作品质量情况	15 分	
4	语言表达能力	15 分	
5	小组成员合作情况	10 分	
6	总分		

4.1.7 知识链接

装配单元的结构组成包括管形料仓、落料机构、回转物料台、装配机械手、待装配工件的定位机构、气动系统及其阀组、信号采集及其自动控制系统,以及用于电气连接的端子排组件，整条生产线状态指示的信号灯和用于其他机构安装的铝型材支架及底板，传感器安装支架等其他附件。

1. 管形料仓

管形料仓用来存储装配用的金属、黑色和白色小圆柱零件，由塑料圆管和中空底座构成。塑料圆管顶端放置加强金属环，以防止破损。工件竖直放入料仓的空心圆管内，由于二者之间有一定间隙，使其能在重力作用下自由下落。

为了能在料仓供料不足和缺料时报警，在塑料圆管底部和底座处分别安装了两个漫反射光电传感器（E3Z-L 型），并在料仓塑料圆柱上纵向铣槽，以使光电传感器的红外光斑能可靠照射到被检测的物料上，如图 4-1-4 所示。光电传感器的灵敏度调整应以能检测到黑色物料为准则。

2. 落料机构

图 4-1-4 为落料机构示意图。料仓底座的背面安装了两个直线气缸，上面的气缸称为顶料气缸，下面的气缸称为挡料气缸。系统气源接通后，顶料气缸的初始位置处在缩回状态，挡料气缸的初始位置处在伸出状态。这样，当从料仓上面放下工件时，工件将被挡料气缸活塞杆终端的挡块阻挡而不能落下。需要进行落料操作时，首先使顶料气缸伸出，把次下层的工件夹紧，然后挡料气缸缩回，工件掉入回转物料台的料盘中。之后挡料气缸复位伸出，顶料气缸缩回，次下层工件跌落到挡料气缸终端挡块上，为再一次供料做准备。

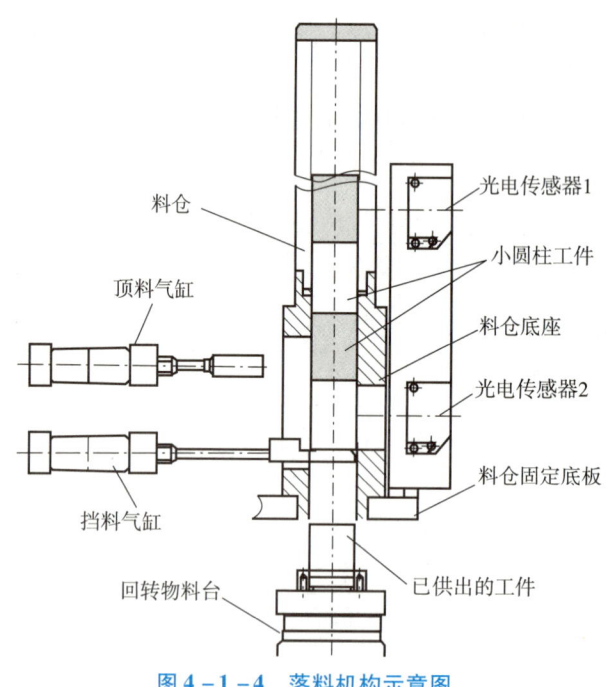

图 4-1-4 落料机构示意图

3. 回转物料台

回转物料台由气动摆台和两个料盘组成，气动摆台能驱动料盘旋转 180°，从而实现把从供料机构落下到料盘的工件移动到装配机械手正下方，如图 4-1-5 所示。图中的光电传感器 1 和光电传感器 2 分别用来检测左面和右面料盘上是否有零件。两个光电传感器均选用 CX-441 型。

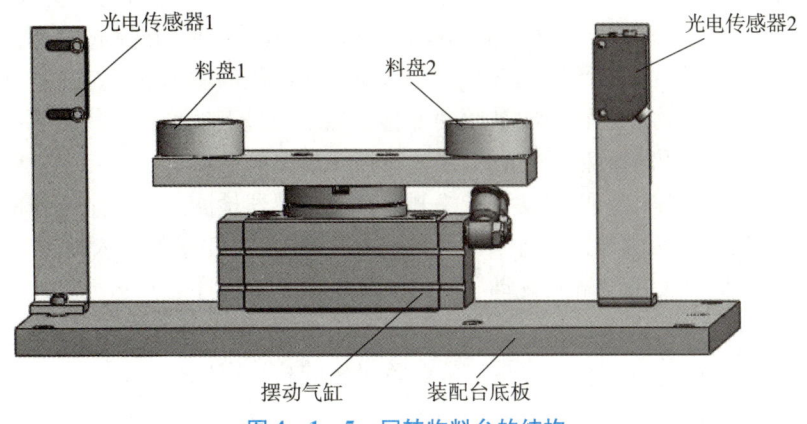

图 4-1-5　回转物料台的结构

4. 装配机械手

装配机械手是整个装配单元的核心。当装配机械手下方的回转物料台料盘上有小圆柱零件，且装配台侧面的光纤传感器检测到装配台上有待装配工件时，装配机械手从初始状态开始执行装配操作过程。装配机械手的整体外形如图 4-1-6 所示。

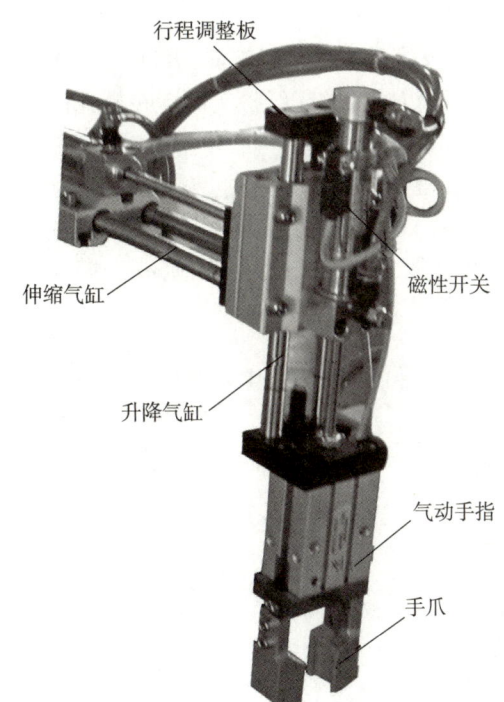

图 4-1-6　装配机械手的整体外形

装配机械手装置是一个三维运动的机构，由水平方向移动和竖直方向移动的两个导向气缸和气动手指组成。

装配机械手的运行过程如下。

PLC 驱动与竖直移动气缸相连的电磁换向阀动作，由竖直移动带导向气缸驱动气动手指向下移动，到位后，气动手指驱动手爪夹紧物料，并将夹紧信号通过磁性开关传送给 PLC。在 PLC 控制下，竖直移动气缸复位，被夹紧的物料随气动手指一并提起离开，当回转物料台的料盘提升到最高位后，水平移动气缸在与之对应换向阀的驱动下，活塞杆伸出，移动到气缸前端位置后，竖直移动气缸再次被驱动下移，移动到最下端位置，气动手指松开，经短暂延时，竖直移动气缸和水平移动气缸缩回，机械手恢复初始状态。

整个机械手动作过程中，除气动手指松开到位无传感器检测外，其余动作的到位信号检测均采用与气缸配套的磁性开关，将采集到的信号反馈给 PLC 作为输入信号，由 PLC 输出信号驱动电磁阀换向，使由气缸及气动手指组成的机械手按程序自动运行。

5. 装配台料斗

输送单元运送来的待装配工件直接放置在该机构的料斗定位孔中，由定位孔与工件之间较小的间隙配合实现定位，从而完成准确的装配动作和定位精度，如图 4-1-7 所示。

图 4-1-7 装配台料斗

为了确定装配台料斗内是否放置了待装配工件，可以使用光纤传感器进行检测。料斗的侧面开了一个 M6 的螺孔，光纤传感器的光纤探头固定在螺孔内。

6. 警示灯

本工作单元上安装有红、橙、绿三色警示灯，警示灯作为警示整个系统用。警示灯有五根引出线，其中黄绿双色线为地线；红色线为红色灯控制线；黄色线为橙色灯控制线；绿色线为绿色灯控制线；黑色线为信号灯公共控制线。警示灯及其接线如图 4-1-8 所示。

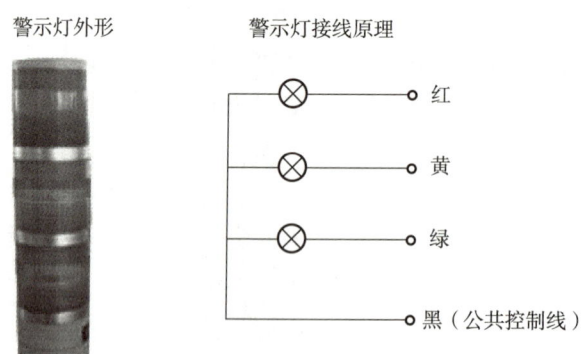

图 4-1-8 警示灯及其接线

任务 4-2 装配单元机械结构安装与调试

4.2.1 任务描述

学校举行自动化生产线安装与调试技能大赛，比赛内容其中一个部分是机械拆装，如果你将要参加这一比赛，并进行赛前练习，请你通过观察装配单元的结构，完成装配单元机械结构的安装和调试。装配单元完成效果如图4-2-1所示。

装配单元的安装

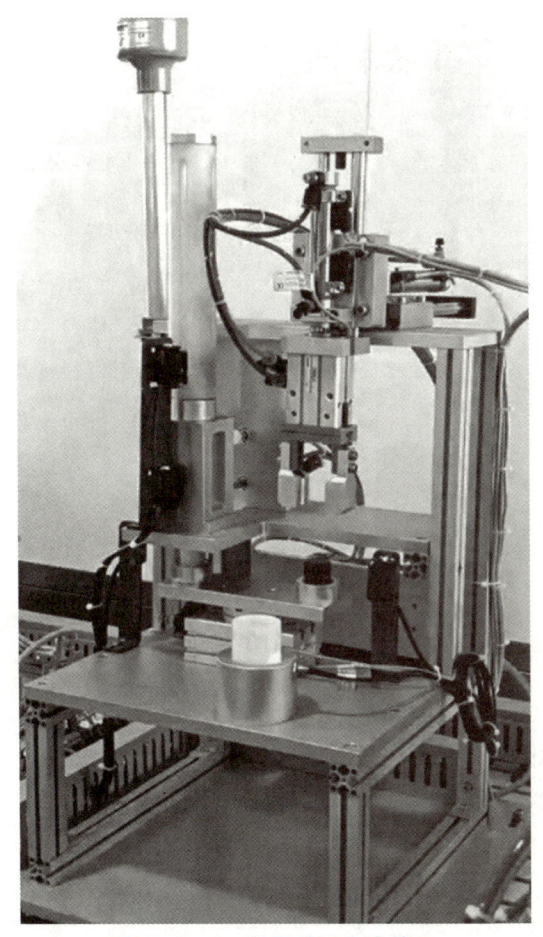

图 4-2-1 装配单元完成效果

本任务要求将装配单元的机械部分拆散成组件和零件的形式，然后组装成原样。着重掌握机械设备的安装、调整方法与技巧。

4.2.2 任务目标

(1) 熟悉自动化生产线装配单元的机械结构；
(2) 能够正确确定装配单元各部分的拆装顺序；
(3) 能够正确选用及规范使用工具完成装配单元的机械结构安装；
(4) 安装完成后能够进行调试，以确保装配单元后续正常工作。

4.2.3 任务分组

学生任务分配表如表 4-2-1 所示。

表 4-2-1 学生任务分配表

班级		小组名称		组长	
小组成员及分工					
序号	学号	姓名	任务分工		

4.2.4 任务分析

引导问题 1：请填写表 4-2-2 所示工作计划表。

表 4-2-2 工作计划表

序号	工作内容	负责人

4.2.5 任务实施

引导问题2：请制订装配单元机械结构安装方案，并填入表4-2-3中。

表4-2-3 装配单元机械结构安装方案表

安装步骤	安装内容	使用工具

装配单元是整个YL-335B自动化生产线中包含气动元器件较多、结构较为复杂的单元，为了降低安装的难度，以及提高安装时的效率，在装配前，应当认真分析该结构组成，认真观看录像，参考别人的装配工艺，认真思考，做好记录。遵循先前的思路，先组装成组件，再进行总装。装配单元的装配过程组件如图4-2-2所示。

装配单元机械安装动画

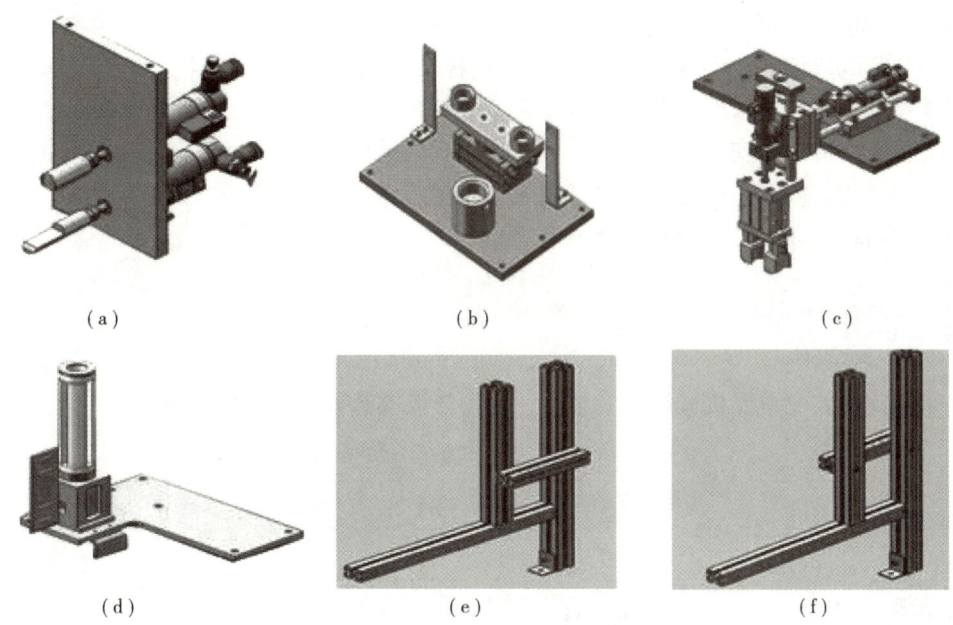

图4-2-2 装配单元的装配过程组件

(a) 小工件供料组件；(b) 装配回转物料台组件；(c) 装配机械手组件；
(d) 小工件料仓组件；(e) 左支撑架组件；(f) 右支撑架组件

完成以上组件的装配后,将与底板接触的型材放置在底板的连接螺纹之上,使用"L"形的连接件和连接螺栓,固定装配站的型材支撑架,如图4-2-3所示。

摆动气缸角度的调整

图4-2-3 框架组件在底板上的安装

然后把图4-2-2所示的组件逐个安装上去,顺序为:装配回转物料台组件→小工件料仓组件→小工件供料组件→装配机械手组件。

最后,安装警示灯及其各传感器,从而完成机械部分安装。

安装时的注意事项:①要注意摆台的初始位置,以免装配完毕后摆动角度不到位;②预留足够的螺栓放置位置,以免造成组件之间不能完成安装;③建议先进行装配,但不要一次拧紧各固定螺栓,待相互位置基本确定后,再依次调整、固定。

装配单元机械部分的调试

装配单元机械结构安装完成之后,接下来进行机械部分的调试,主要包括:①检查各机构组件是否晃动,螺钉是否松动;②检查各运动部分运行是否顺畅,如导向气缸、升降气缸、回转物料台;③各气缸位置是否准确。

4.2.6 任务评价

各小组完成装配单元机械结构安装后,请同学或教师评分,并完成表4-2-4。

表4-2-4 装配单元机械结构安装评分表

序号	评分项目	评分标准	分值	得分
1	小工件供料组件安装	①每少上一个螺钉扣1分; ②紧固件松动现象,每处扣0.5分; ③最多扣15分	15分	
2	小工件料仓组件安装	①每少上一个直角连接块扣2分; ②每少上一个螺钉扣1分; ③紧固件松动现象,每处扣0.5分; ④最多扣15分	15分	

续表

序号	评分项目	评分标准	分值	得分
3	装配回转物料台组件安装	①每少上一个直角连接块扣2分； ②每少上一个螺钉扣1分； ③紧固件松动现象，每处扣0.5分； ④最多扣15分	15分	
4	装配机械手组件安装	①每少上一个螺钉扣1分； ②紧固件松动现象，每处扣0.5分； ③最多扣15分	15分	
5	左右支撑架组件安装	①每少上一个直角连接块扣2分； ②每少上一个螺钉扣1分； ③紧固件松动现象，每处扣0.5分； ④最多扣15分	10分	
6	警示灯及各传感器的安装	①每少安装一个传感器扣2分； ②安装松动现象，每处扣0.5分； ③传感器装反每处扣2分； ④最多扣10分	10分	
7	整体安装与调试	①每少上一个螺钉扣1分； ②紧固件松动现象，每处扣0.5分； ③最多扣10分	10分	
8	职业素养与安全意识	①现场操作安全保护不符合安全操作规程，扣1分； ②工具摆放、包装物品、导线线头等的处理不符合职业岗位要求，扣1分； ③团队配合不紧密，扣1分； ④不爱惜设备和器材，工位不整洁，扣1分	10分	
9	总分			

任务 4-3　装配单元气路连接与调试

4.3.1　任务描述

本任务要求完成装配单元的气动回路绘制，控制要求为：小工件供料机构中有两个双作用气缸，顶料气缸的初始状态为缩回，挡料气缸的初始状态为伸出；回转物料台上有一个摆动气缸，初始状态为0°，动作后旋转180°；机械手上有两个导向气缸和一个气动手指气缸，驱动机械手水平方向移动的导向气缸的初始状态是缩回，驱动机械手竖直方向移动的导向气缸的初始状态是提起，气动手指气缸的初始状态是松开；所有气缸都用单电控电磁换向阀实现方向控制，都能够进行速度调节。气动回路图绘制完成后能够正确连接气管，并进行调试，调试正确后严格按照规范要求进行工艺绑扎。

4.3.2 任务目标

(1) 能够按照工作任务绘制气动回路图；
(2) 能够按照气动回路图完成气动回路管路连接；
(3) 能够进行气缸初态检查、速度调试；
(4) 能够按照技术规范要求完成气动回路工艺绑扎。

4.3.3 任务分组

学生任务分配表如表4-3-1所示。

表4-3-1 学生任务分配表

班级		小组名称		组长	
小组成员及分工					
序号	学号	姓名	任务分工		

4.3.4 任务分析

引导问题1：装配单元中小工件落料机构的两个气缸均为_____气缸（类型），其名称分别是_____和_____，_____的初始状态是缩回，_____的初始状态是伸出。

引导问题2：装配单元中回转物料台的气缸是_____气缸（类型），可以驱动料盘旋转_____度，初始状态是_____。

引导问题3：装配单元中机械手上有_____个气缸，其中驱动机械手水平和竖直方向上移动的气缸是_____气缸（类型），驱动气动手指夹紧松开的气缸是_____气缸（类型）。

引导问题4：装配单元的电磁阀组由_____个_____电磁换向阀组成。

小提示

装配单元的电磁阀组如图4-3-1所示，这些电磁阀分别对供料、位置变换和装配动作气路进行控制，以改变各自的动作状态。

项目四　装配单元的安装与调试

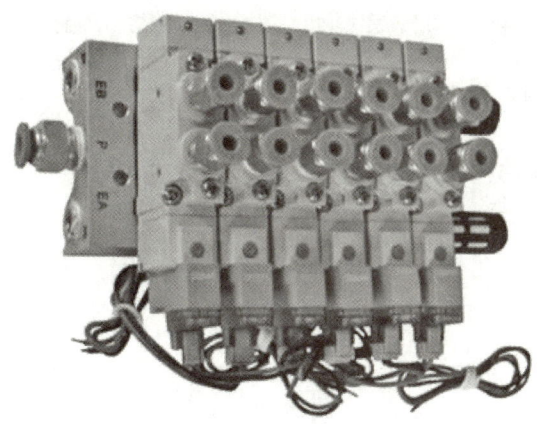

图 4-3-1　装配单元的电磁阀组

引导问题 5：制订工作计划表并填入表 4-3-2 中。

表 4-3-2　工作计划表

步骤	工作内容	负责人
1		
2		
3		
4		
5		
6		
7		

4.3.5　任务实施

1. 绘制气动回路图

引导问题 6：图 4-3-2 所示的装配单元气动回路图，已完成 5 个气缸的回路绘制，请绘制完成气动手指夹紧气缸回路图。

2. 气动回路连接

从汇流板开始，按图 4-3-2 所示的装配单元气动回路图连接电磁阀、气缸。注意各气缸的初始位置，其中，挡料气缸处在伸出位置，气动手指提升气缸处在提起位置。

装配单元的气路调试

3. 气动回路调试

（1）用电磁阀上的手动换向加锁按钮验证各气缸的初始位置和动作位置是否正确。

（2）调整气缸节流阀以控制气缸的往复运动速度，以气缸运动时物料不会摇晃掉落为准。

109

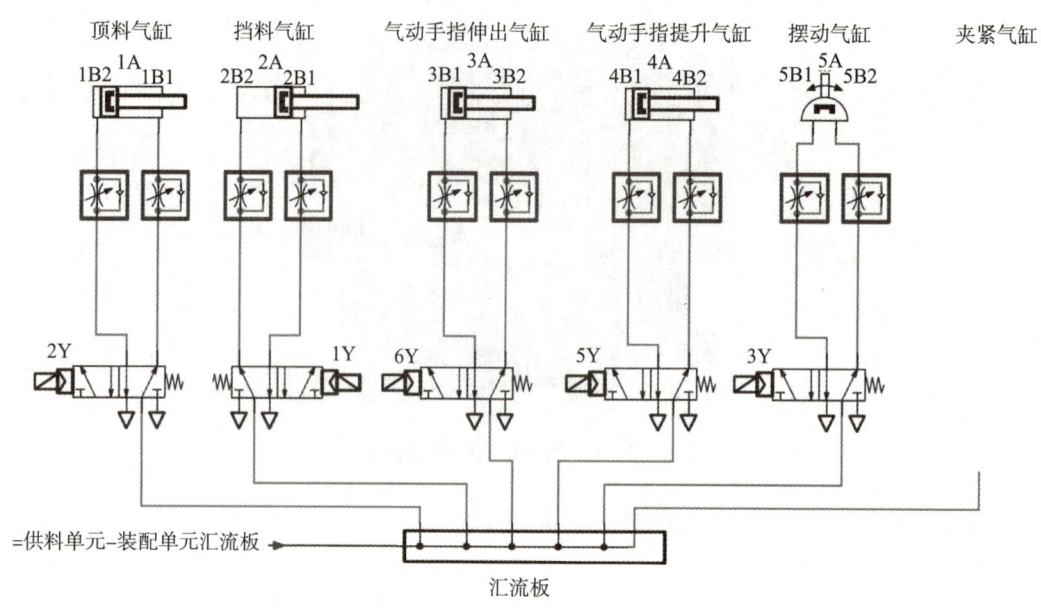

图 4-3-2 装配单元气动回路图

引导问题 7：气管连接完成后，接上气源发现回转物料台上的两个料盘位置偏离了管形料仓和机械手伸出状态的正下方，应如何调节？

_____
_____
_____

引导问题 8：气管连接完成后，接上气源发现机械手在水平方向和竖直方向都移动到位后，气动手指不能够到装配台料斗上的工件，应如何调节？

_____
_____
_____

4. 气管绑扎

装配单元气路连接完成后，为了使气管的连接走线整齐、美观，需要使用扎带对气管进行绑扎，绑扎时扎带间的距离保持在 4~5 cm 为宜。

4.3.6 任务评价

各组完成装配单元气动回路连接、调试与绑扎后，请同学或教师评分，并完成表 4-3-3。

表 4-3-3 装配单元气路连接与调试项目评分表

序号	评分项目	评分标准	分值	得分
1	图4-3-2气动回路图的绘制	①电磁阀绘制错误,每处扣1分; ②单向节流阀绘制错误,每处扣1分; ③气缸初始状态错误,每处扣1分; ④标号未标,每处扣1分	10分	
2	气动回路连接	①气路连接未完成或有错,每处扣1分; ②气路连接有漏气现象,每处扣0.5分; ③气管太长或太短,每处扣0.5分	30分	
3	气动回路调试	①气缸节流阀调节不当,每处扣1分; ②气缸初始状态不对,每处扣2分	30分	
4	气管绑扎	①气路连接凌乱,扣4分; ②气管没有绑扎,每处扣2分; ③气管绑扎不规范,每处扣2分	20分	
5	职业素养与安全意识	①现场操作安全保护不符合安全操作规程,扣1分; ②工具摆放、包装物品、导线线头等的处理不符合职业岗位要求,扣1分; ③团队配合不紧密,扣1分; ④不爱惜设备和器材,工位不整洁,扣1分	10分	
6		总分		

4.3.7 知识链接

装配单元所使用的气动执行元件包括标准直线气缸、气动手指、气动摆台和导向气缸,前两种执行元件在前面的任务实训中已叙述,下面只介绍气动摆台和导向气缸。

1. 气动摆台

回转物料台的主要器件是气动摆台,气动摆台由直线气缸驱动齿轮齿条实现回转运动,回转角度能在0°~90°和0°~180°任意可调,而且可以安装磁性开关,检测旋转到位信号,多用于方向和位置需要变换的机构。气动摆台如图4-3-3所示。

气动摆台的摆动回转角度能在0°~180°内任意可调。当需要调节回转角度或调整摆动位置精度时,首先应松开调节螺杆上的反扣螺母,通过旋入和旋出调节螺杆,从而改变回转凸台的回转角度,调节螺杆1和调节螺杆2分别用于左旋和右旋角度的调整。当调整好摆动角度后,应将反扣螺母与基体反扣锁紧,防止调节螺杆松动,降低回转精度。

回转到位的信号是通过调整气动摆台滑轨内的两个磁性开关位置实现的,图4-3-4所示为磁性开关位置调整示意图。磁性开关安装在气缸体的滑轨内,松开磁性开关的紧固定位螺丝,磁性开关就可以沿着滑轨左右移动,确定开关位置后,旋紧紧固定位螺丝,即可完成位置的调整。

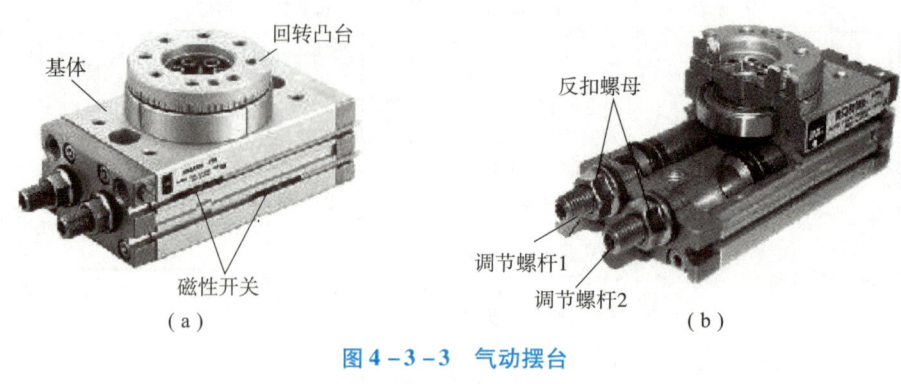

图4-3-3 气动摆台
(a) 实物图；(b) 剖视图

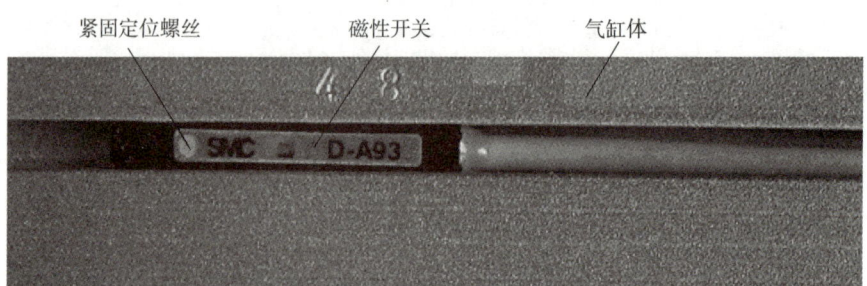

图4-3-4 磁性开关位置调整示意图

2. 导向气缸

导向气缸是指具有导向功能的气缸，一般为标准气缸和导向装置的集合体。导向气缸具有导向精度高、抗扭转力矩、承载能力强、工作平稳等特点。

装配单元用于驱动装配机械手向水平方向移动，导向气缸外形如图4-3-5所示。该气缸由直线运动气缸带双导杆和其他附件组成。

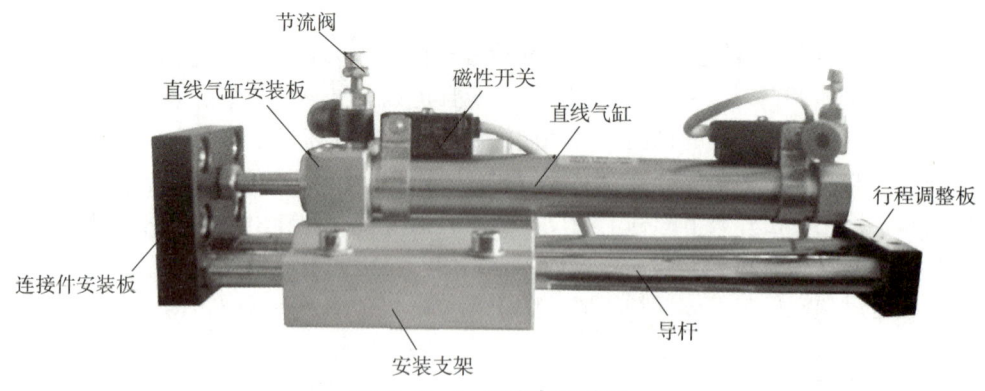

图4-3-5 导向气缸外形

安装支架用于导杆导向件的安装和导向气缸整体的固定，连接件安装板用于固定其他需要连接到该导向气缸上的物件，并固定两导杆和直线气缸活塞杆的相对位置。当直线气缸的一端接通压缩空气后，活塞被驱动做直线运动，活塞杆也一起移动，被连接件安装板固定到一起的两导杆也随活塞杆伸出或缩回，从而实现导向气缸的整体功能。安装在导杆末端的行程调整板用于调整该导向气缸的伸出行程。具体调整方法是先松开行程调整板上的紧固定位螺钉，让行程调整板在导杆上移动，当达到理想的伸出距离后，再完全锁紧紧固定位螺钉，完成行程的调节。

任务 4-4　装配单元电气接线与调试

4.4.1　任务描述

本任务要求根据装配单元 PLC 的 I/O 接线原理图，如图 4-4-1 所示，完成 PLC 侧、装置侧及按钮/指示灯模块的电气接线，并进行调试与诊断，为后续实现装配单元 PLC 程序编制提供硬件条件。

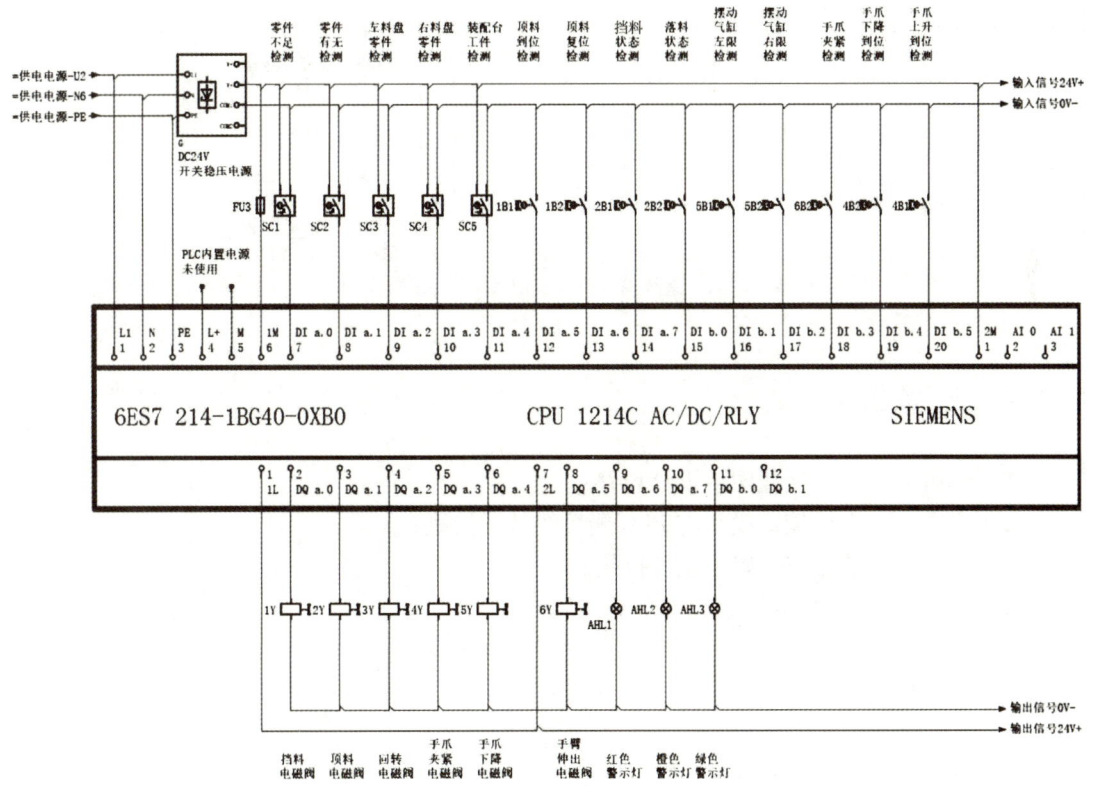

图 4-4-1　装配单元 PLC 的 I/O 接线原理图

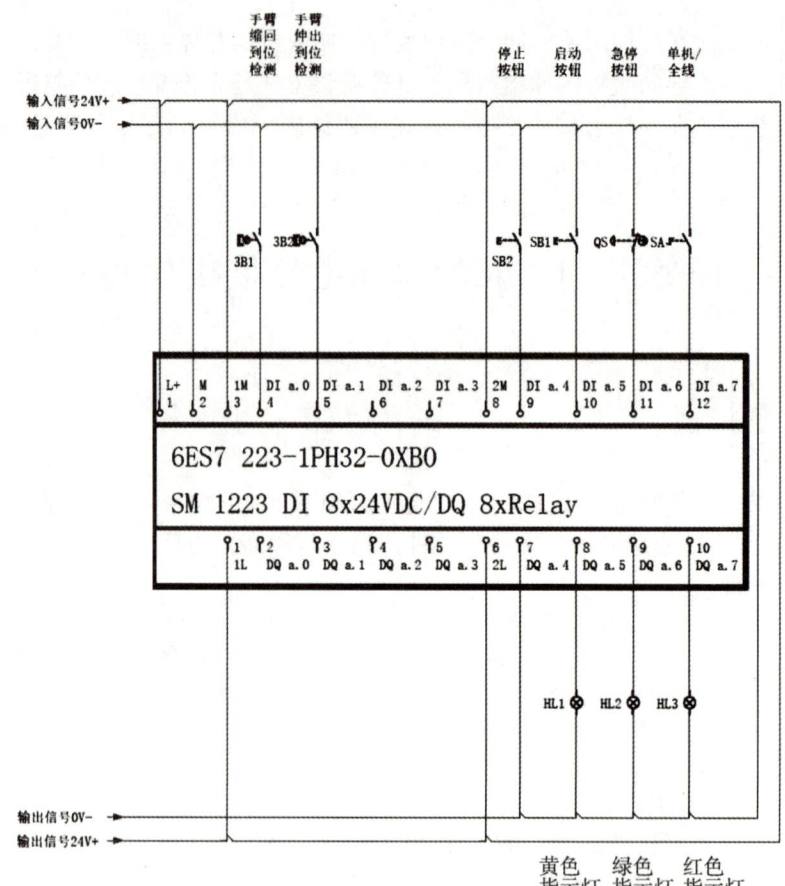

图 4-4-1 装配单元 PLC 的 I/O 接线原理图（续）

4.4.2 任务目标

（1）理解 PLC I/O 接线图的设计思路；
（2）完成 PLC I/O 接口模块与 PLC 侧接线端子接线；
（3）完成 I/O 信号与装置侧端子接线；
（4）对 PLC 接线及信号进行调试与诊断。

4.4.3 任务分组

学生任务分配表如表 4-4-1 所示。

表4-4-1 学生任务分配表

班级			小组名称			组长	
小组成员及分工							
序号	学号		姓名	任务分工			

4.4.4 任务分析

引导问题1：装配单元使用的 PLC CPU 型号是_____，有_____个数字输入点，有_____个数字输出点。根据装配单元的结构及控制要求，确定本单元的 PLC 数字输入信号有_____个，数字输出信号有_____个。CPU 模块自带的 I/O 点数不足，所以需要添加一个_____，型号是_____，有_____个数字输入点，有_____个数字输出点。

引导问题2：请制订工作计划表，并填写表4-4-2。

表4-4-2 工作计划表

序号	工作内容	负责人
1		
2		
3		
4		
5		
6		

4.4.5 任务实施

认真阅读表4-4-3所示的装配单元 PLC 的 I/O 信号、图4-4-1所示的装配单元 PLC 的 I/O 接线原理图，以及表4-4-4所示的装配单元装置侧接线端口信号端子的分配，确定正确的电气接线方法。

装配单元电气接线

表4-4-3 装配单元PLC的I/O信号

输入信号				输出信号			
序号	输入点	信号名称	信号来源	序号	输出点	信号名称	信号来源
1	I0.0	零件不足检测	装置侧	1	Q0.0	挡料电磁阀	装置侧
2	I0.1	零件有无检测		2	Q0.1	顶料电磁阀	
3	I0.2	左料盘零件检测		3	Q0.2	回转电磁阀	
4	I0.3	右料盘零件检测		4	Q0.3	手爪夹紧电磁阀	
5	I0.4	装配台工件检测		5	Q0.4	手爪下降电磁阀	
6	I0.5	顶料到位检测		6	Q0.5	手臂伸出电磁阀	
7	I0.6	顶料复位检测		7	Q0.6	红色警示灯	
8	I0.7	挡料状态检测		8	Q0.7	黄色警示灯	
9	I1.0	落料状态检测		9	Q1.0	绿色警示灯	
10	I1.1	摆动气缸左限检测		10	Q1.1	—	
11	I1.2	摆动气缸右限检测		11	Q2.0	—	—
12	I1.3	手爪夹紧检测		12	Q2.1	—	
13	I1.4	手爪下降到位检测		13	Q2.2	—	
14	I1.5	手爪上升到位检测		14	Q2.3	—	
15	I2.0	手臂缩回到位检测		15	Q2.4	—	
16	I2.1	手臂伸出到位检测		16	Q2.5	HL1	
17	I2.2	—	—	17	Q2.6	HL2	按钮/指示灯模块
18	I2.3	—		18	Q2.7	HL3	
19	I2.4	停止按钮	按钮/指示灯模块	—	—	—	—
20	I2.5	启动按钮		—	—	—	
21	I2.6	急停按钮		—	—	—	
22	I2.7	单机/全线		—	—	—	

注：警示灯用来指示YL-335B自动化生产线整体运行时的工作状态，本工作任务是装配单元单独运行，没有要求使用警示灯，可以不连接到PLC上。

表4-4-4 装配单元装置侧接线端口信号端子的分配

输入端口中间层			输出端口中间层		
端子号	设备符号	信号线	端子号	设备符号	信号线
2	SC1	零件不足检测	2	1Y	挡料电磁阀
3	SC2	零件有无检测	3	2Y	顶料电磁阀
4	SC3	左料盘零件检测	4	3Y	回转电磁阀
5	SC4	右料盘零件检测	5	4Y	手爪夹紧电磁阀

续表

输入端口中间层			输出端口中间层		
端子号	设备符号	信号线	端子号	设备符号	信号线
6	SC5	装配台工件检测	6	5Y	手爪下降电磁阀
7	1B1	顶料到位检测	7	6Y	手臂伸出电磁阀
8	1B2	顶料复位检测	8	AHL1	红色警示灯
9	2B1	挡料状态检测	9	AHL2	橙色警示灯
10	2B2	落料状态检测	10	AHL3	绿色警示灯
11	5B1	摆动气缸左限检测	11	—	—
12	5B2	摆动气缸右限检测	12	—	—
13	6B2	手爪夹紧检测	13	—	—
14	4B2	手爪下降到位检测	14	—	—
15	4B1	手爪上升到位检测	—	—	—
16	3B1	手臂缩回到位检测	—	—	—
17	3B2	手臂伸出到位检测	—	—	—

(1) 装配单元的电气接线包括 PLC 侧、装置侧的接线和电缆线的连接；其中 PLC 侧接线又包括电源接线、PLC I/O 端口的接线、按钮/指示灯模块的接线三部分。装置侧接线分为传感器接线和电磁阀线圈接线两部分。

(2) 接线过程中注意电气接线的工艺要求，应符合国家标准的规定。

(3) 接线完成后要进行调试，电气部分调试主要是检查 PLC 和开关稳压电源等工作是否正常。工作电源检查正常后，可以上电检查各传感器信号端口、按钮/指示灯模块的按钮（或开关）信号端口与 PLC 输入端口的连接是否正确。

引导问题 3：装配台工件检测使用的传感器是_____，其检测的灵敏度调节范围较大，当灵敏度调节得较_____时，可检测物料有无；当灵敏度调节得较_____时，可分辨出物体的黑白颜色。

4.4.6 任务评价

各组完成装配单元电气连接与调试之后，请同学或教师评分，并完成表 4-4-5。

表 4-4-5 装配单元电气连接与调试评分表

序号	评分项目	评分标准	分值	得分
1	电气连接	①I/O 分配表信号与实际连接信号不符，每处扣 2 分； ②端子排插接不牢或超过 2 根导线，每处扣 1 分	40 分	
2	工艺规范	①电路接线凌乱扣 2 分； ②未规范绑扎，每处扣 2 分； ③未压冷压端子，每处扣 1 分； ④有电线外露，每处扣 0.5 分	20 分	

续表

序号	评分项目	评分标准	分值	得分
3	电气调试（小组任意一位同学示范操作）	①不能描述信号的流向与连接，扣15分； ②不会使用仪表量具进行调试，扣15分	30分	
4	职业素养与安全意识	①现场操作安全保护不符合安全操作规程，扣1分； ②工具摆放、包装物品、导线线头等的处理不符合职业岗位要求，扣1分； ③团队配合不紧密，扣1分； ④不爱惜设备和器材，工位不整洁，扣1分	10分	
5		总分		

任务4-5 装配单元触摸屏界面设计与调试

4.5.1 任务描述

本任务要求通过 MCGS 组态软件，建立装配单元的组态界面，并下载至 TPC7062Ti 触摸屏中，用于监控装配单元的运行和状态。装配单元的组态界面由三个画面组成，分别是图4-5-1所示的装配单元组态首页界面，图4-5-2所示的装配单元组态手动调试界面，以及图4-5-3所示的装配单元组态自动运行界面。

图4-5-1所示界面是触摸屏上电状态初始显示的画面，主要包含此组态界面的主题名称、主题照片和可分别进入另两个画面的切换按钮。

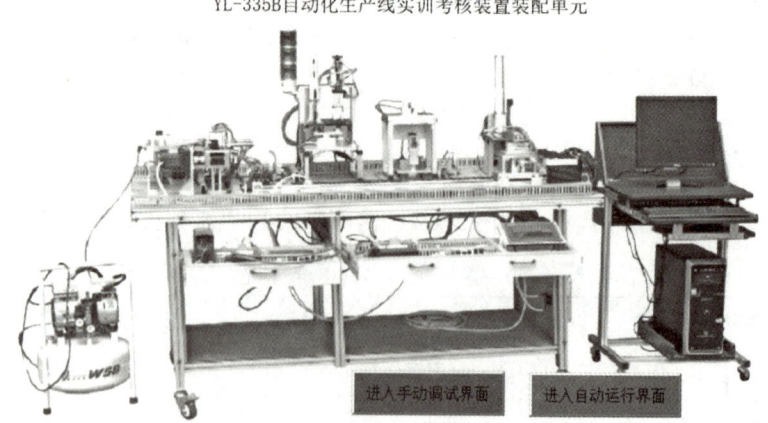

图4-5-1 装配单元组态首页界面

图4-5-2所示的手动调试界面可对装配单元的6个气缸进行手动控制，并能显示各个气缸当前所处的位置状态。调试过程请观看演示视频。

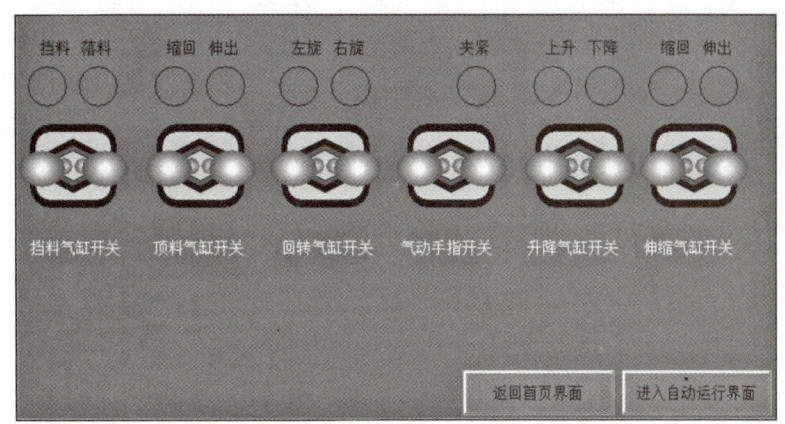

图 4-5-2 装配单元组态手动调试界面

图 4-5-3 所示的自动运行界面是为下一任务（装配单元 PLC 编程与调试）准备的。在装配单元执行装配任务时，除了可以使用按钮/指示灯模块上的硬件按钮和指示灯，触摸屏的自动运行界面也可以实现同样的监控效果，且二者可同时使用，互不冲突。调试过程请观看演示视频。

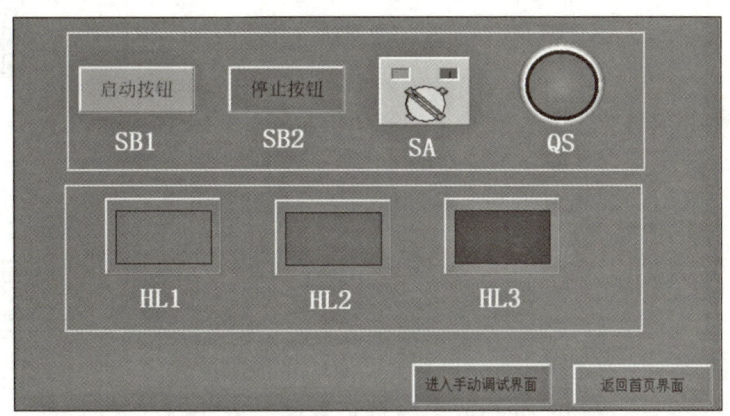

图 4-5-3 装配单元组态自动运行界面

4.5.2 任务目标

（1）掌握人机界面与 S7-1200 PLC 连接组态设置。
（2）掌握常用控件的建立及设置。
（3）能在规定时间内完成人机界面的组态。
（4）鼓励在完成人机界面功能的基础上改善界面美观度，培养精益求精的匠心精神。

4.5.3 任务分组

学生任务分配表如表 4-5-1 所示。

表 4-5-1 学生任务分配表

班级		小组名称		组长	
小组成员及分工					
序号	学号	姓名	任务分工		

4.5.4 任务分析

引导问题 1：观察触摸屏背面铭牌，装配单元使用的触摸屏型号是_____，查看其硬件手册，可知其工作电源是_____，接至_____。为了能让触摸屏与个人计算机及 S7-1200 PLC 之间实现数据通信，需要将_____端口接至_____。请确保触摸屏的电源和通信线缆连接正确。

TPC7062Ti 触摸屏硬件手册

引导问题 2：触摸屏上的组态界面可以用来监控 PLC 各参数的状态变化。组态界面的设计是在组态软件上进行的，请确保计算机上已安装组态软件。

4.5.5 任务实施

1. 多个画面及其切换的组态

在用户窗口新建三个窗口，分别取名为首页界面、手动调试界面和自动运行界面。

引导问题 3：将首页界面设置为启动的初始界面，应该怎么操作？

MCGS 触摸屏简介

双击打开首页界面，参照图 4-5-1，从工具箱中分别加入一个位图、一个标签和两个标准按钮。具体操作步骤请参照演示视频。

引导问题 4：为了让三个画面之间可以来回切换，在手动调试界面和自动运行界面中也加入两个界面切换按钮，分别在其操作属性中设置按下时执行_____功能，并下拉选择相应的窗口名称。

多个画面及其切换的组态

2. 模拟仿真运行

单击工具栏上的下载工程并进入运行环境按钮 ![按钮]，打开"下载配置"窗口，如图 4-5-4 所示。单击"模拟运行"按钮，再单击"工程下载"按钮，可以打开 MCGS 模拟运行环境软件，并将工程界面下载进去。

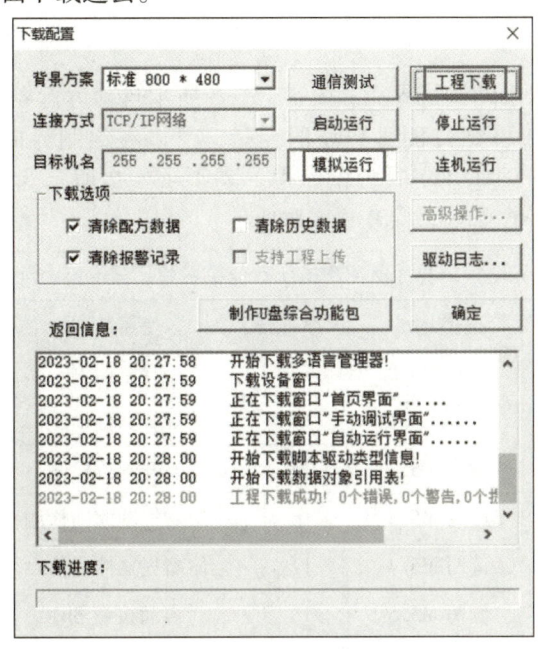

图 4-5-4 下载配置窗口

下载完成后，在"下载配置"窗口单击"启动运行"按钮，或在 MCGS 模拟运行环境软件上单击"启动运行"按钮，即可看到绘制完成的首页界面，如图 4-5-5 所示。分别单击各个界面切换按钮，测试配置是否正确。

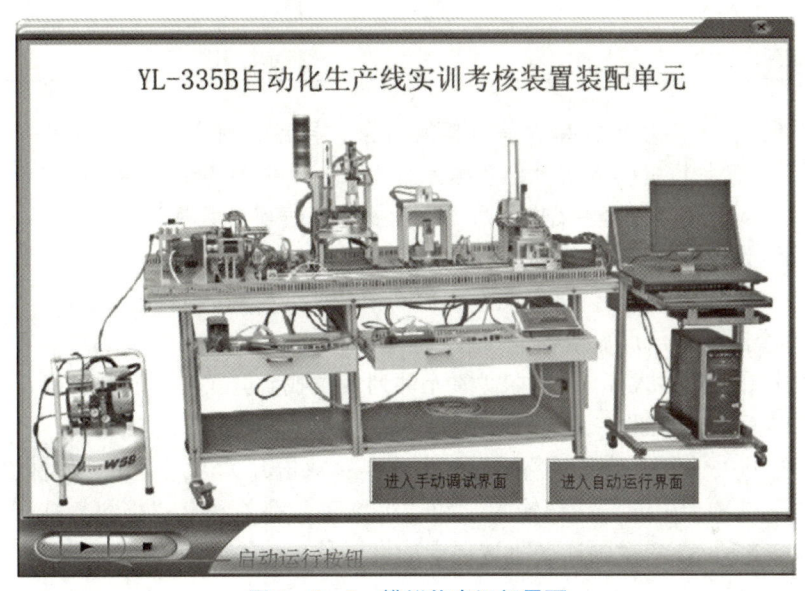

图 4-5-5 模拟仿真运行界面

引导问题 5：如果测试出来发现部分功能未实现或出错，应如何操作？

3. 建立实时数据库

观察图 4-5-2 所示手动调试界面和图 4-5-3 所示自动运行界面可以发现，两个界面的各元件需要关联到 PLC 的变量，所以在绘制界面之前，我们先把需要用到的变量创建在实时数据库中。表 4-5-2 所示为装配单元触摸屏界面所用到的所有变量名称及其连接地址。

开关及传感器信号的组态

表 4-5-2 装配单元触摸屏界面所用到的所有变量名称及其连接地址

序号	变量名称	通道地址	序号	变量名称	通道名称
1	挡料气缸开关	读写 M5.0	13	夹紧检测	只读 I1.3
2	顶料气缸开关	读写 M5.1	14	下降到位检测	只读 I1.4
3	回转气缸开关	读写 M5.2	15	上升到位检测	只读 I1.5
4	气动手指开关	读写 M5.3	16	伸缩气缸缩回检测	只读 I2.0
5	升降气缸开关	读写 M5.4	17	伸缩气缸伸出检测	只读 I2.1
6	伸缩气缸开关	读写 M5.5	18	启动按钮 SB1	读写 M6.0
7	挡料检测	只读 I0.7	19	停止按钮 SB2	读写 M6.1
8	落料检测	只读 I1.0	20	选择开关 SA	读写 M6.2
9	顶料伸出检测	只读 I0.5	21	急停按钮 QS	读写 M6.3
10	顶料缩回检测	只读 I0.6	22	指示灯 HL1	读写 M7.0
11	左旋到位检测	只读 I1.1	23	指示灯 HL2	读写 M7.1
12	右旋到位检测	只读 I1.2	24	指示灯 HL3	读写 M7.2

引导问题 6：打开实时数据库，单击新增对象，再双击对象打开如图 4-5-6 所示的"数据对象属性设置"窗口，修改对象名称为表 4-5-2 中的变量名称，并修改对象类型为_____。如此把表 4-5-2 中的所有变量都增加进实时数据库中。

4. 手动调试界面的组态

参照图 4-5-2 设计手动调试界面，利用 6 个开关元件对装配单元的 6 个气缸进行手动控制，利用 11 个圆形指示灯显示各个气缸当前位置状态。

在工具箱中单击"插入元件"，在对象元件列表中找到开关 1，单击"确定"按钮插入开关 1 元件到画面中，如图 4-5-7 所示。

将挡料气缸开关关联上数据对象的操作方法是：双击开关进入"单元属性设置"窗口，将"数据对象"选项卡中的"按钮输入"和"可见度"都关联上"挡料气缸开关"数据对象，如图 4-5-8 所示。"动画连接"选项卡的设置是自动关联上的。

项目四　装配单元的安装与调试

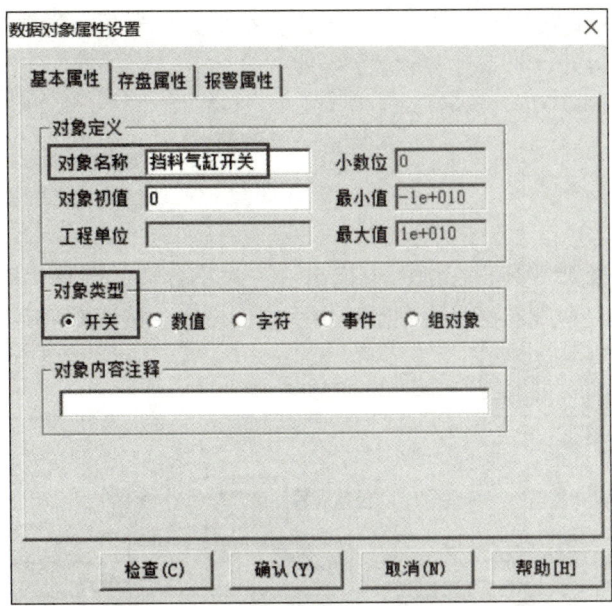

图 4-5-6　数据对象属性设置窗口

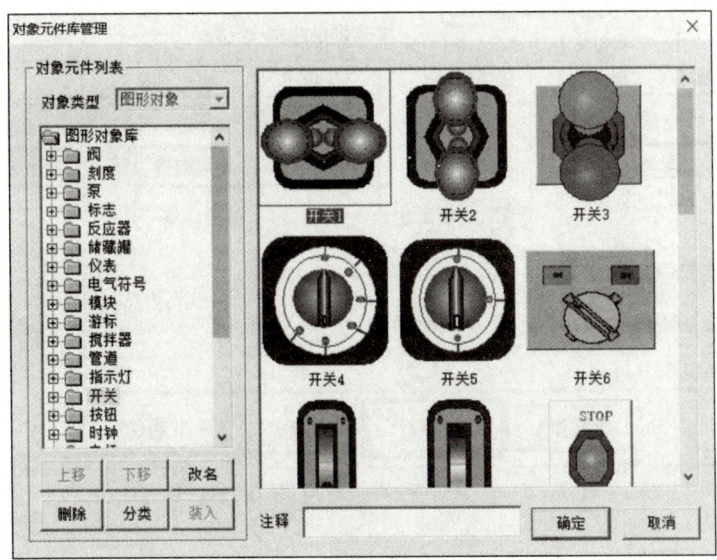

图 4-5-7　插入开关元件

图 4-5-8　开关元件连接数据对象

引导问题7：开关1默认手柄在右侧时为关、在左侧时为开，若要反过来设置手柄在左侧时为关、在右侧时为开，应该如何设置？

在工具箱上单击椭圆工具，在画面中拖出一个大小合适的圆形，双击，则打开"动画组态属性设置"窗口，即进入挡料检测圆形指示灯的设置，按图4-5-9所示进行设置。其他各指示灯的设置方法一致。

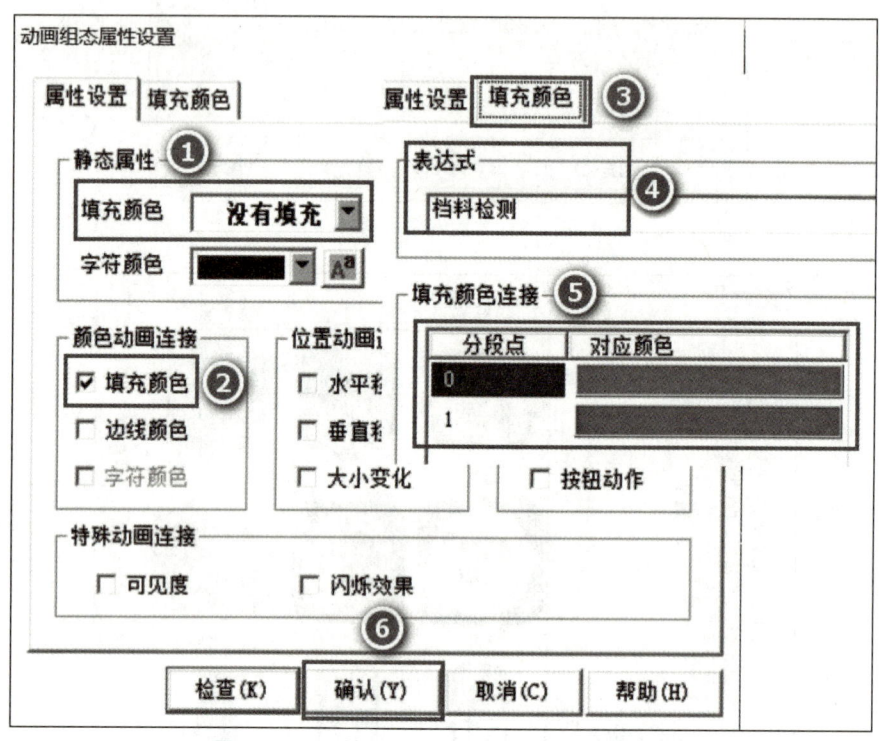

图4-5-9 挡料检测圆形指示灯的属性设置

5. 自动运行界面的组态

参照图4-5-3设计自动运行界面，在界面上组态启动按钮SB1、停止按钮SB2、选择开关SA、急停按钮QS和黄色指示灯HL1、绿色指示灯HL2、红色指示灯HL3。

引导问题8：为了模拟硬件按钮的动作，对启动按钮SB1和停止按钮SB2的操作属性进行设置时，对其数据对象进行_____操作，如图4-5-10所示。

按钮及指示灯的组态

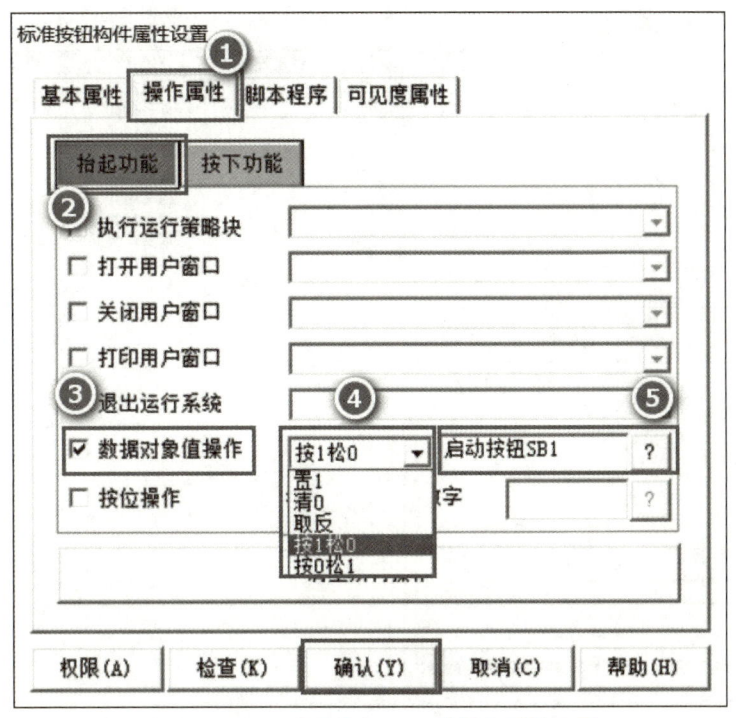

图 4-5-10 启动按钮 SB1 的操作属性设置

引导问题 9：选择开关 SA 选用对象元件库里开关文件夹中的_____元件。急停按钮 QS 则是选用了对象元件库里按钮文件夹中的_____元件。三个指示灯选用了对象元件库里指示灯文件夹中的_____元件。

6. 添加 Siemens_1200 设备

打开设备窗口，右击空白位置打开设备工具箱，在设备工具箱中找到设备 Siemens_1200，双击该设备即可添加为设备 0。若在设备工具箱中找不到 Siemens_1200，则单击设备工具箱中的设备管理，在所有设备 – PLC – 西门子 – Siemens_1200 以太网路径下找到 Siemens_1200，选中并增加。

触摸屏变量连接及 PLC 编程

引导问题 10：双击添加设备 0，打开"设备编辑窗口"，如图 4-5-11 所示。在该设备编辑窗口的"本地 IP 地址"输入本触摸屏的 IP 地址_____，"远端 IP 地址"输入装配单元 S7-1200 PLC 的 IP 地址_____，其他设置不变，单击"确认"按钮即配置完成。

7. 数据对象与通道地址的连接

为了将触摸屏的数据对象与 PLC 的变量地址关联起来，我们还需要在"设备编辑窗口"中单击"增加设备通道"按钮，按照表 4-5-2 所示，先将 6 个开关 M5.0~M5.5 添加进来，具体配置如图 4-5-12 所示。

要将 M5.0~M5.5 地址关联到 6 个开关，还要双击各个通道，在弹出的变量选择窗口中选择各自的数据对象名。其他各个变量的关联操作方法一致，所有变量连接完成后的效果如图 4-5-13 所示。

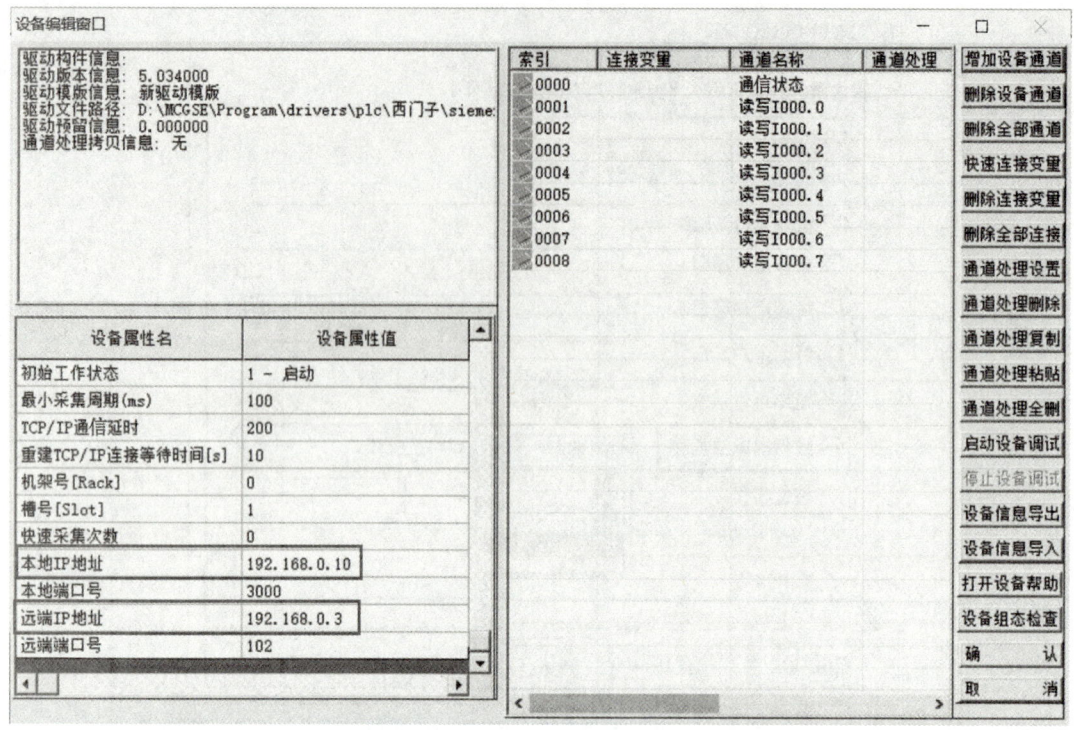

图4-5-11 设备编辑窗口

图4-5-12 "添加设备通道"窗口

引导问题11：一次性增加设备通道 I0.5~I1.5 时，"通道类型"选择_____，"数据类型"选择_____，"通道地址"填_____，"通道个数"填_____。

索引	连接变量	通道名称	通道处理
0000		通讯状态	
0001	顶料伸出检测	只读I000.5	
0002	顶料缩回检测	只读I000.6	
0003	挡料检测	只读I000.7	
0004	落料检测	只读I001.0	
0005	左旋到位检测	只读I001.1	
0006	右旋到位检测	只读I001.2	
0007	夹紧检测	只读I001.3	
0008	下降到位检测	只读I001.4	
0009	上升到位检测	只读I001.5	
0010	伸缩气缸缩...	读写I002.0	
0011	伸缩气缸伸...	读写I002.1	
0012	挡料气缸开关	读写M005.0	
0013	顶料气缸开关	读写M005.1	
0014	回转气缸开关	读写M005.2	
0015	气动手指开关	读写M005.3	
0016	升降气缸开关	读写M005.4	
0017	伸缩气缸开关	读写M005.5	
0018	启动按钮SB1	读写M006.0	
0019	停止按钮SB2	读写M006.1	
0020	选择开关SA	读写M006.2	
0021	急停按钮QS	读写M006.3	
0022	指示灯HL1	读写M007.0	
0023	指示灯HL2	读写M007.1	
0024	指示灯HL3	读写M007.2	

增加设备通道
删除设备通道
删除全部通道
快速连接变量
删除连接变量
删除全部连接
通道处理设置
通道处理删除
通道处理复制
通道处理粘贴
通道处理全删
启动设备调试
停止设备调试
设备信息导出
设备信息导入
打开设备帮助
设备组态检查

图 4－5－13　装配单元触摸屏的所有变量连接

8. 触摸屏 IP 地址设置

在计算机中用 MCGS 组态软件设计好组态界面后，需要将设计好的界面下载到触摸屏中，之后组态界面会对 S7－1200 PLC 中的各参数进行监控，所以除了确保通信线缆连接正确，还要确保触摸屏、计算机和 PLC 三个设备的 IP 地址在同一网段。修改触摸屏的 IP 地址如图 4－5－14 所示。

在给触摸屏重新上电后，观察触摸屏，当屏上出现正在启动的进度条时，按住触摸屏的任意位置，即可进入“启动属性”界面，在“系统参数”选项卡中可以查看触摸屏当前的 IP 地址。若当前地址不与 PLC 设备在同一网段，则依次单击“系统维护”→“设置系统参数”→“IP 地址”选项，将触摸屏的 IP 地址修改为同一网段，如图 4－5－15 所示。

9. 下载组态界面至触摸屏

装配单元手动调试界面绘制完成后，单击工具栏上的“下载”按钮，打开“下载配置”窗口，单击“连机运行”按钮，“连接方式”选择 TCP/IP 网络，“目标机名”设置为触摸屏的 IP 地址，先单击“通信测试”按钮，通信测试成功后再单击“工程下载”按钮，返回信息显示如图 4－5－16 所示界面，则表示下载成功。

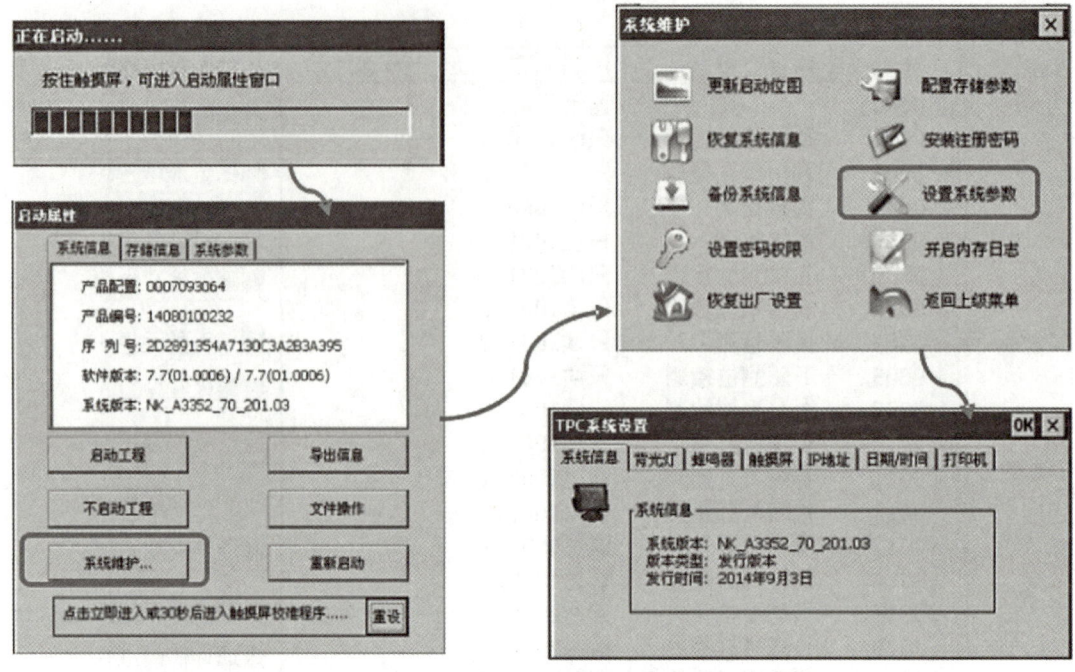

图4-5-14 修改触摸屏的IP地址

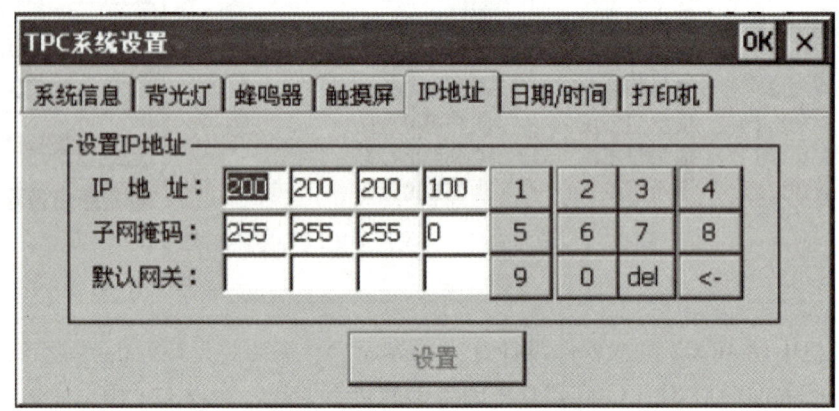

图4-5-15 设置IP地址选项卡

10. PLC 手动调试界面控制程序编写

手动调试界面6个开关关联的变量是 M5.0 ~ M5.5，各气缸的控制电磁阀地址是 Q0.0 ~ Q0.5，要在 PLC 中用点动程序将二者关联在一起。在此之前要先对 PLC 进行硬件组态。

在西门子博途 TIA Portal 软件中打开"自动化线 YL－335B"项目，双击"添加新设备"，添加一个名为"装配单元"的 PLC 控制器，型号为 CPU 1214C AC/DC/RLY，订货号为 6ES7 214－1BG40－0XB0。在 CPU 属性中修改其 IP 地址，要求与供料单元和加工单元的 PLC 地址，以及触摸屏的 IP 地址在同一网段但不冲突，同时启用系统和时钟存储器。

装配单元 PLC 还有一块信号模块，选中插槽2，在"硬件目录"中找到订货号为 6ES7 223－1PH32－0XB0 的信号模块，型号为 SM1223 DI 8x24VDC/DQ 8xRELAY。添加信号模块如图4-5-17 所示。

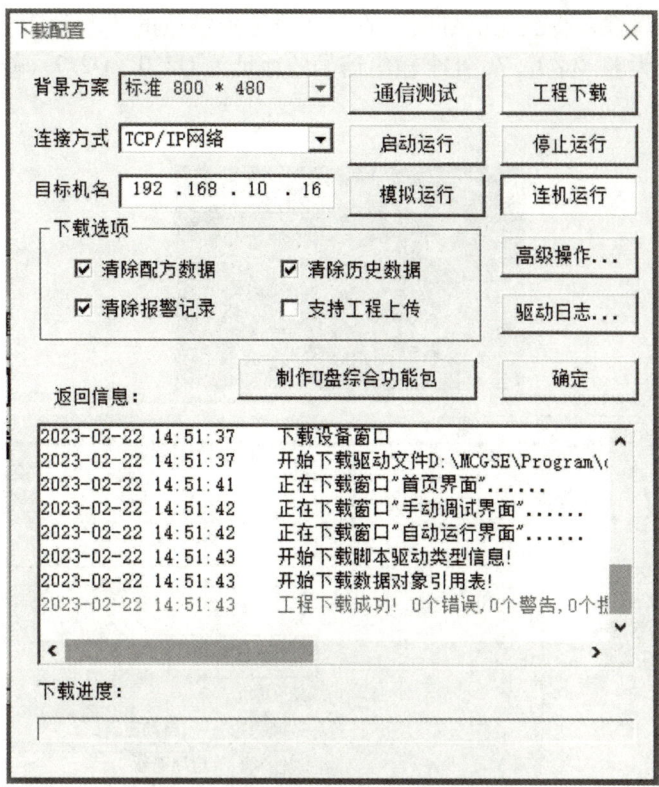

图 4-5-16　工程下载成功

图 4-5-17　添加信号模块

打开信号模块属性,将扩展信号模块的 I/O 地址由默认的 8 改为 2,这样信号模块的 8 个输入信号的地址为 I2.0~I2.7,8 个输出信号的地址为 Q2.0~Q2.7。修改信号默认的 I/O 地址如图 4-5-18 所示。

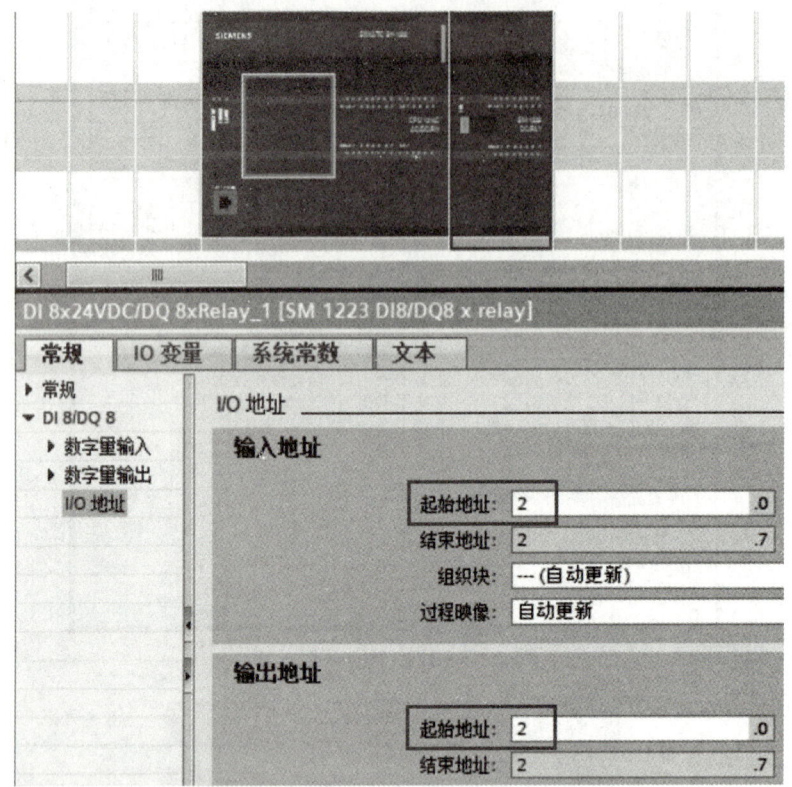

图 4-5-18 修改信号默认的 I/O 地址

单击"下载"按钮,把以上修改下载到装配单元的 PLC 设备中。

在程序块中双击"添加新块",添加一个 FC1,取名为"HMI 手动调试界面控制"。在 OB1 中调用 FC1,如图 4-5-19 所示,其中运行状态 M2.1 在装配单元自动运行过程中的值为 1,此时不可进行手动调试。

图 4-5-19 调用 FC1

引导问题 12:请写出 HMI 手动调试界面控制程序,并写出程序注释。

11. 画面调试

由于自动运行的 PLC 程序要在下一任务中才能编写，本任务只对手动调试界面进行测试。

装配单元触摸屏画面调试

引导问题 13：参照演示视频，使用手动调试界面完成一次装配过程，并将具体操作步骤填入表 4-5-3 中。

表 4-5-3 手动调试操作步骤

序号	操作步骤	实现动作
1	初始状态	确保管形料仓内有足够小圆柱零件，且装配台有待装配工件
2	顶料气缸开关=1	顶住次下层小圆柱零件
3	挡料气缸开关=1	最下层小圆柱零件落料至回转物料台左侧料盘
4		挡料
5		次下层小圆柱零件跌落至最下层
6		回转物料台右旋，小圆柱零件旋至机械手下方
7		机械手下降
8		气动手指夹紧
9		机械手带着小圆柱零件上升
10		机械手带着小圆柱零件伸出
11		机械手带着小圆柱零件下降，落到待装配工件上
12		气动手指松开
13		机械手上升
14		机械手缩回
15		回转物料台左旋，回到初始状态

12. 界面优化

一般来说，工控类软件界面以实用、操作方便为主，注重严谨、稳重、清晰，其次是美观，如 MCGS 组态软件元件库中的多款开关、指示灯，都极具工控特色。而在工控项目中，软件界面往往能给客户留下最直观的印象，一个操作方便又兼具美观大气的界面会给设备增添不少亮点，从而拉高整个项目及整套设备的档次。

界面设计除了要充分利用移动、对齐、等高、等宽等操作进行界面布局的调整，还可以在网络上的素材网站搜索合适的图片素材，制作出更加优化、大气、上档次的工控界面。图 4-5-20 所示为手动调试界面优化示例。

图 4-5-20 所示开关对象采用的是工具箱中的动画按钮构件，指示灯对象采用的是动画显示构件。ON 和 OFF 两张图片素材分别加载到 0 和 1 两个分段点，图像大小设置为充满按钮。其他设置请自行测试。

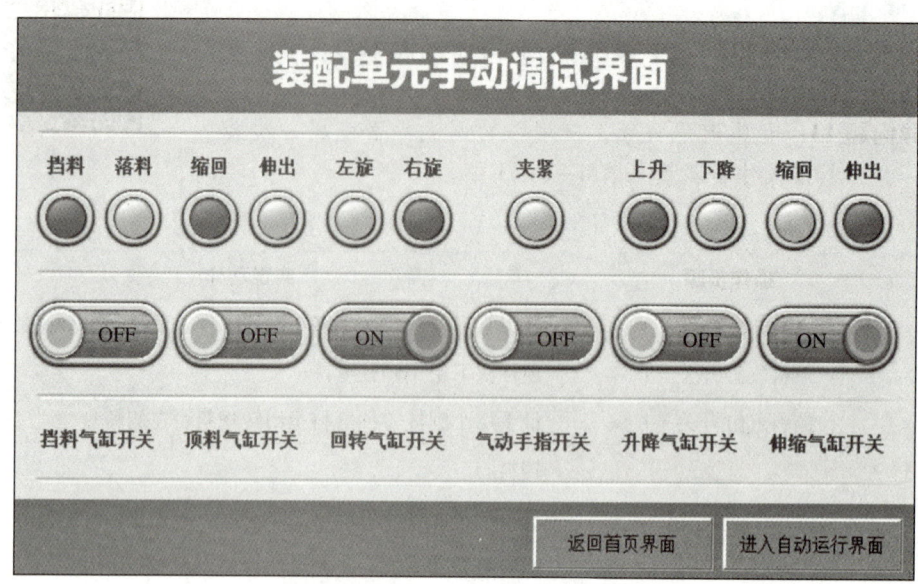

图 4-5-20　手动调试界面优化

4.5.6　任务评价

各组完成装配单元触摸屏界面设计与调试之后，请同学或教师评分，并完成表 4-5-4。

表 4-5-4　装配单元触摸屏界面设计与调试评分表

序号	评分项目	评分标准	分值	得分
1	引导问题	其中填空题每空 1 分	35 分	
2	首页界面的组态	①缺少元件，每个扣 1 分； ②元件属性设置错误，每处扣 0.5 分	5 分	
3	手动调试界面的组态	①缺少元件，每个扣 1 分； ②元件属性设置错误，每处扣 0.5 分	20 分	
4	自动运行界面的组态	①缺少元件，每个扣 1 分； ②元件属性设置错误，每处扣 0.5 分	10 分	
5	手动调试界面的调试	①元件未按要求动作，每个扣 1 分； ②组态界面未下载成功，扣 2 分； ③调试未能按流程进行，扣 2 分	20 分	
6	职业素养与安全意识	①现场操作安全保护不符合安全操作规程，扣 1 分； ②工具摆放、包装物品、导线线头等的处理不符合职业岗位要求，扣 1 分； ③团队配合不紧密，扣 1 分； ④不爱惜设备和器材，工位不整洁，扣 1 分	10 分	

续表

序号	评分项目	评分标准	分值	得分
7	附加分：界面优化	①利用组态软件内部素材优化界面，加5分； ②利用外部素材优化界面，加10分		
8		总分		

4.5.7 知识链接

1. 人机界面介绍

YL-335B 自动化生产线采用了昆仑通态研发的人机界面 TPC7062Ti，是一款在实时多任务嵌入式操作系统 Windows CE 环境中运行、MCGS 嵌入式组态软件组态。

该产品设计采用7英寸高亮度 TFT 液晶显示屏（分辨率 800×480），四线电阻式触摸屏（分辨率为 4 096 像素×4 096 像素），色彩达 64K 彩色。CPU 主板以 ARM 结构嵌入式低功耗 CPU 为核心，主频 400 MHz、64 M 存储空间。TPC7062Ti 人机界面外观如图 4-5-21 所示。

图 4-5-21 TPC7062Ti 人机界面外观
(a) 正视图；(b) 背视图

2. TPC7062Ti 人机界面的硬件连接

TPC7062Ti 人机界面的电源进线、各种通信接口均在其背面进行，如图 4-5-22 所示。其中 USB1 口用来连接鼠标和 U 盘等，USB2 口用作工程项目下载；COM（RS232）串口和 LAN 以太网口用来连接 PLC。

在 YL-335B 自动化生产线中，TPC7062Ti 触摸屏通过 LAN 以太网口连接交换机，由交换机与个人计算机和各单元 S7-1200 PLC 的 PN 接口连接，如图 4-5-23 所示。

3. 组态软件的下载与安装

在个人计算机上先安装 MCGS 组态软件，下载"MCGS_嵌入版 7.7 软件完整安装包"，打开压缩包，双击 Setup.exe 打开安装程序，按照提示进行安装。安装完成后，Windows 操作系统的桌面上就添加了两个软件图标（见图 4-5-24），分别用于启动 MCGS 嵌入版组态环境和模拟运行环境。

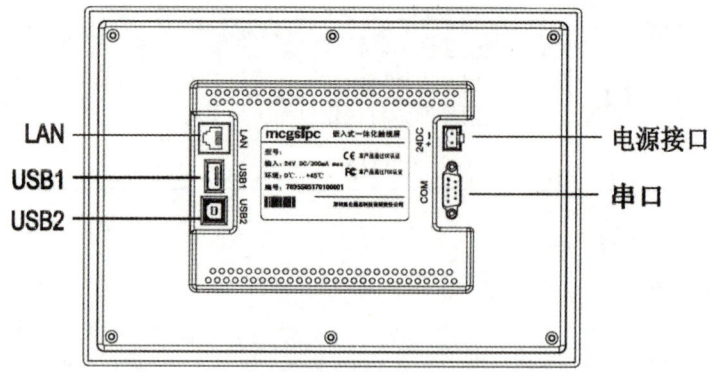

图 4-5-22 TPC7062Ti 人机界面接口说明

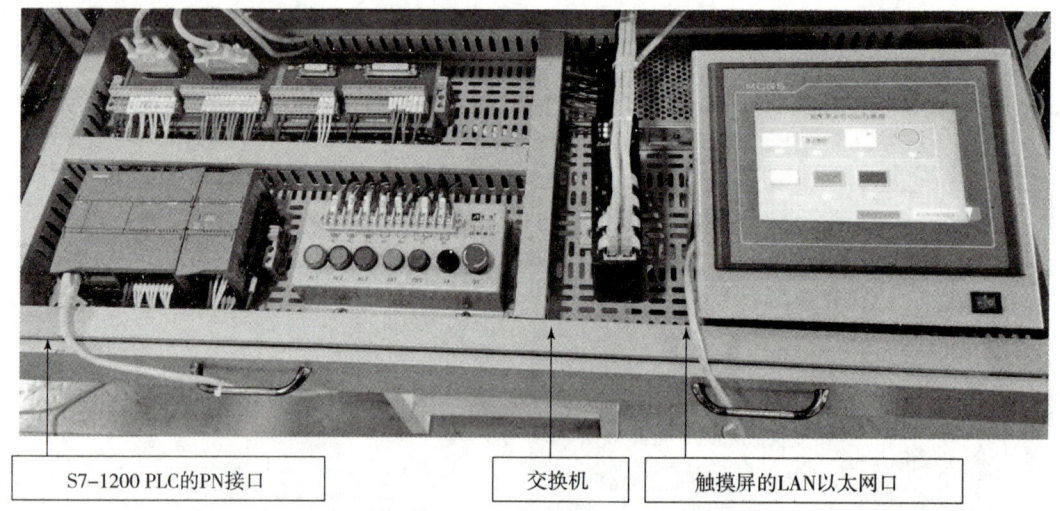

图 4-5-23 TPC7062Ti 触摸屏的通信线缆连接

图 4-5-24 MCGS 组态软件的两个软件图标

4. MCGS 组态软件

双击"MCGSE 组态环境"图标打开组态软件,单击"文件"→"新建工程"命令,在弹出的"新建工程设置"窗口中下拉选择 TPC 类型为 TPC7062Ti,然后单击"确定"按钮,创建一个新的项目。"新建工程设置"窗口如图 4-5-25 所示。

MCGS 嵌入版组态软件用工作台窗口来管理构成用户应用系统的 5 个部分,工作台上的

5个标签是主控窗口、设备窗口、用户窗口、实时数据库和运行策略。工作台窗口如图4-5-26所示。

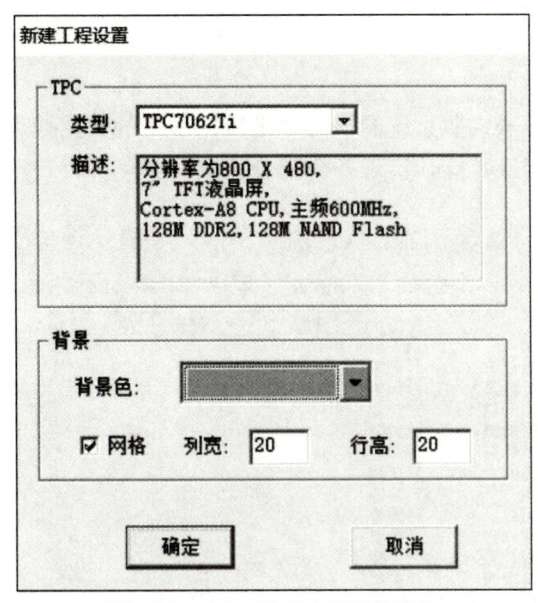

图4-5-25 新建工程设置窗口

图4-5-26 工作台窗口

(1) 主控窗口。

MCGS嵌入版组态软件的主控窗口是组态工程的主窗口，是所有设备窗口和用户窗口的父窗口，相当于一个大的容器，可以放置一个设备窗口和多个用户窗口，负责这些窗口的管理和调度，并调度用户策略的运行。

(2) 设备窗口。

设备窗口是MCGS嵌入版系统与作为测控对象的外部设备建立联系的后台作业环境，负责驱动外部设备，控制外部设备的工作状态。系统通过设备与数据之间的通道，把外部设备的运行数据采集进来，送入实时数据库，供系统其他部分调用，并把实时数据库中的数据输出到外部设备,实现对外部设备的操作与控制。

(3)用户窗口。

用户窗口本身是一个"容器",用来放置各种图形对象,不同的图形对象对应不同的功能。通过组态用户窗口内多个图形对象,生成漂亮的图形界面,为实现动画显示效果做准备。

(4)实时数据库。

实时数据库是 MCGS 嵌入版系统的核心,是应用系统的数据处理中心。系统各个部分均以实时数据库为公用区交换数据,实现各个部分协调动作。实时数据库如图 4-5-27 所示。

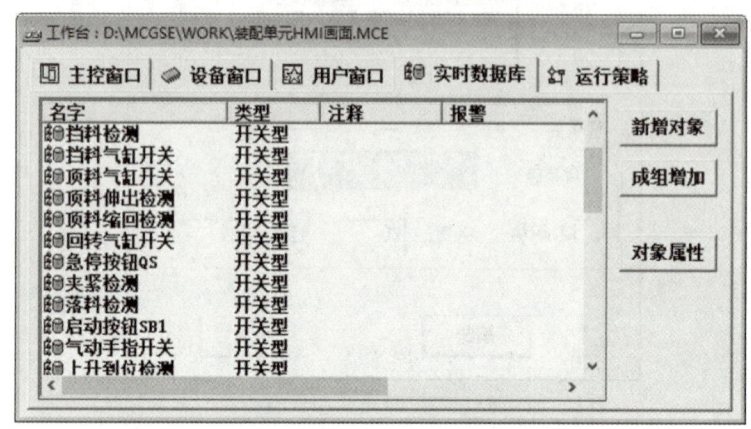

图 4-5-27 实时数据库

(5)运行策略。

运行策略的建立,使系统能够按照设定的顺序和条件,操作实时数据库,控制用户窗口的打开、关闭,以及设备构件的工作状态,从而实现对系统工作过程的精确控制及有序调度管理的目的。

任务 4-6 装配单元 PLC 编程与调试

4.6.1 任务描述

本任务只考虑装配单元作为独立设备运行时的情况,具体控制要求如下所示。

(1)单元初始状态检测。

装配单元各气缸的初始位置:挡料气缸处于伸出状态,顶料气缸处于缩回状态,装配机械手的升降气缸处于提升状态,伸缩气缸处于缩回状态,气动手指处于松开状态。

设备上电和气源接通后,若各气缸满足初始位置要求,且料仓上已经有足够的小圆柱零件、工件装配台上没有待装配工件,则"正常工作"指示灯 HL1 常亮,表示设备已准备好,否则,该指示灯以 1 Hz 频率闪烁。

(2)单元启动运行。

若设备已准备好,按下启动按钮 SB1(或触摸屏自动运行界面的启动按钮),装配单元启动,"设备运行"指示灯 HL2 常亮。

(3) 落料过程。

启动后,若回转物料台上的左料盘内没有小圆柱零件,则执行落料操作;若左料盘内有零件,而右料盘内没有零件,则执行回转物料台回转操作。

(4) 机械手装配过程。

若回转物料台上的右料盘内有小圆柱零件且装配台上有待装配工件,执行装配机械手抓取小圆柱零件,将其放入待装配工件中。完成装配任务后,装配机械手应返回初始位置,等待下一次装配。

(5) 单元停止。

若在运行过程中按下停止按钮 SB2(或触摸屏自动运行界面的停止按钮),则供料机构应立即停止供料,在装配条件满足的情况下,装配单元在完成本次装配后停止工作。

(6) 单元异常工作状态。

在运行中发生"零件不足"报警时,指示灯 HL3 以 1Hz 的频率闪烁,HL1 和 HL2 灯常亮;在运行中发生"零件没有"报警时,指示灯 HL3 以亮 1 s、灭 0.5 s 的方式闪烁,HL2 熄灭,HL1 常亮。触摸屏自动运行界面的三个指示灯有同样的功能。

4.6.2 任务目标

(1) 能够完成装配单元准备就绪、运行与停止状态的 PLC 程序编制;
(2) 能够根据装配单元落料和机械手装配的动作画出其顺序控制功能流程图;
(3) 能够编写对应顺序功能流程图的 PLC 程序;
(4) 能够编写装配单元工件不足或缺料时的 PLC 程序;
(5) 能够完成装配单元的 PLC 程序调试与运行。
(6) 能够使用触摸屏自动运行界面对装配过程进行调试与运行。

4.6.3 任务分组

学生任务分配表如表 4-6-1 所示。

表 4-6-1 学生任务分配表

班级		小组名称		组长	
小组成员及分工					
序号	学号	姓名	任务分工		

4.6.4 任务分析

引导问题 1：进入运行状态后，装配单元的工作过程包括两个相互独立的子过程，分别是_____、_____。_____就是通过落料机构的操作，使料仓中的小圆柱零件下落到摆台左边料盘上，然后摆台转动，使装有零件的料盘转移到右边，以便装配机械手抓取零件。_____是当装配台上有待装配工件，且装配机械手下方有小圆柱零件时，进行装配操作。

引导问题 2：借鉴供料单元和加工单元的编程方法，为装配单元 PLC 程序添加两个 FC，分别为取名为_____的 FC2 和取名为_____的 FC3。在主程序中，当初始状态检查结束，确认单元准备就绪时，按下_____进入运行状态后，应同时调用这两个子程序。

引导问题 3：落料控制过程和机械手装配控制过程都采用_____程序设计方法，具体编程步骤借鉴供料单元与加工单元。

4.6.5 任务实施

1. PLC 硬件组态

硬件组态步骤已在上一任务调试手动调试界面时完成。

2. 编辑变量表

为了规范编程及程序的易读性，请在编写程序前，将 PLC 的 I/O 变量以及需要用的 HMI 界面变量和状态变量输入变量表中。装配单元 I/O 变量表如图 4-6-1 所示，装配单元状态变量表如图 4-6-2 所示，装配单元 HMI 界面变量表如图 4-6-3 所示。

		名称	数据类型	地址
I/O变量表				
1		零件不足检测	Bool	%I0.0
2		零件有无检测	Bool	%I0.1
3		左料盘零件检测	Bool	%I0.2
4		右料盘零件检测	Bool	%I0.3
5		装配台工件检测	Bool	%I0.4
6		顶料到位检测	Bool	%I0.5
7		顶料复位检测	Bool	%I0.6
8		挡料状态检测	Bool	%I0.7
9		落料状态检测	Bool	%I1.0
10		摆动气缸左限检测	Bool	%I1.1
11		摆动气缸右限检测	Bool	%I1.2
12		手爪夹紧检测	Bool	%I1.3
13		手爪下降到位检测	Bool	%I1.4
14		手爪上升到位检测	Bool	%I1.5
15		手臂缩回到位检测	Bool	%I2.0
16		手臂伸出到位检测	Bool	%I2.1
17		停止按钮	Bool	%I2.4
18		启动按钮	Bool	%I2.5
19		急停按钮	Bool	%I2.6
20		单机/全线切换	Bool	%I2.7
21		挡料电磁阀	Bool	%Q0.0
22		顶料电磁阀	Bool	%Q0.1
23		回转电磁阀	Bool	%Q0.2
24		手爪夹紧电磁阀	Bool	%Q0.3
25		手爪下降电磁阀	Bool	%Q0.4
26		手臂伸出电磁阀	Bool	%Q0.5
27		红色警示灯	Bool	%Q0.6
28		橙色警示灯	Bool	%Q0.7
29		绿色警示灯	Bool	%Q1.0
30		黄色指示灯HL1	Bool	%Q2.5
31		绿色指示灯HL2	Bool	%Q2.6
32		红色指示灯HL3	Bool	%Q2.7

图 4-6-1 装配单元 I/O 变量表

状态变量表

	名称	数据类型	地址
1	准备就绪状态	Bool	%M2.0
2	运行状态	Bool	%M2.1
3	停止标志	Bool	%M2.2
4	机械手装配步号	Byte	%MB11
5	落料步号	Byte	%MB10
6	缺料状态	Bool	%M2.3

图 4－6－2　装配单元状态变量表

HMI界面变量表

	名称	数据类型	地址
1	HMI_挡料气缸开关	Bool	%M5.0
2	HMI_顶料气缸开关	Bool	%M5.1
3	HMI_回转气缸开关	Bool	%M5.2
4	HMI_气动手指开关	Bool	%M5.3
5	HMI_升降气缸开关	Bool	%M5.4
6	HMI_伸缩气缸开关	Bool	%M5.5
7	HMI_启动按钮SB1	Bool	%M6.0
8	HMI_停止按钮SB2	Bool	%M6.1
9	HMI_选择开关SA	Bool	%M6.2
10	HMI_急停按钮QS	Bool	%M6.3
11	HMI_指示灯HL1	Bool	%M7.0
12	HMI_指示灯HL2	Bool	%M7.1
13	HMI_指示灯HL3	Bool	%M7.2

图 4－6－3　装配单元 HMI 界面变量表

3. 添加两个 FC 块

装配单元程序块如图 4－6－4 所示。

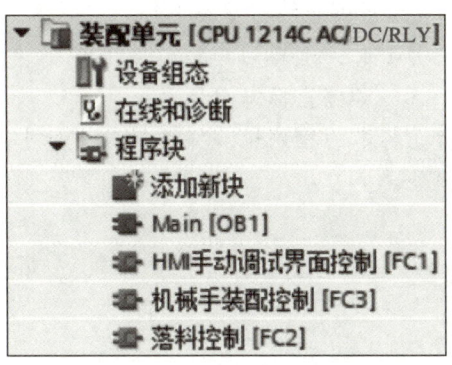

图 4－6－4　装配单元程序块

4. 编写初始状态检查 PLC 程序

装配单元的初始状态：设备上电和气源接通后，挡料气缸处于伸出状态；顶料气缸处于缩回状态，料仓上已经有足够的小圆柱零件；装配机械手的升降气缸处于提升状态；伸缩气缸处于缩回状态；气动手指处于松开状态；工件装配台上没有待装配工件。若设备在此初始状态，则表示设备已准备好。

引导问题 4：装配单元准备就绪的条件有________个，其中编程时使用常闭触点的条件有____。

引导问题 5：添加一个状态变量，分配地址为 M________，用于表示准备就绪状态，值为 1 时表示准备就绪，值为 0 时表示未准备就绪。

引导问题 6：请写出初始状态检查程序，并写出程序注释。

5. 编写启动运行 PLC 程序

引导问题7：当初始状态检查结束，确认单元准备就绪后，按下启动按钮 I _____ 或触摸屏自动运行界面的启动按钮 M _____，可启动设备进入运行状态。添加一个状态变量，分配地址为 M _____，用于表示运行状态，值为 1 时表示正在运行，值为 0 时表示停止运行。设备成功启动后，还要将落料动作顺序控制的步号（地址：_____）和机械手装配动作顺序控制的步号（地址：_____）用 _____ 指令初始化为 _____。

引导问题8：当设备处于工作状态时运行状态 M _____ 值为 ____（0 或 1），应同时调用两个子程序 _____ 和 _____。

引导问题9：请写出启动运行的程序，并写出程序注释。

6. 编写停止标志 PLC 程序

引导问题10：在运行过程中若按下停止按钮 I _____，或触摸屏自动运行界面的启动按钮 M _____，供料机构应立即停止供料，在装配条件满足的情况下，装配单元在完成本次装配后停止工作。用 M _____ 表示停止，其值为 0 时表示停止按钮未被按过，或已被复位，值为 1 时表示本次启动后停止按钮被按下过。

引导问题11：停止标志为 1 时，落料动作和机械手装配动作在完成本周期后停止，停止后应复位运行状态 M _____ 和停止标志 M _____。

引导问题12：请写出停止标志的程序段，并思考停止标志应该放在落料动作控制和机械手装配控制 PLC 程序的何处。

7. 编写落料动作控制 PLC 程序

设备启动后，如果回转物料台上的左料盘内没有小圆柱零件，就执行落料操作；如果左料盘内有小圆柱零件，而右料盘内没有小圆柱零件，就执行回转物料台回转操作。

落料控制过程包含两个互相联锁的过程，即落料过程和摆台转动、料盘转移的过程。在小圆柱零件从料仓下落到左料盘的过程中，禁止摆台转动；反之，在摆台转动过程中，禁止打开料仓（挡料气缸缩回）落料。

落料与回转物料台
互锁视频

实现联锁的方法是：①当摆台的左限位或右限位磁性开关动作并且左料盘没有料，经定时确认后，开始落料过程；②当挡料气缸伸出到位使料仓关闭、左料盘有物料而右料盘为空，经定时确认后，开始摆台转动，直到达到限位位置。

需要进行落料操作时，首先使顶料气缸伸出，把次下层的工件夹紧，然后挡料气缸缩回，工件掉入回转物料台的料盘中。之后挡料气缸复位伸出，顶料气缸缩回，次下层工件跌落到挡料气缸终端挡块上，为再一次供料做准备。

引导问题 13：根据落料控制动作要求，在下方写出使用顺序控制功能流程图方法编写的 PLC 梯形图程序，并写出程序注释。

引导问题 14：根据回转物料台回转操作要求，在下方写出使回转物料台正确转动的 PLC 梯形图程序，并写出程序注释。

引导问题 15：程序中为何要在执行落料动作和摆台转动动作前加定时器进行延时确认？如果不加，会发生什么情况？

_____
_____
_____

8. 编写机械手装配动作控制 PLC 程序

如果回转物料台上的右料盘内有小圆柱零件且装配台上有待装配工件，那么执行装配机械手抓取小圆柱零件，放入待装配工件中的操作。完成装配任务后，装配机械手应返回初始位置，等待下一次装配。

引导问题 16：根据机械手装配控制动作要求，在下方写出使用顺序控制功能流程图方法编写的 PLC 梯形图程序，并写出程序注释。

引导问题 17：如何避免同一个工件被重复执行装配操作的情况发生？

9. 编写指示灯显示状态 PLC 程序

黄色指示灯 HL1：设备准备就绪时常亮，未准备就绪时以 1 Hz 的频率闪烁。

绿色指示灯 HL2：在设备正常运行时常亮；设备停止运行时熄灭。

红色指示灯 HL3：在运行中发生"零件不足"报警时，以 1 Hz 的

指示灯闪烁程序视频

频率闪烁；在运行中发生"零件没有"报警时，以亮 1 s、灭 0.5 s 的方式闪烁。

引导问题 18：与供料单元推料时会出现缺料检测短暂时间内没有信号的情况类似，装配单元落料机构落料时同样会出现"零件有无检测 I0.1"短暂没有信号的情况。为此加入一个定时器延时 2 s，2 s 后依然没有信号才认定为缺料。添加一个状态变量，分配地址为 M _____，用于表示缺料状态。请写出缺料状态的程序。

引导问题 19：1 Hz 频率闪烁可以使用时钟存储器的 M _____；亮 1 s、灭 0.5 s 的闪烁方式是如何实现的？请写出红色指示灯 HL3 的 PLC 程序。

10. PLC 程序调试

程序编写并下载完成后，按以下步骤对程序进行调试。

（1）调整气动部分，检查气路是否正确，气压是否合理、恰当，气缸的动作速度是否合适。

（2）检查磁性开关的安装位置是否到位，磁性开关工作是否正常。

（3）检查 I/O 接线是否正确。

（4）检查光电传感器安装是否合理，灵敏度是否合适，保证检测的可靠性。

（5）放入工件，运行程序，观察装配单元动作是否满足任务要求。

（6）调试各种可能出现的情况，比如在任何情况下加入工件，系统都要能可靠工作。

引导问题 20：请描述调试过程中出现了什么样的问题？是如何解决的？

_____
_____
_____
_____
_____

4.6.6 任务评价

各组完成装配单元 PLC 编程与调试任务后，请同学或教师评分，并完成表 4-6-2。

表 4-6-2　装配单元编程与调试项目评分表

序号	评分项目	评分标准	分值	得分
1	引导问题	其中填空题每空 0.5 分	40 分	
2	准备状态	就绪时 HL1 常亮；未就绪时 HL1 以 1 Hz 频率闪烁	5 分	
3	运行状态	能正确切换；运行时 HL2 常亮	5 分	
4	落料动作	运行时满足条件能正常落料，摆台能正常转动，气缸运行速度合适，没有冲击	20 分	
5	机械手装配动作	运行时满足条件机械手能正常装配，气缸运行速度合适，没有冲击	20 分	
6	停止状态	按停止按钮能按要求停止	5 分	
7	异常工作状态	发生"零件不足"和"零件没有"报警时，指示灯能按要求正常动作	5 分	
8		总分		

项目五　分拣单元安装与调试

分拣站是 YL-335B 自动化生产线的末端工作站,担负着将不同颜色和材质的工件(白色、黑色塑料工件,金属工件,以及与白色芯、黑色芯、金属芯工件组合而成的工件)自动送至不同的分拣槽的作用。其具体功能为:将来自上一工作站的已加工、装配的工件进行分拣,使不同颜色和材质的工件被分拣至不同的料槽。

单站运行任务描述如下。

分拣站的主令信号和工作状态显示信号来自 PLC 旁边的按钮/指示灯模块,并且按钮/指示灯模块上的工作方式选择开关 SA 应被置于"单站方式"位置。具体的控制要求如下。

(1) 初态检查。

设备通电和气源接通后,若分拣站的 3 个气缸均处于缩回位置,则"正常工作"指示灯 HL1(黄色灯)常亮,表示设备已准备好。否则,该指示灯以 1 Hz 的频率闪烁。

(2) 启动运行。

若设备准备好,则按下启动按钮,系统启动,"设备运行"指示灯 HL2(绿色灯)常亮。当在分拣站入料口通过人工放下已装配的工件时,变频器立即启动,三相异步电动机以 20 Hz 的频率驱动传送带使其把工件传入分拣区。

如果工件为白色芯金属工件,则该工件到达 1 号滑槽中间时,传送带停止,工件被推到 1 号槽中;如果工件为白色芯塑料工件,则该工件到达 2 号滑槽中间时,传送带停止,工件被推到 2 号槽中;如果工件为黑色芯工件,则该工件到达 3 号滑槽中间时,传送带停止,工件被推到 3 号槽中。

工件被推出滑槽后,该工作站的一个工作周期结束。仅当工件被推出滑槽后,才能再次向传送带下料。

(3) 正常停止。

如果在运行期间按下停止按钮,则该工作站在本工作周期结束后才停止运行。

1. 教学目标

知识目标

◇ 了解分拣单元的基本结构;

◇ 理解分拣单元的分拣过程;

◇ 理解 G120C 变频器的端子含义；
◇ 掌握 G120C 变频器的参数设置方法；
◇ 掌握编码器的基本结构和工作原理；

能力目标

◇ 能够根据控制要求对 G120C 变频器进行调试；
◇ 能够正确启用 PLC 的高速计数器；
◇ 能够使用 PLC 监控编码器测量的脉冲数（位置）；
◇ 能够正确安装分拣单元的分拣料槽、电动机传动组件等；
◇ 能够正确调整电动机轴与传送带轴的同轴度；
◇ 能够正确安装传送带，并进行传送带中心距的调整；
◇ 能够根据所设计的电气控制原理图进行电气线路的连接与调试；
◇ 能够进行分拣单元分拣动作的程序编制。

素质目标

◇ 具有遵规守矩、热爱劳动、安全生产，规范操作意识；
◇ 具有良好的语言表达、团队合作能力。

2. 项目实施流程

根据项目任务的描述，本项目的实施流程如下：

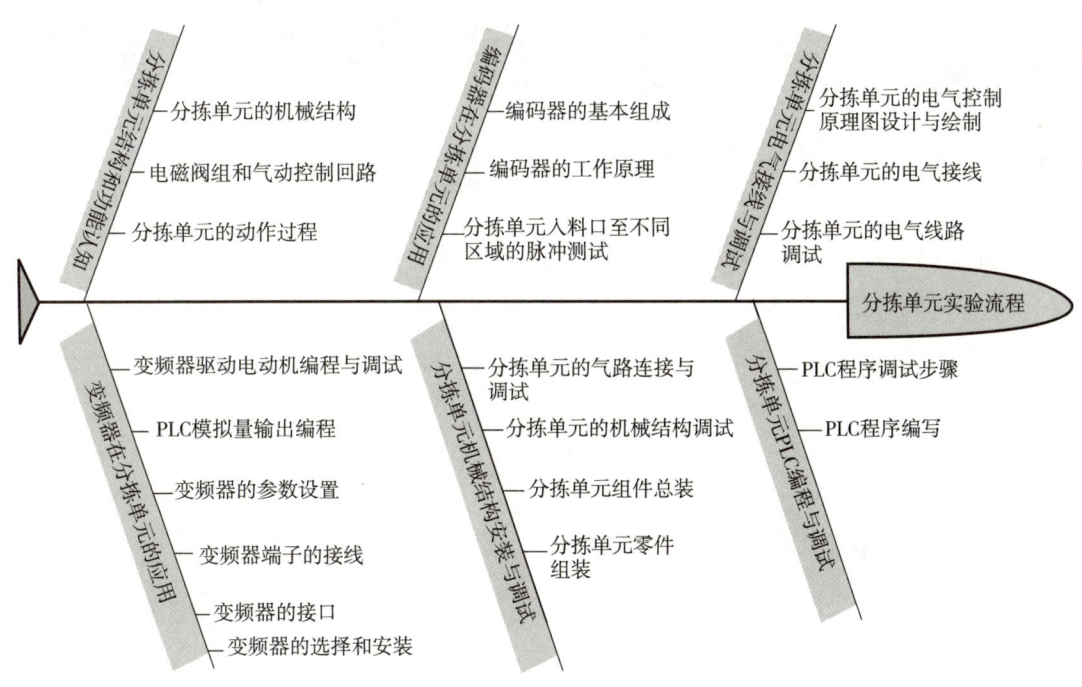

任务 5-1　分拣单元结构和功能认知

5.1.1　任务描述

经过之前项目的学习,我们已经将大工件和小工件经装配单元装配成了成品,经输送单元送至本设备的最后一个工作单元——分拣单元。成品工件将在本单元被分拣(即分类)并模拟入库至不同的料槽。

本任务将从本工作的基本结构说起,并分析这种结构构成的有机整体是如何实现分拣过程的。而这样的分拣过程在我们的生活中也随处可见,小到垃圾的分类存放,大到智慧港口的集装箱出港,如图 5-1-1 所示。

(a)　　　　　　　　　　　　　　　(b)

图 5-1-1　生活中的分拣场景(垃圾分类和智慧港口)
(a)垃圾分类;(b)智慧港口

引导问题 1:你还能想到生活中的哪些场景有类似的分拣过程?
_____
_____

5.1.2　任务目标

(1)了解分拣单元的基本结构;
(2)理解分拣单元的分拣过程。

5.1.3　任务分组

学生任务分配表如表 5-1-1 所示。

表 5-1-1　学生任务分配表

班级			小组名称		组长	
小组成员及分工						
序号	学号	姓名	任务分工			

5.1.4　任务分析

分拣单元的结构
及动作介绍

通过观看视频资料的讲解,本任务的同学们需要完成以下内容:

(1) 能够说出分拣单元机械部分的主要构成及其功能,电气部分的新部件有哪些,以及气动部分气缸的功能是什么。

(2) 在了解了分拣单元的基本结构之后,结合结构能够梳理出分拣单元的分拣过程。

分拣单元是 YL-335B 自动化生产线中的最末单元,完成对上一单元送来的已加工、装配的工件进行分拣,使不同颜色的工件从不同的料槽分流的功能。当输送单元送来的工件被放到传送带上并被入料口光电传感器检测到时,即启动变频器驱动传送带转动,将工件开始送入分拣区进行分拣。

分拣单元主要结构组成为:传动带驱动机构、传送和分拣机构、变频器模块、电磁阀组、接线端口、PLC 模块、按钮/指示灯模块及底板等。其中,机械部分的装配总成如图 5-1-2 所示。

图 5-1-2　分拣单元的机械结构总成

147

需要说明的是,分拣单元的电气部分包含了较为复杂的编码器和变频器,后续我们会单独进行学习。

5.1.5 任务实施

1. 分拣单元的机械结构

分拣单元的机械结构可分为传动带驱动机构与传送和分拣机构。

(1)传送带驱动机构。

传送带驱动机构如图 5-1-3 所示,采用的三相减速电动机,用于拖动传送带从而输送物料。它主要由电动机支架、电动机、联轴器等组成。

引导问题 2:根据分拣单元视频、图片及实物结构,将图 5-1-3 具体的结构序号与表 5-1-2 中的结构名称进行对应,并将对应的序号填写在图中。

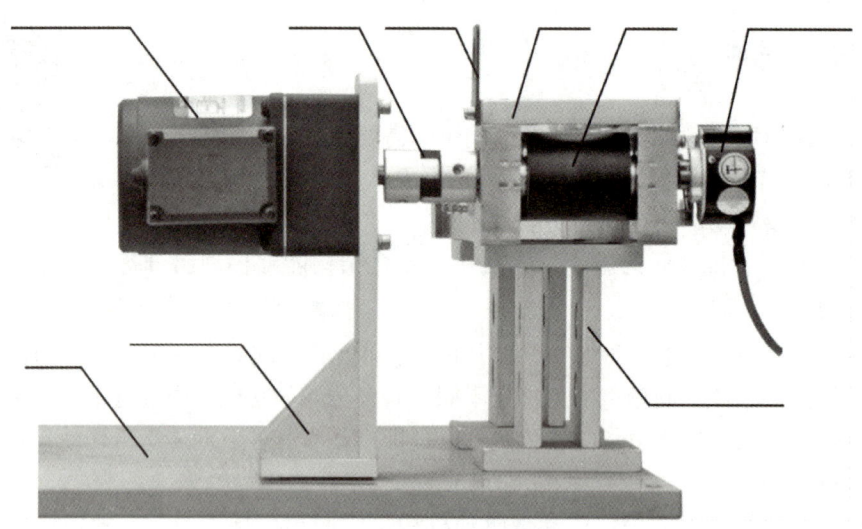

图 5-1-3 传送带驱动机构

表 5-1-2 供料单元结构名称

序号	名称	序号	名称
1	旋转编码器	6	联轴器
2	传送带支架	7	减速电动机
3	传送带	8	电动机安装支架
4	定位器	9	底板
5	传感器支架	10	

引导问题 3:减速电动机与传送带带轮轴之间的连接是_____,并讨论其在分拣单元的作用。

_____
_____

（2）传送和分拣机构。

传送和分拣机构主要由传送带、出料滑槽、推料（分拣）气缸、漫射式光电传感器、光纤传感器、磁感应接近式传感器组成，其主要功能是传送已经加工、装配好的工件，再被光纤传感器检测到并进行分拣。

分拣单元电气组成

2. 电磁阀组和气动控制回路

引导问题4：分拣单元使用的执行气缸都是____作用气缸，因此控制它们工作的电磁阀需要有_____个工作口和____个排气口以及_____个供气口，故使用的电磁阀均为_____位_____通电磁阀。它们安装在汇流板上，这3个电磁阀分别对分拣槽的3个推动气缸进行控制，以实现不同颜色和材质物料的分拣。

本单元气动控制回路的工作原理如图5-1-4所示。

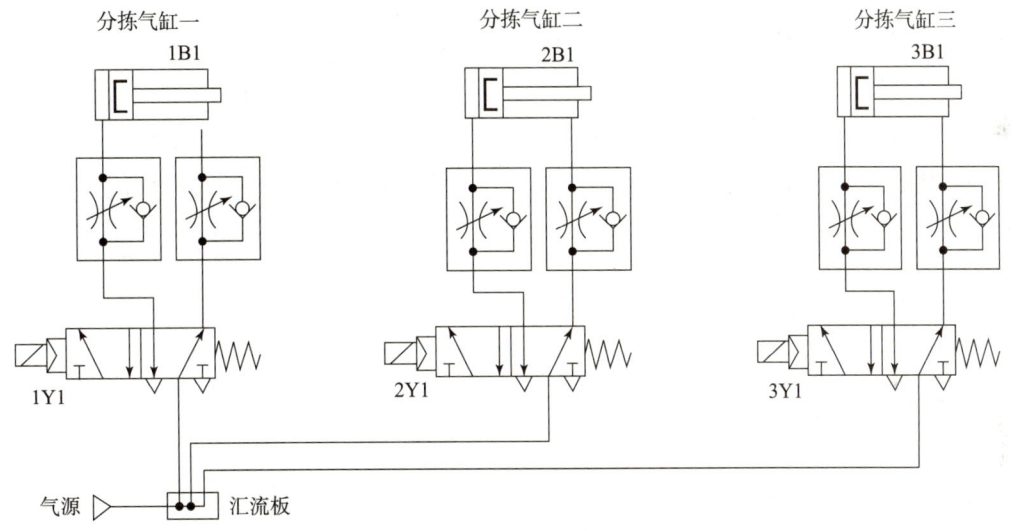

图5-1-4 分拣单元气动控制回路工作原理图

引导问题5：图5-1-4中1B1、2B1和3B1分别为安装在各分拣气缸的前极限工作位置的_____。1Y1、2Y1和3Y1分别为控制3个分拣气缸动作的_____。

引导问题6：结合图5-1-4分拣单元气动控制回路工作原理图，试分析分拣单元的3个气缸的初始位置分别处于何处，并补充完整表5-1-3。

表5-1-3 分拣单元分拣气缸初始位置分析

序号	名称	初始位置
1	分拣气缸一	
2	分拣气缸二	
3	分拣气缸三	

3. 分拣单元的动作过程

在学习了分拣单元的机械结构和气动控制回路之后，接下来我们进行分拣单元动作过程的学习。分拣单元动作过程的学习和之前的单元类似，可以借助顺序功能流程图进行动作步骤的分解。

引导问题7：图5-1-5是分拣单元的顺序功能流程图，图中一些关键的动作和转移条件并没有给出。请结合分拣单元的动作过程视频或分拣单元的实际工作过程，将表5-1-4中给出的动作或转移条件的序号对应地填写在图5-1-5中。

分拣单元电气组成

表5-1-4 顺序功能流程图中的动作和转移条件*

序号	动作	序号	转移条件
D1	电动机启动	T1	入料口有料
D2	电动机停止	T2	定时器延时时间到
D3	定时器延时1 s	T3	1号槽分拣气缸伸出到位
D4	1号槽分拣气缸推出	T4	2号槽分拣气缸伸出到位
D5	2号槽分拣气缸推出	T5	3号槽分拣气缸伸出到位
D6	3号槽分拣气缸推出	T6	检测区检测到金属外壳白色芯工件
D7	1号槽分拣气缸缩回	T7	检测区检测到塑料外壳白色芯工件
D8	2号槽分拣气缸缩回	T8	检测区检测到黑色芯工件
D9	3号槽分拣气缸缩回		

*注意：图中的动作和转移条件可以重复使用。

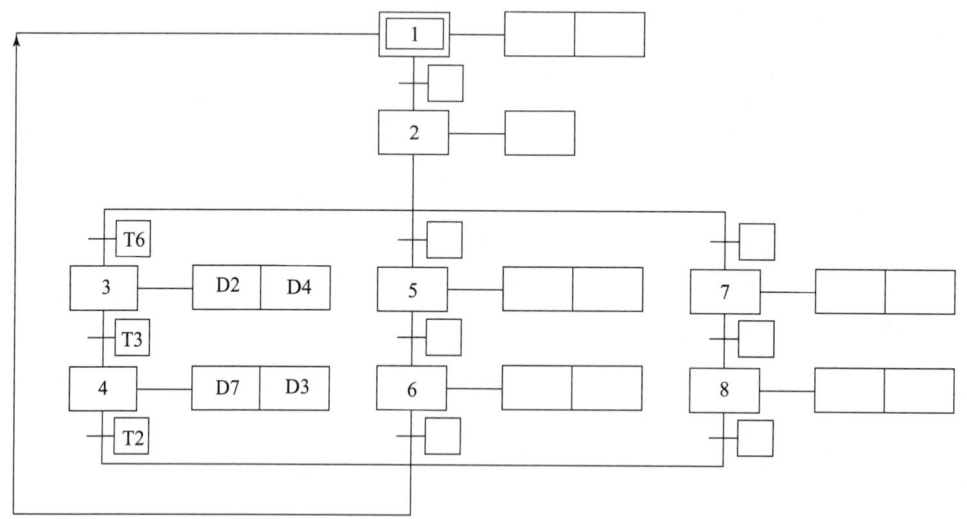

图5-1-5 分拣单元顺序功能流程图

小提示

分拣单元的顺序功能流程图所采用的结构不同于之前单元的单序列顺序功能流程图，带有选择序列的顺序功能流程图每一步的后面可能会有多个转移，例如，图5-1-5中步2后含有3个转移条件，步2至步3的转移条件T6便是其中之一。

在图5-1-6中的左侧分支中,如果步2为活动步,并且转移条件T6(检测区检测到金属外壳白色芯工件)满足,则进行从步2跳转至步3的进展,同时步3由非活动步转变为活动步,并执行步3对应的动作"D2(电动机停止)"和动作"D4(1号槽分拣气缸推出)",而步2变为非活动步。图中若步3为活动步,且转移条件T3(1号槽分拣气缸伸出到位)满足,则进行从步3跳转至步4的进展,同时步4由非活动步转变为活动步,并执行步4对应的动作"D7(1号槽分拣气缸缩回)"和动作"D3(定时器延时1s)",而步3变为非活动步。此时,如果转移条件T2(定时器延时时间到)满足,则进行从步4返回至初始步1的进展。

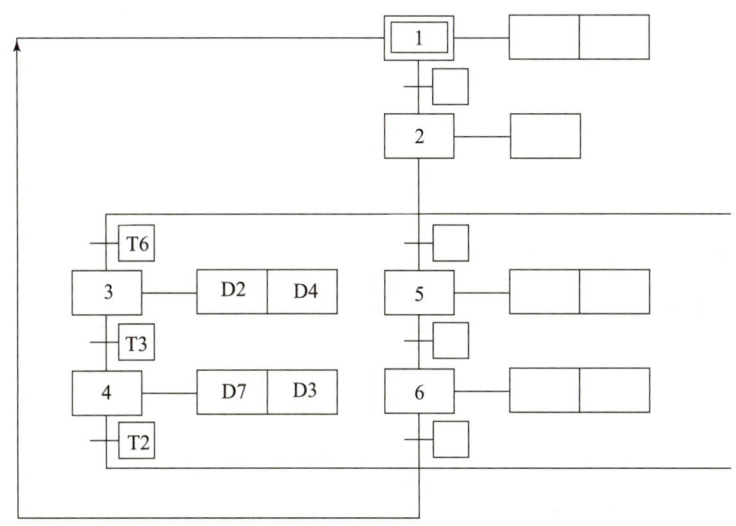

图5-1-6 选择序列的顺序功能流程图

通过上述带有选择序列的顺序功能流程图,我们可以整理出对应的设备动作原理。接下来我们将上述的选择序列的顺序功能流程图的左侧分支进一步整理为设备的动作过程。

首先,从步2至步3。步2电动机已经启动,将会带动传送带运动,传送带带动工件一起运动。当经过检测区时,如果工件的属性为金属外壳白色芯工件,则进行步3的动作,即电动机带动工件在1号分拣槽的位置停止(动作D2)。同时,1号槽分拣气缸推出(动作D4),将工件推入1号分拣槽中。

其次,从步3至步4。在步3的动作完成后,如果1号槽分拣气缸伸出到位,则进行步4的动作。在步4中,首先1号槽分拣气缸进行缩回(动作D7),缩回后使用一个定时器(动作D3)创造一个从步4至下一步的跳转条件(转移条件T3)。

最后,从步4返回初始步1。如果转移条件T3满足(定时器延时1s后),则进行返回初始步1的进展,为下次分拣进行准备。

这样,我们可以将选择分支的顺序功能流程图对应的单次分拣用图5-1-7表示。

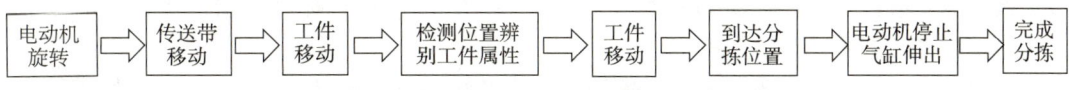

图5-1-7 选择序列顺序功能流程图的单次分拣过程

5.1.6 任务评价

各组完成本任务后,首先通过小组内互评完成任务实施过程中的相关练习。其次,通过图 5-1-5 和小提示,小组分工完成分拣单元工作过程的整理,整理完成后通过小组分工完成工作原理的口述并录制视频上传至学习平台。

负责本任务的老师完成教师评价表 5-1-5。

表 5-1-5 教师评价表

序号	任务	完成情况记录
1	完成速度排名	
2	视频清晰情况	
3	语言流畅情况	
4	工作原理逻辑性	
5	小组成员合作情况	
6	小组存在的问题	

5.1.7 知识链接

1. 分拣单元关键部件

(1)三相异步电动机。

三相异步电动机是传动机构的主要部分,电动机转速的快慢由变频器来控制,其作用是驱动传送带从而达到输送各种工件的目的。分拣单元的三相异步电动机结构上包含了两部分,分别为三相异步电动机本体和电动机减速器。

联轴器将电动机的轴和输送带主动轮的轴连接起来,从而组成一个传动机构。

(2)传送带。

传送带用于传输需要分拣的工件,将其输送至分拣区进行分拣。分拣单元所使用的传送带类型为平带,平带传动结构简单,但易打滑。因此,在后续平带传动的中心距调节的实训过程中一定要认真仔细。

(3)导向器。

导向器用于纠偏机械手输送来的工件,这样不管工件被放置在入料口的哪个位置,最终都能从传送带的中间被送出。

2. 分拣单元工作原理概述

当输送单元送来的工件被放到传送带上并被入料口漫射式光电传感器检测到时,将信号传输给 PLC,通过编写正确的 PLC 程序启动变频器,变频器再控制电动机运转驱动传送带工作,把工件带进分拣区。

如果检测区检测到的工件为金属外壳白色芯工件,当传送带将工件运送至 1 号槽的中心位置时,则 1 号槽分拣气缸动作,将工件推入 1 号料槽。

如果检测区检测到的工件为塑料外壳白色芯工件,当传送带将工件运送至 2 号槽的中心位置时,则 2 号槽分拣气缸动作,将工件推入 2 号料槽。

如果检测区检测到的工件为黑色芯工件(不管何种外壳),当传送带将工件运送至 3 号槽的中心位置时,则 3 号槽分拣气缸动作,将工件推入 3 号料槽。

任务 5-2　变频器在分拣单元的应用

5.2.1　任务描述

在前一个任务中我们已经学习了分拣单元的工作原理。本任务我们将从实现分拣任务的各组件说起,仔细解析各组件是如何发挥作用,又是如何有机结合在一起进行协同工作的。

首先我们将目光聚焦到分拣单元的重要部件之一的传送带,其主要功能是将入料口处的工件传送至分拣区。但大家有没有思考过传送带是如何转动起来的呢?

引导问题 1:结合实际设备,观察分拣单元所使用的电动机规格,并完成表 5-2-1 电动机参数的填写。

表 5-2-1　分拣单元电动机参数

序号	类别	参数	序号	类别	参数
1	型号		4	额定电流	
2	相数		5	减速比	
3	额定电压		6	功率	

通过完成上述的引导问题,读者应该已经觉察到我们所使用的电动机是三相电动机(见图 5-2-1)。而像这样的多相电路其相间电压(即线电压)一般都比较高,所以读者

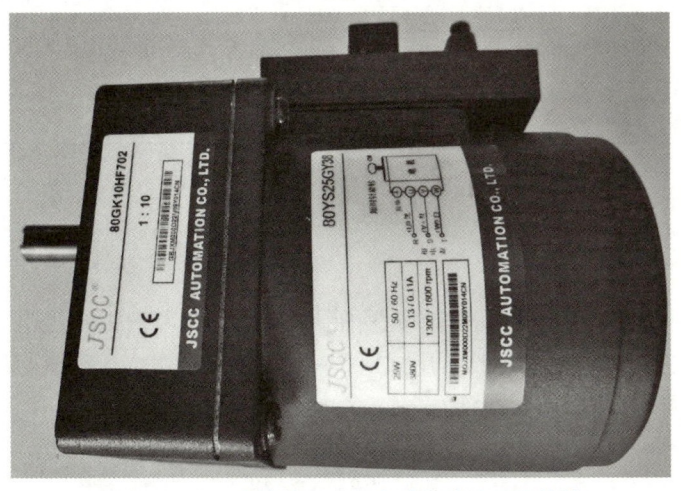

图 5-2-1　分拣单元三相电动机的外观及铭牌

在实际操作设备的过程中一定要注意用电安全。此时,如果我们在断电的情况下顺着电动机电源线连接的方向查找,会发现三相电源最终接在了一个长方体的装置上,我们将其称为变频器。

为了明确我们的学习目标,这里给出一个小任务,任务的要求是:按下分拣单元启动按钮 SB1,电动机以 20 Hz 频率正转,按下停止按钮 SB2,电动机停止;再次按下启动按钮 SB1,电动机以 40 Hz 频率反转,按下停止按钮 SB2,电动机停止。

5.2.2 任务目标

(1) 了解变频器的安装方式和变频器选型;
(2) 理解 G120C 变频器的端子含义;
(3) 掌握 G120C 变频器的参数设置方法;
(4) 能够根据控制要求对 G120C 变频器进行调试;
(5) 掌握变频器模拟量的编程方法。

5.2.3 任务分组

学生任务分配表如表 5-2-2 所示。

表 5-2-2 学生任务分配表

班级		小组名称		组长	
小组成员及分工					
序号	学号		姓名	任务分工	

5.2.4 任务分析

在 5.2.1 中我们已经知道了分拣单元所使用的电动机为三相异步电动机,而三相异步电动机的转速一般可用式(5-1)进行计算。其转速与磁极对数及电源的频率有关系。

变频器结构介绍

$$n = \frac{60f}{p(1-s)} \tag{5-1}$$

式中,n 为电动机转子转速,单位为 r/min;f 为电源的频率,一般工业用电的频率为

50 Hz；p 为电动机磁极对数；s 为转差率。

一般使用在自动化设备上的电动机都能够实现转速变化，以满足不同的生产需求。从式（5-1）可以看出，三相异步电动机的转速与磁极对数 p 及电源的频率 f 有关系。因此如果想要改变电动机的转速，便可从改变电动机的磁极对数或者改变电源频率入手。

引导问题 2：根据式（5-1），假设转差率 $s=0.1$，试分别计算单独改变频率和改变磁极对数时电动机的转速，并将计算结果填写在表 5-2-3 中。从计算结果可以发现，如果想要实现电动机速度较为连续地变化，最好的选择应该是改变_____（磁极对数/电源频率）。

表 5-2-3　不同磁极对数和电源频率下电动机转速的计算

	p	1	2	3	4	5	6
$f=50$ Hz	$n/(\text{r}\cdot\text{min}^{-1})$						
$p=1$	f/Hz	1	2	3	4	5	6
	$n/(\text{r}\cdot\text{min}^{-1})$						

从上述问题我们可以发现，如果想要连续变化电动机的转速，可以通过改变电源的频率实现。然而，我们所使用的三相电源的频率在发电厂发电时就已经被固定下来了，所以要想改变电源的频率，就需要使用外接装置，而最常用的装置便是变频器，如图 5-2-2 所示。

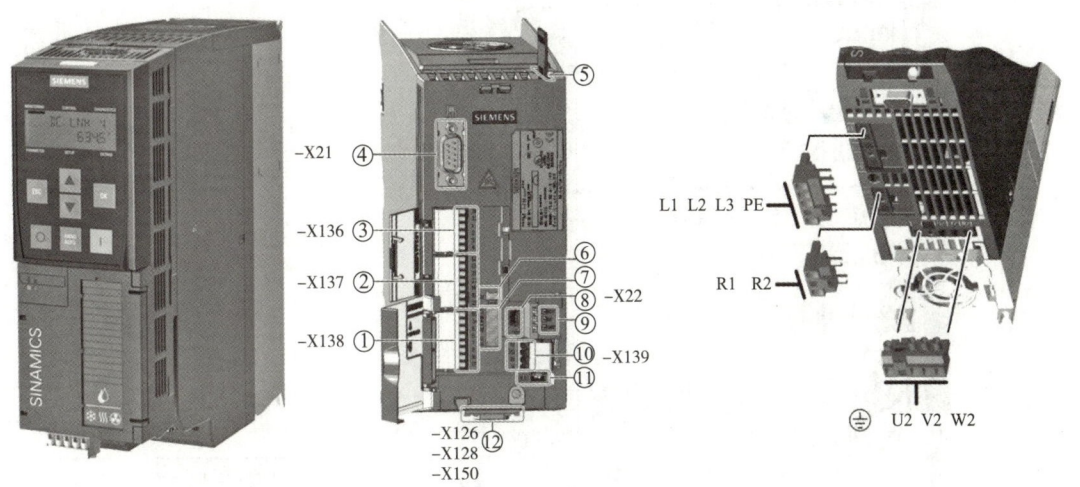

图 5-2-2　分拣单元变频器的外观及端子排

从图 5-2-2 可以看出，变频器并非一个非常简单的装置，要想实现上述的任务要求，即电动机能够实现启动和停止、以不同的频率运行、按要求变换方向等，我们还需要清楚以下一些问题：

（1）变频器应该如何进行选择和安装？
（2）变频器上众多的端子排都是什么含义？如何对其进行接线？
（3）如何使用变频器上的按钮进行参数的设置和调试？
（4）如何使用 PLC 程序控制变频器改变电源频率？

带着以上一些问题，接下来我们进行本任务的学习。

5.2.5 任务实施

1. 变频器的选择和安装

从表 5-2-1 中可以看出，分拣单元所使用的三相异步电动机的参数，其额定电流和功率都不算大；其次，电动机的工作状况也不存在重载的情况。基于以上原因，分拣单元在选择驱动电动机的变频器时，选择了紧凑型的 G120C 变频器。

（1）变频器的铭牌。

变频器铭牌是我们认识变频器基本参数最直观的东西。图 5-2-3 便是分拣单元变频器的铭牌，其上有型号、订货号和版本号等信息。

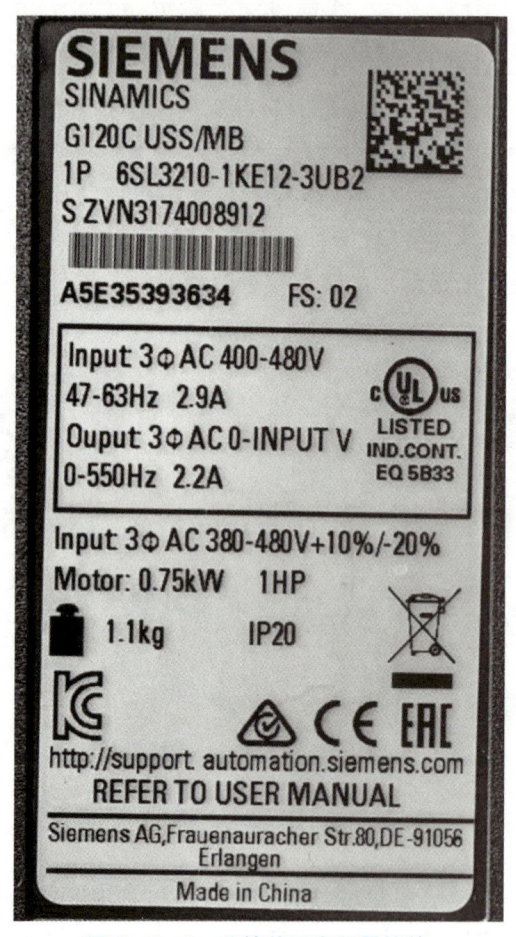

图 5-2-3 分拣单元变频器铭牌

变频器产品信息

引导问题 3：根据图 5-2-3 和 G120C 变频器手册完成表 5-2-4 中部分参数的填写。现场总线的类型也可根据订货号的倒数第二位进行判断，即 "6SL3210-1KE12-3UB2" 中的 "B"。

表 5-2-4 分拣单元变频器参数

序号	类别	内容
1	型号	6SL3210-1KE12-3UB2
2	外形尺寸	FSAA（高×宽×深）：（　　　　　　）
3	电压	3φAC：380~480 V+10%/-20%；频率：47~63 Hz，未过滤
4	标称功率	
5	数字量输入	
6	数字量输出	
7	模拟量输入	
8	模拟量输出	
9	现场总线类型	

（2）变频器的安装。

在根据电动机参数选定好变频器之后，接下来就要进行变频器的安装。在安装前首先要将安装变频器的导轨固定在控制柜中，如图 5-2-4 所示。安装好固定导轨后，变频器的安装可以分为 3 个步骤进行，如图 5-2-5 所示。

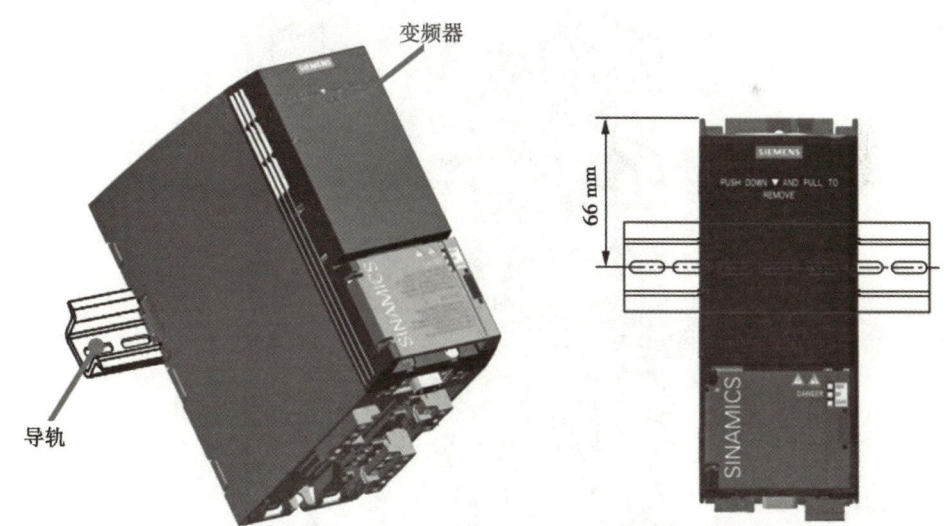

图 5-2-4 分拣单元变频器的安装导轨

引导问题4：根据图 5-2-5 和 G120C 变频器手册补充完整变频器安装的具体步骤。

①将变频器放置于导轨的_____。（上缘/下缘）

②用螺丝刀压住变频器上缘的解锁钮。

③继续压住解锁钮，直到听见变频器卡入导轨的声音。

通过这 3 个步骤便能将变频器安装在导轨上。在需要将变频器拆下时，其步骤与安装的步骤相反。在压住解锁钮的同时，将变频器从导轨上拔下。

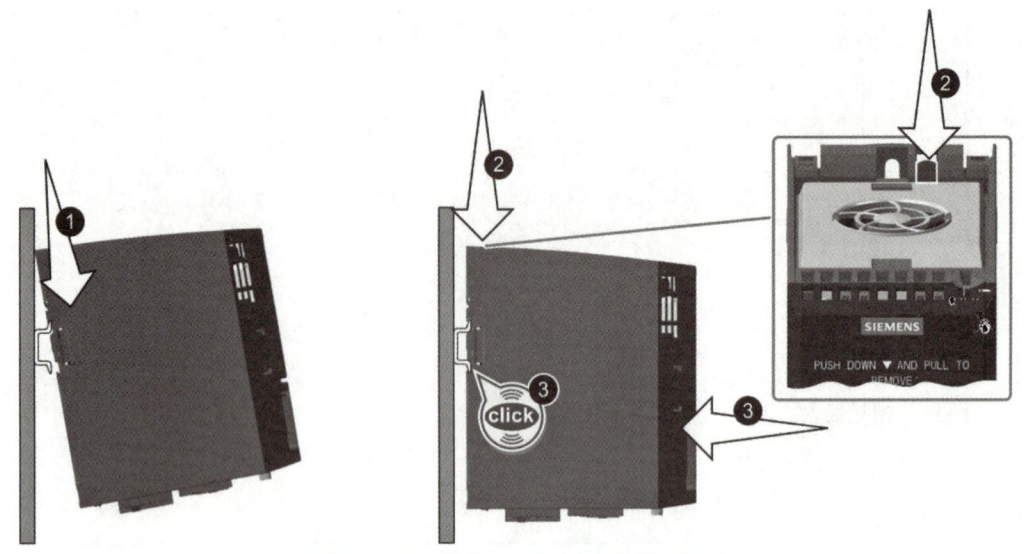

图 5-2-5　分拣单元变频器的安装步骤

当然变频器的安装，除了上述将其安装于导轨上的场景外，在具备良好散热的情况时，也可以直接用螺钉安装在电气元件安装板上，如图 5-2-6 所示。

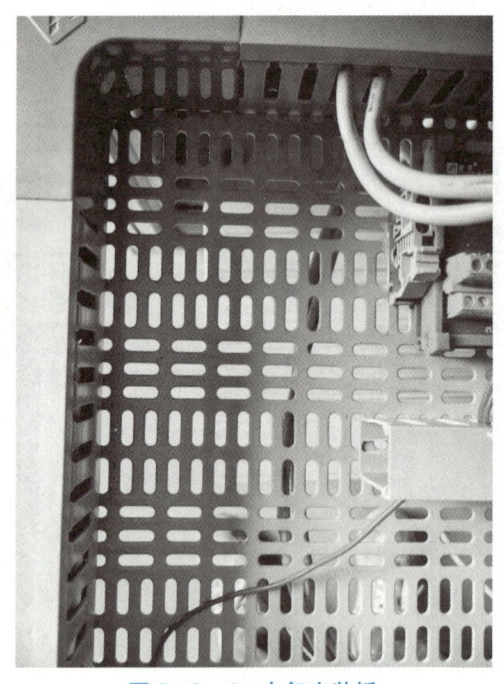

图 5-2-6　电气安装板

需要注意的是，较大功率的变频器安装时还需要考虑控制柜内的布线方式、屏蔽线缆的安装、屏蔽板的安装等，具体可参考产品手册中详细的内容。

2. 变频器的接口

变频器的接口从功率大小的角度进行划分可分为强电接口和弱电接口两大类。

强电接口是指高电压高功率的接线端子，通常包括 L1、L2、L3 和 PE 供电电源端子、UVW 电动机端子、R1、R2 制动电阻端子等。变频器的能量通过这些端子传递进来，处理后传递出去给电动机。

弱电接口包括 +24 V、COM、+10 V、GND 这类弱电电源端子，DI0~DI5 多功能定义端子，AI/AO 模拟量输入/输出端子，DQ 数字量输出端子，现场总线端子等，这类端子也称为控制端子。

（1）强电接口。

变频器驱动电动机时，需要将外部恒定频率的三相电源先接入变频器，然后经变频器处理后将恒定频率的三相电源转变为频率可变的三相交流电。此时，就需要使用到变频器的强电接口，其包括了电源接口、电动机接口和制动电阻接口，如图 5-2-7 所示。

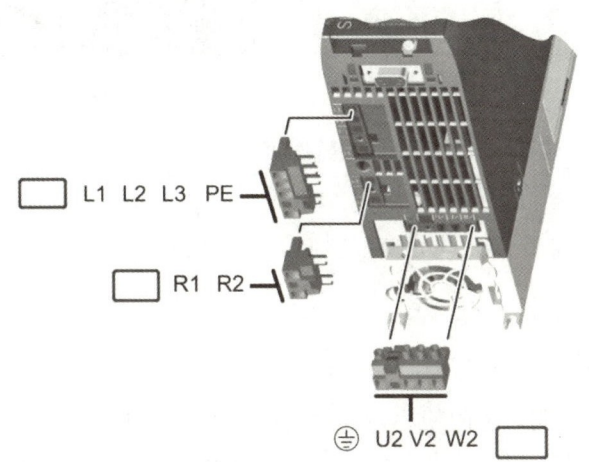

图 5-2-7 变频器强电接口

引导问题 5：根据 G120C 变频器手册和结构介绍微课，将下列序号对应的端子类别填入图 5-2-7 中的方框中。

①电源端子；

②电动机端子；

③制动电阻端子。

G120C 手册

G120C 不管是电源端子、电动机端子，还是制动电阻端子都是可插拔的带螺钉端子的连接器，这大大提高了接线的效率，同时也方便后期进行维护。带螺钉的端子连接器如图 5-2-8 所示。

引导问题 6：当然，端子连接器在使用时对导线也有一定的要求，请查阅 G120C 变频器手册完成表 5-2-5 的填写。

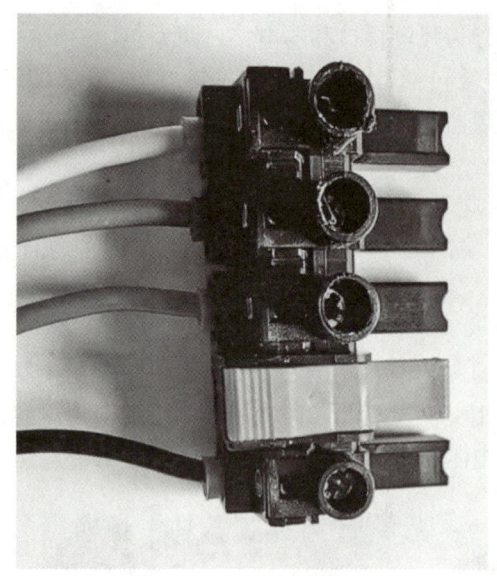 

图 5 – 2 – 8　带螺钉的端子连接器

表 5 – 2 – 5　端子连接器连接横截面和紧固扭矩

序号	类别	FSAA
1	接口	电源、电动机和制动电阻
2	导线横截面积	
3	剥线长度	

变频器的制动电阻端子主要用来外接制动电阻使用，其可用在变频器控制电动机减速和制动的电路中。通常外接制动电阻可将来自电动机和负载的多余能量消耗掉，防止变频器过电压以保护变频器。在工业系统中，变频器制动电阻被广泛应用于电动机启动制动调速、变频器制动、起吊行业大型机械制动、物料输送机构制动等领域，而分拣单元所使用的电动机功率很小，所以不需要外接制动电阻进行制动。关于制动电阻的连接可参考 G120C 变频器操作手册。

（2）控制接口。

变频器驱动电动机时，除了需要通过强电接口连接电源和电动机外，还需要对电动机的速度进行控制，此时就需要用到变频器的控制接口，也称为控制端子。变频器的控制端子一般在操作面板下方。因此如果需要进行控制端子的接线，在有操作面板的情况下，需要先将控制面板拆下，如图 5 – 2 – 9 所示。

引导问题 7：从图 5 – 2 – 10 可以看出变频器的控制端口众多，每个端口在使用时都有特定的功能，请观看变频器结构介绍微课并查阅 G120C 变频器手册，将图 5 – 2 – 10 中端口对应的序号填写在表 5 – 2 – 6 中的序号列。

项目五 分拣单元安装与调试

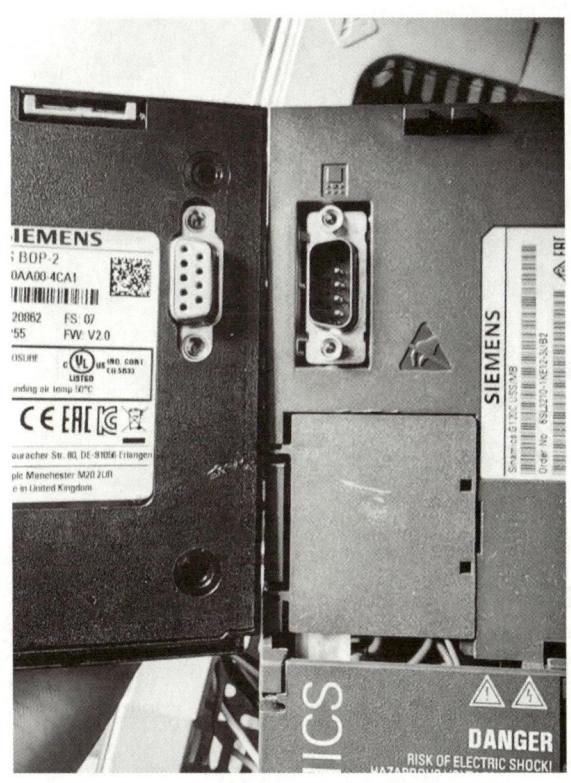

图 5-2-9 变频器控制面板和控制端子分布

表 5-2-6 控制端口的主要功能

序号	端口名称	主要功能	序号	端口名称	主要功能
4	-X21	操作面板接口			存储卡插槽
		模拟量输入			模拟量类型选择开关
		模拟量输出			USB 接口
		数字量输入			状态指示灯
		数字量输出			总线终端开关
		总线地址开关			现场总线接口

熟悉了变频器控制端口的分布之后，就需要对其进行接线。接线前还需要理解每个端口上每个端子的含义，而端子的含义我们可以从变频器的保护盖上或技术手册上获取，如图 5-2-11 所示。

引导问题 8：根据图 5-2-11 可以看到变频器众多控制端口中部分端口的端子含义，请根据图 5-2-11 或查阅 G120C 变频器手册将表 5-2-7 补充完整。

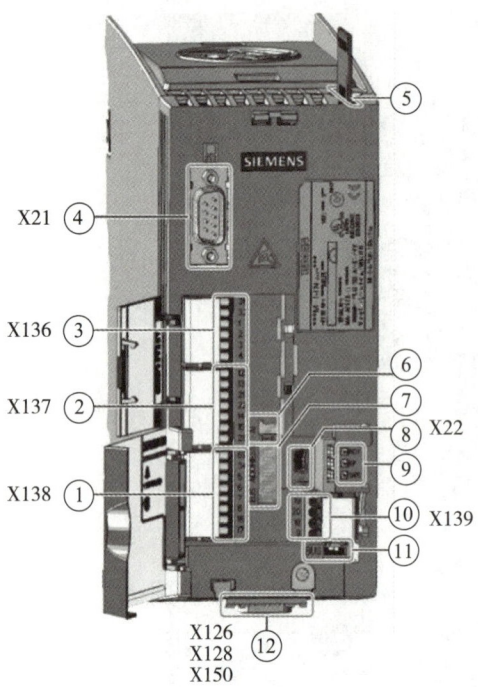

图 5-2-10 变频器控制端口的分布

G120C 变频器端子含义及接线

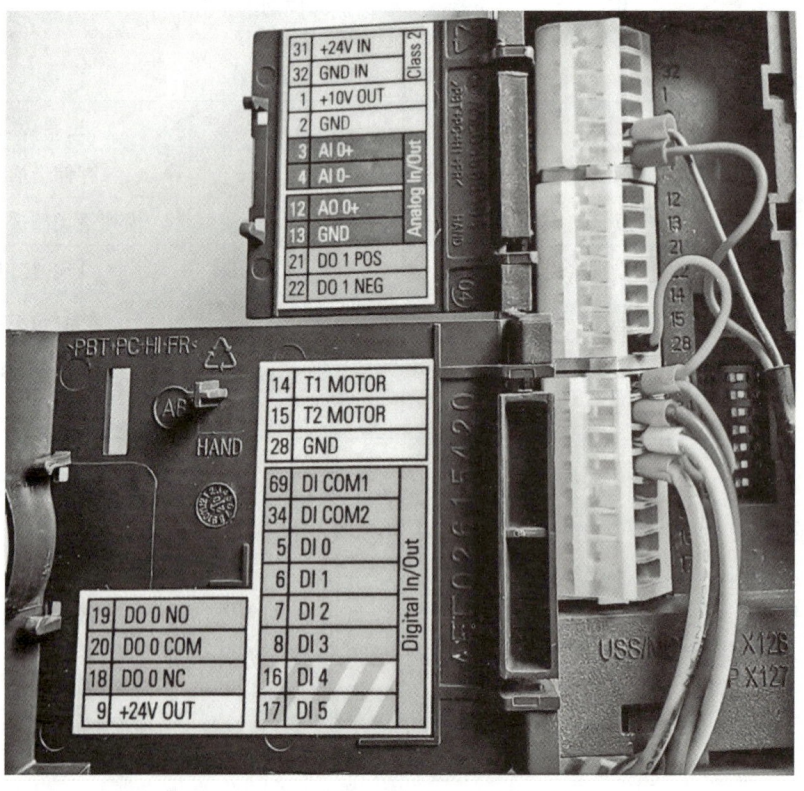

图 5-2-11 变频器部分端口的端子含义

表5-2-7 部分端口的常用端子含义

端子编号	端子名称	所属端口	端子编号	端子名称	所属端口
1	+10 V OUT	-X136	8		
3			16		
4			17		
5			34		
6			69		
7					

3. 变频器端子的接线

熟悉了变频器各个端口和端子的含义后，为了驱动三相电动机运转，还需要进行接线。变频器驱动三相电动机的接线也可以分为两个部分，即强电接口的接线和控制接口的接线。

（1）强电接口的接线。

变频器驱动电动机的原理是：先将恒定频率的外部三相电源先接入变频器，然后经变频器处理后将恒定频率的三相电源转变为频率可变的三相交流电。所以进行变频器接线时，首先需要进行三相电源的接线，其次是驱动电动机的接线，如图5-2-12和图5-2-13所示。

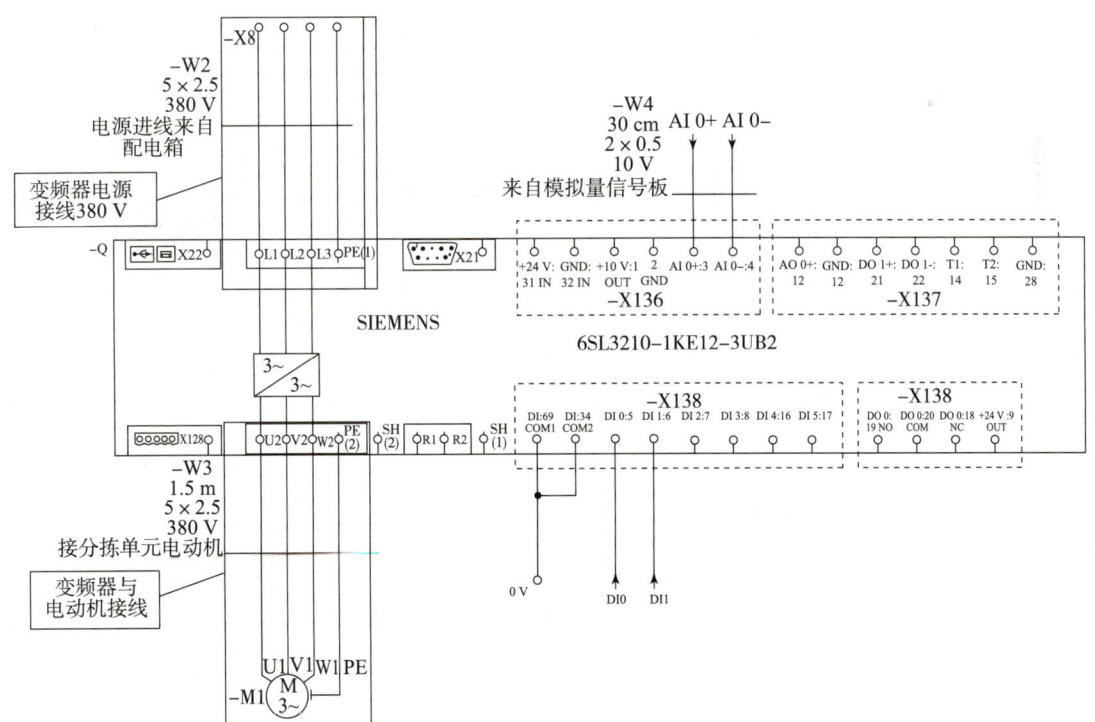

图5-2-12 变频器强电接口电气接线原理图

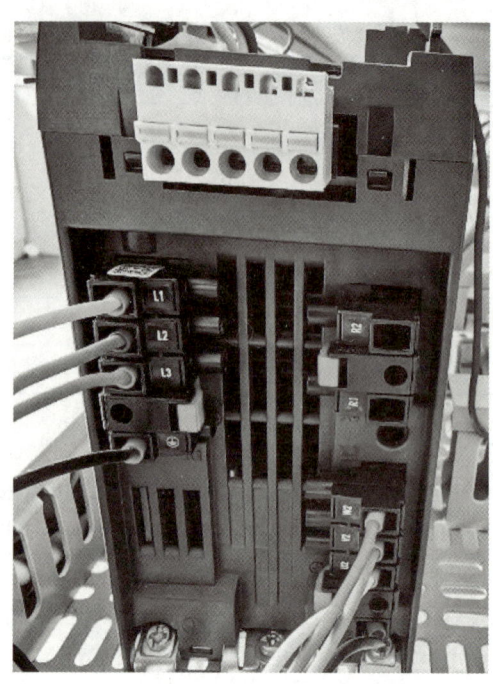

图 5-2-13 变频器强电接口的接线

引导问题 9：变频器强电接口所需要的电压为 380 V，已经远远高于了人体的安全电压。因此，在进行变频器强电接口接线时一定要按规范操作，切记安全用电。为了对强电接口进行规范接线，请小组内负责人员按照表 5-2-8 中的接线前检查、接线中规范、接线后复查的步骤实施并打分。

表 5-2-8 变频器强电接口接线步骤

实施阶段	序号	检查内容	检查结果
接线前检查	1	检查设备电源开关是否处于关闭状态	是□ 否□
	2	选用正确的工具（螺丝刀、压线钳等）	是□ 否□
	3	导线颜色和粗细（>1 mm^2）选用正确	是□ 否□
	4	选择正确规格的冷压端子	是□ 否□
接线中规范操作	1	导线剥线长度合适	是□ 否□
	2	冷压端子压接牢固，且无金属丝外露	是□ 否□
	3	端子连接器与导线间连接牢固	是□ 否□
接线后复查	1	三相电源相序连接正确	是□ 否□
	2	三相电源端子与电动机电源端子插接牢固和正确	是□ 否□
	3	相间无短路，且接地线连接正确	是□ 否□

（2）控制接口的接线。

变频器控制接口的接线往往是建立在具体的控制任务之上的。让我们再次回顾本次任务的任务要求：按下分拣单元启动按钮 SB1，电动机以 20 Hz 频率正转，按下停止按钮 SB2，电动机停止；再次按下启动按钮 SB1，电动机以 40 Hz 频率反转，按下停止按钮 SB2，电动机停止。

从任务要求中，我们可以发现实现这个任务的关键功能有 3 点，即启动与停止、频率变化和正反转。基于以上 3 个功能和电气接线图（见图 5-2-14），我们就可以进行变频器控制接口的接线。

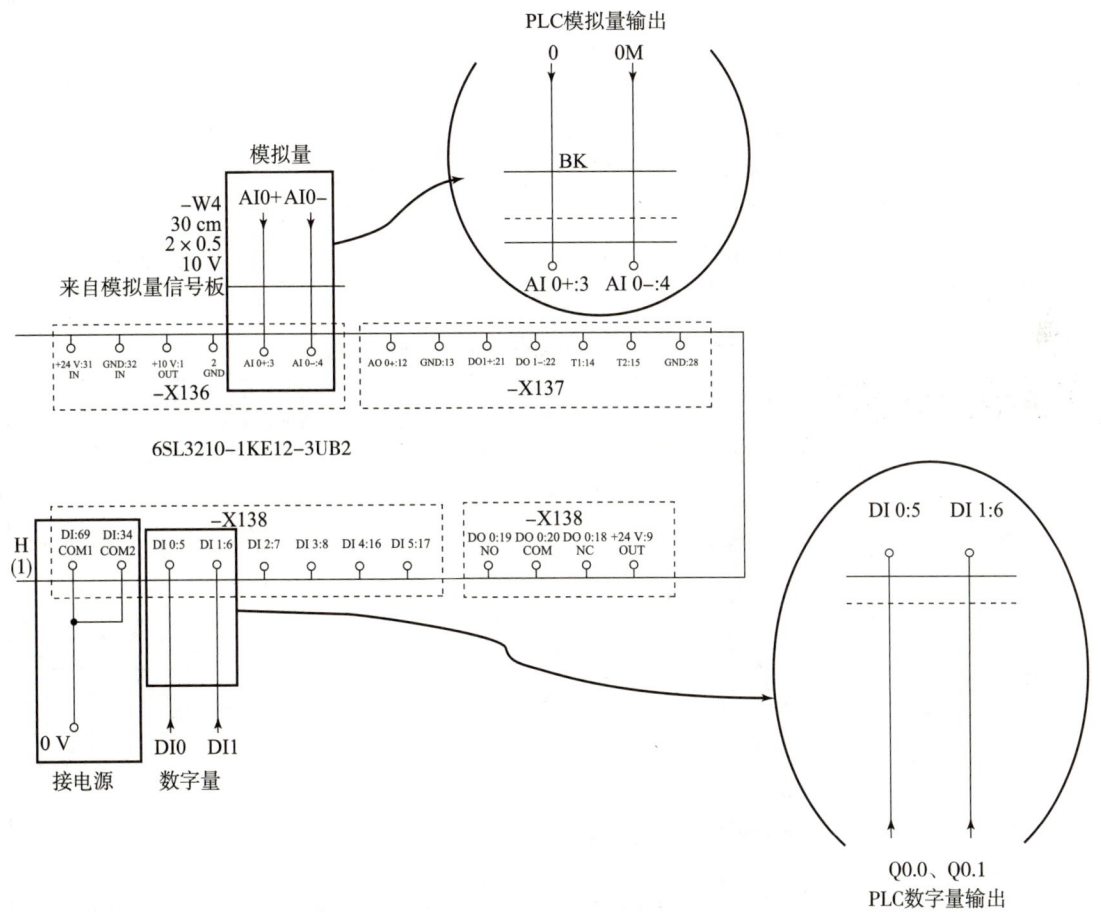

图 5-2-14　变频器控制接口电气接线原理图

引导问题 10：在进行变频器控制接口接线时一定要先读懂电气接线原理图，方可进行下一步的接线，请补充完整表 5-2-9 中的内容。

表 5-2-9　任务所需接线的端子及其含义

端子类别	端子名称	端子编号	端子接线	备注
电源	DI COM1	69	直流电源 0 V	
	DI COM2	34		

续表

端子类别	端子名称	端子编号	端子接线	备注
数字量		5		
		6		
模拟量			PLC 模拟量输出端子 0	
			PLC 模拟量输出端子 0M	

在知道了任务所需的变频器上各端子的编号和含义后,还需要对信号线的另一端进行理解,以便形成信号的回路,并为后续的接线做好准备。

理解了变频器驱动电动机时需要用到的控制端子和各控制端子的含义后,接下来就可以进行控制端子的接线了。控制端子的接线与强电端口的接线类似,也可分为接线前检查、接线中规范、接线后复查的步骤实施。

引导问题 11:为了对控制端子进行规范接线,请各小组内负责人员按照表 5 – 2 – 10 中的接线前检查、接线中规范、接线后复查的步骤实施并打分。

表 5 – 2 – 10　变频器控制端子接线步骤

实施阶段	序号	检查内容	检查结果
接线前检查	1	检查设备电源开关是否处于关闭状态	是□　否□
	2	选用正确的工具(螺丝刀、压线钳等)	是□　否□
	3	导线颜色和粗细(<1 mm²)选用正确	是□　否□
	4	选择正确规格的冷压端子	是□　否□
接线中规范操作	1	导线剥线长度合适	是□　否□
	2	冷压端子压接牢固,且无金属丝外露	是□　否□
	3	端子连接器与导线间连接牢固	是□　否□
接线后复查	1	三相电源相序连接正确	是□　否□
	2	三相电源端子与电动机电源端子插接牢固和正确	是□　否□
	3	相间无短路,且接地线连接正确	是□　否□

4. 变频器的参数设置

SINAMICS G120C 变频器是一个智能化的数字式变频器,在基本操作面板(BOP)上可以进行参数设置,也可以通过 PC 调试软件 Startdrive 进行设置。本处介绍通过 BOP 设置参数的方法。

参数分为 2 个级别:1 标准级(可以访问最经常使用的参数);2 专家级(只供专家使用)。

变频器参数设置

(1)参数的设置方法——BOP 面板设置参数。

图 5 – 2 – 15 是基本操作面板的外形。利用基本操作面板可以改变变频器的各个参数。

基本操作面板具有 7 段显示的 5 位数字,可以显示参数的序号和数值、报警和故障信息,以及设定值和实际值。参数的信息能用基本操作面板存储。基本操作面板上的按钮及其功能如表 5-2-11 所示。

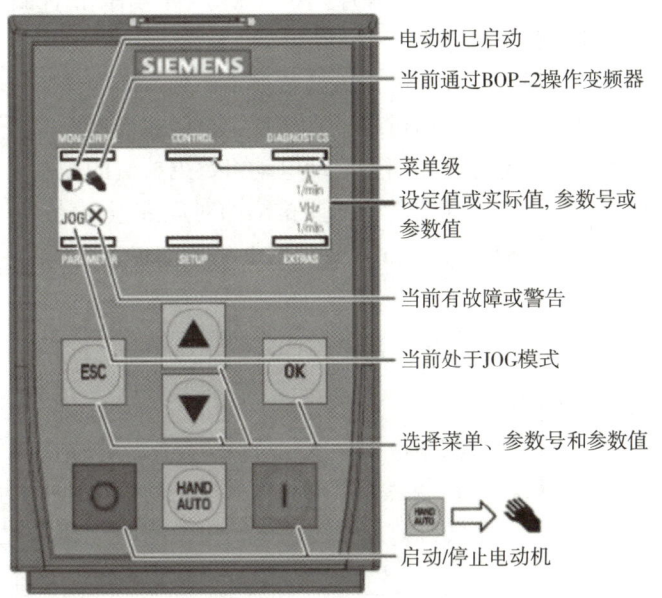

图 5-2-15 基本操作面板

表 5-2-11 基本操作面板上的按钮及其功能

显示/按钮	功能	功能说明
┌0000	状态显示	LCD 显示变频器当前的设定值
I	启动变频器	按此键启动变频器。缺省值运行时此键是被封锁的
O	停止变频器	OFF1：按此键，变频器将按选定的斜坡下降速率减速停车
▲	增加数值	按此键即可增加面板上显示的参数数值
▼	减少数值	按此键即可减少面板上显示的参数数值
ESC	退出当前模式	从当前菜单退出，退出到菜单选择界面
OK	确认	按下即确认

①启用快速调试的方法。

变频器上电→BOP 面板显示 SP 0000 / 00.→按下"ESC"键→按箭头键 ▲→显示 SETUP 菜单 SETUP →单击"OK"键，启动快速调试→ RESET →按下"OK"键→使用箭头键切换："NO→YES"→按下"OK"键→ DRV APPL P96 →按下"OK"键→ STANDARD 1 →按下"OK"键→ EUR/USA P100 →按下"OK"键→设置各

变频器参数设置与快速调试

参数数值（参考表 5-2-12 的值完成设置）→……→[EUR/USA P100]→设置为"2"→[FINISH]结束快速调试→使用箭头键切换："NO→YES"→按下"OK"键→结束快速调试。

②检测电动机数据并优化控制器。

变频器可通过电动机数据检测静止电动机的数据。此外，变频器还能根据旋转电动机的特性进行适当的矢量控制设置。必须通过端子排、现场总线或操作面板接通电动机，才能启动电动机数据检测。本处介绍通过操作面板启动电动机数据检测的操作。

前提条件：P1900 设置为"2"（或其他需要检测的对应数值），在静止时测量电动机数据。快速调试结束后，变频器输出报警 A07991。BOP 操作面板显示 [⊗_]。

操作步骤：

按下 <HAND/AUTO> 键 [HAND/AUTO]→显示手动运行图标 [⊗_]→按下启动变频器按钮 [I]→进行电动机数据检测 [⊗ MOT-ID]（MOT-ID 闪烁）。

根据电动机额定功率，电动机数据检测最多会持续 2 min，最后"×"会消失。根据设置，在电动机数据检测结束后，变频器会关闭电动机或使电动机加速至当前设定值。将变频器控制由 HAND 切换为 AUTO，电动机数据检测结束，快速调试完成。

③参数设置方法。

BOP 面板显示 [SP 0000 00]→按下"ESC"键→按箭头键 [▲]→显示 [r2 35]→按箭头键 [▲]→[P 3]→按下"OK"键→参数的值在闪烁→按箭头键切换数值→按下"OK"键→继续找到需要设置的参数→…→保存参数。

在参数设置过程中长按"OK"键可以进行参数的单位数编辑。按下"上"和"下"键可以修改参数的各个单位数且按下"OK"键可进行单独确认。

（2）G120C 参数。

G120C 的每一个参数名称对应一个参数的编号。参数号用 0000 到 9999 的 4 位数字表示。在参数号的前面冠以一个小写字母"r"时，表示该参数是"只读"的参数。其他所有参数号的前面都冠以一个大写字母"P"。这些参数的设定值可以直接在标题栏的"最小值"和"最大值"范围内进行修改。

表 5-2-12 是分拣单元需要设置或部分设置的参数。

表 5-2-12 参数设置表

序号	参数号	设置值	参数号注释
1	P0010	30	参数复位
2	P0970	1	启动参数复位
3	P0010	1	快速调试
4	P0015	17	变频器宏程序
5	P0300	1	设置为异步电动机
6	P0304	380 V	电动机额定电压
7	P0305	0.18 A	电动机额定电流

续表

序号	参数号	设置值	参数号注释
8	P0307	0.03 kW	电动机额定功率
9	P0310	50 Hz	电动机额定频率
10	P0311	1 300 r/min	电动机额定转速
11	P0341	0.000 01	电动机转动惯量
12	P0756	0	电压输入（0~10 V）（AI 开关拨到 U 侧）
13	P1082	1 300 r/min	最大转速
14	P1120	0.1 s	加速时间
15	P1121	0.1 s	减速时间
16	P1900	2	电动机数据检测（静止状态）
17	P0010	0	电动机就绪
18	P0971	1	参数保存

引导问题 12：通过查阅 G120C 操作手册，宏程序参数 P0015 设置为"17"，表示变频器正反转控制的端子 DI 0：ON/OFF1 表示_____，DI 1：ON/OFF1 表示_____；转速设定值由模拟量输入端子 AI 0+ 和 AI 0- 即 3、4 输入，如果输入的是电流信号 0~20 mA，则对应参数 P0756 [0] 的值设置为_____，设置 AI 对应的开关 拨到_____侧。

5. PLC 模拟量输出编程

分拣单元 G120C 变频器转速由模拟量输入设定，模拟量信号来自 PLC，可以是电流或电压信号，本任务以电压信号为例说明模拟量的 PLC 程序的编写方法。

（1）PLC 的硬件组态。

分拣单元 PLC 的 CPU 型号为 1214C AC/DC/RLY，增加一个信号板 SB1232，其有一路模拟量输出，如图 5-2-16 所示，通道地址默认为 QW80，输出类型为电压信号。

变频器模拟量控制

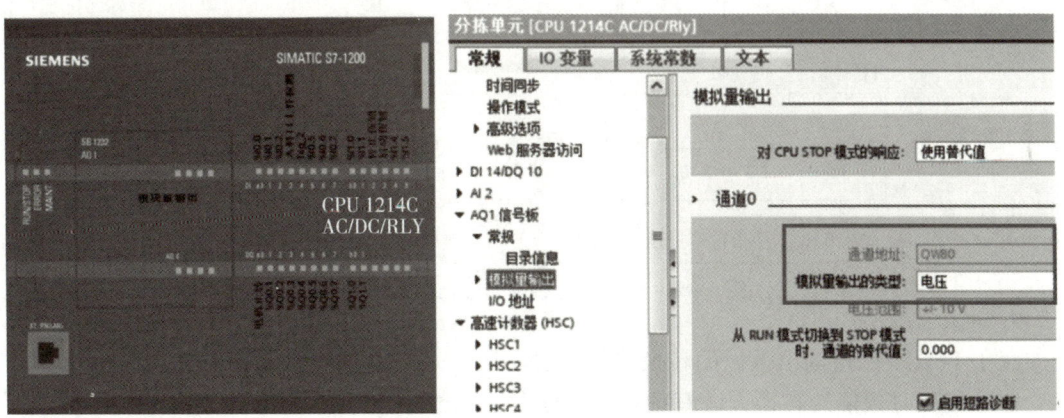

图 5-2-16　分拣单元硬件组态

（2）PLC 模拟量输出值表示方法。

PLC 的模拟量在 CPU 中是以数值量表示的，通过 D/A 转换，模块将数值量转换为模拟量，通过端子"0"和"0M"输出，其接线图如图 5-2-17 所示。

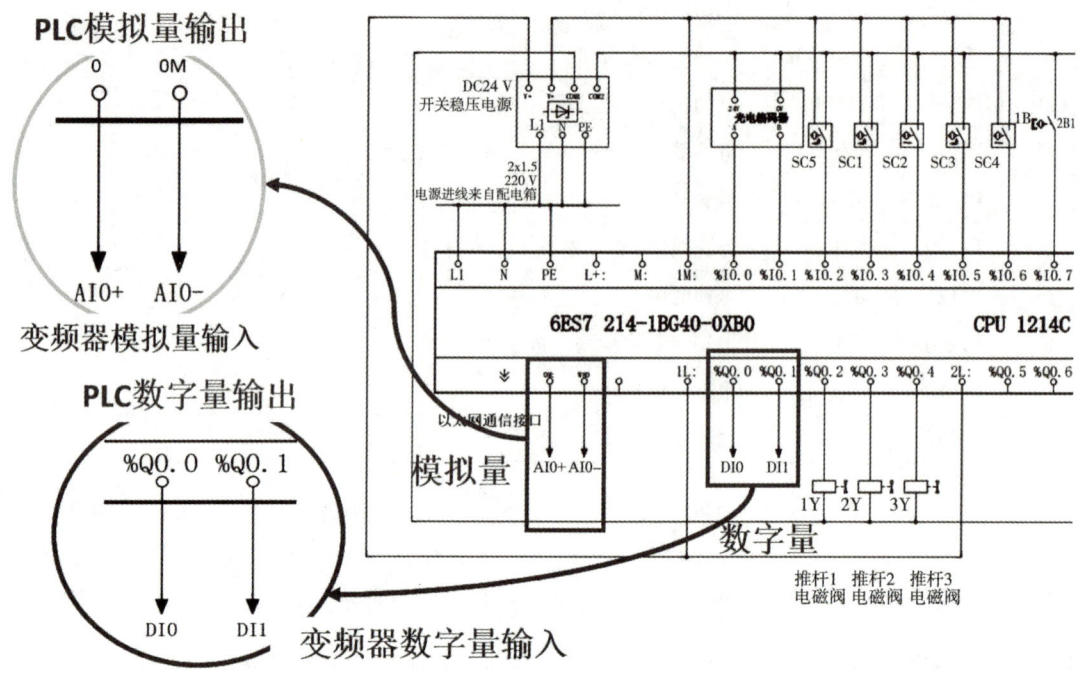

图 5-2-17　PLC 与变频器信号接线图

PLC 模拟量对应的数值为 0~27 648，输出模拟量的值为 0~10 V，现在需要将任务中的 20 Hz 转换为对应的数值量输出，其对应关系如图 5-2-18 所示。

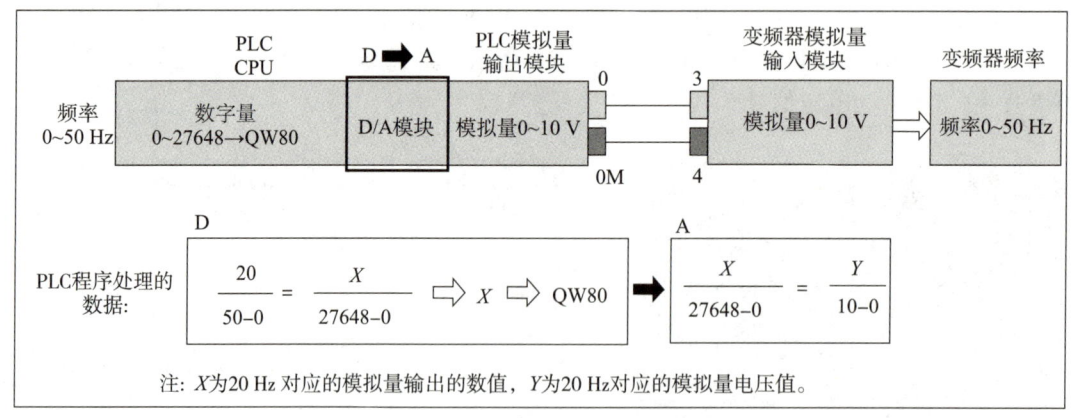

图 5-2-18　PLC 模拟量输出数值的转换

（3）PLC 模拟量输出数值的转换编程方法。

PLC 编程时数值的转换方法有很多，本处介绍通过 NORM_X 和 SCALE_X 两个指令来实现的方法。

NORM_X：标准化指令，通过将输入 VALUE 中变量的值映射到线性标尺对其进行标准化。指令用法和含义如图 5-2-19 所示。

引导问题 13：由图 5-2-19 可以看出，NORM_X 指令的输出结果是在 _____ 至 _____ 之间的值，图中 MD28 的值为 _____，此值的计算公式为：$\dfrac{\Box-\Box}{\Box-\Box}$。

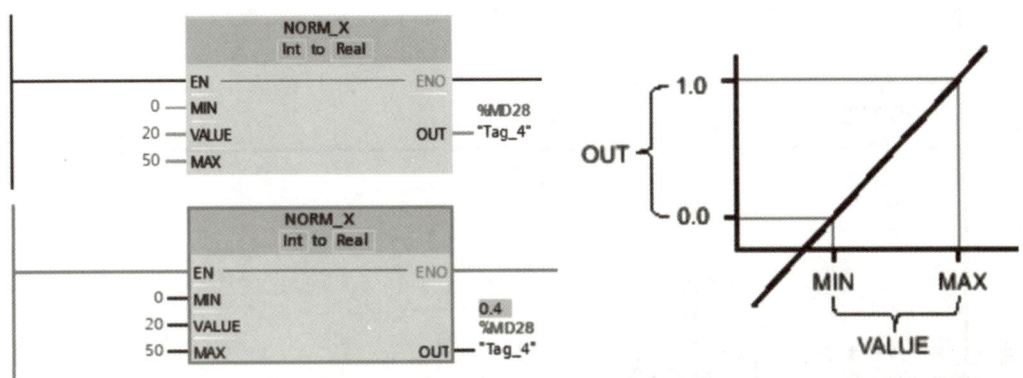

图 5-2-19　NORM_X 指令

SCALE_X：缩放指令，通过将输入 VALUE 的值映射到指定的值范围内，对该值进行缩放。指令用法和含义如图 5-2-20 所示。

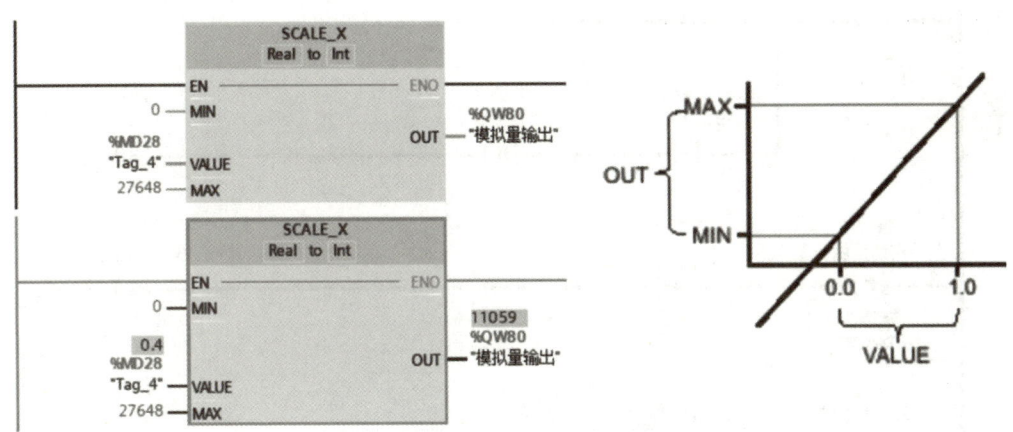

图 5-2-20　SCALE_X 指令

引导问题 14：由图 5-2-20 可以看出，SCALE_X 指令的输出 QW80 地址的数值是 _____，值的计算公式为：$(\Box-\Box)\times\Box$，此值通过 D/A 转换模块由 0 和 0M 端子输出模拟量的值是 ____ V。

6. 变频器驱动电动机编程与调试

（1）任务要求。

按下分拣单元启动按钮 SB1，电动机以 20 Hz 频率正转，按下停止按钮 SB2，电动机停止；再次按下启动按钮 SB1，电动机以 40 Hz 频率反转，按

变频器驱动
电动机任务

下停止按钮 SB2，电动机停止。

（2）任务所需 I/O 地址。

引导问题 15：根据所用分拣单元写出任务相关的 I/O 地址，启动按钮 SB1：＿＿＿，SB2：＿＿＿，模拟量输出：＿＿＿，电动机正转：＿＿＿，电动机反转＿＿＿。

（3）编写程序。

引导问题 16：图 5-2-21 和图 5-2-22 为实现任务的程序之一，请在程序段的虚线框中填入合适的地址以满足程序可以实现任务要求。

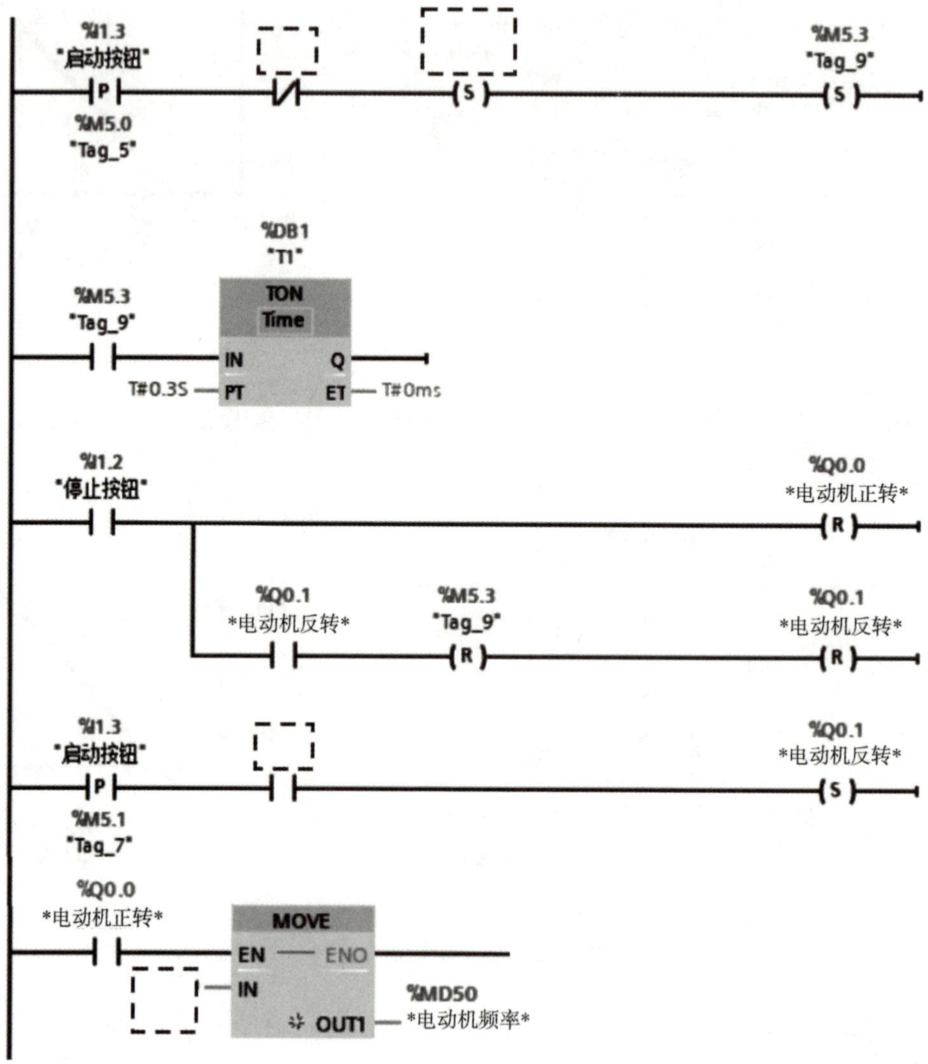

图 5-2-21 正反转运行程序段

（4）程序调试。

在程序调试过程中为了正确判断是设备硬件问题还是软件问题，可以通过查看 PLC 的输出指示灯及监控程序来完成，同时注意如下问题：

①变频器及 PLC 的接线是否正确；

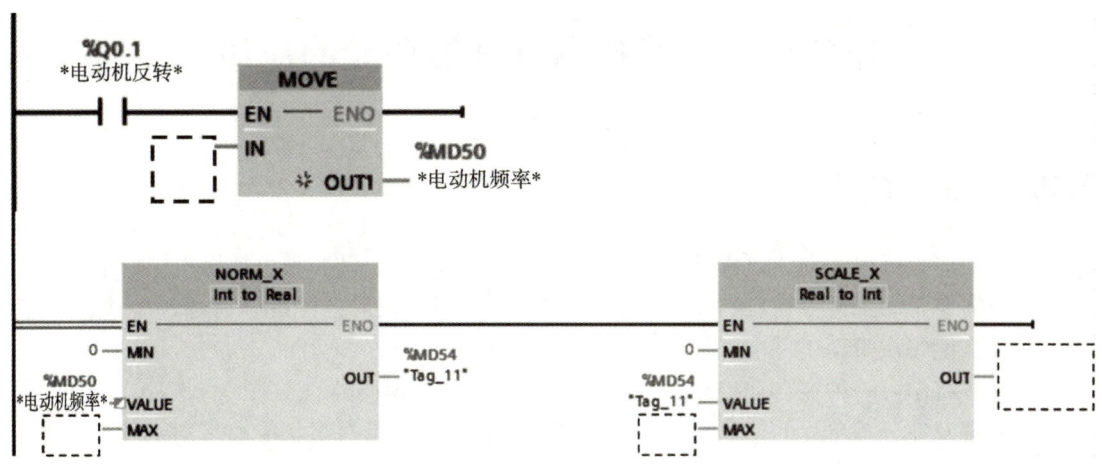

图 5-2-22 模拟量数值处理程序段

②变频器参数是否设置正确,变频器是否有报警;
③PLC 的数字量输出是否正常,是否有模拟量输出。

5.2.6 任务评价

各组完成分拣单元变频器应用控制任务的硬件接线、参数设置及 PLC 编程与调试后,请同学或教师评分,并完成表 5-2-13。

表 5-2-13 变频器应用控制任务项目评分表

序号	评分项目	评分标准	分值	小组互评	教师评分
1	引导问题	16 个引导问题的总分	50 分		
2	变频器硬件接线	小组任意一位同学能够说出变频器各接口的作用、各端子接线的含义及接法,每错一处扣 2 分	15 分		
3	变频器快速调试及参数设置	小组任意一位同学能够完成变频器的快速调试,并设置所要求的参数,说出参数含义及其设置值,每错一处扣 2 分	20 分		
4	正反转控制 PLC 程序编写与调试	小组任意一位同学能够解释小组所编写的 PLC 程序,每错一处扣 2 分	15 分		
5		总分	100 分		

任务 5-3 编码器在分拣单元的应用

5.3.1 任务描述

经过前序分拣单元动作过程任务的学习,我们已经知道工件在被分拣至不同料槽时,首先传送带需要带动工件停在各料槽的中心位置,然后工件被分拣气缸推入料槽中。那么,传送带为什么能每次带动工件准确地停在分拣料槽的中心位置?

本任务将学习一种在自动控制中常用的位置传感器、编码器(见图5-3-1),并学习其工作原理及在分拣单元的使用,最终让读者理解为何传送带每次都能够带动工件准确地停在分拣料槽的中心位置。

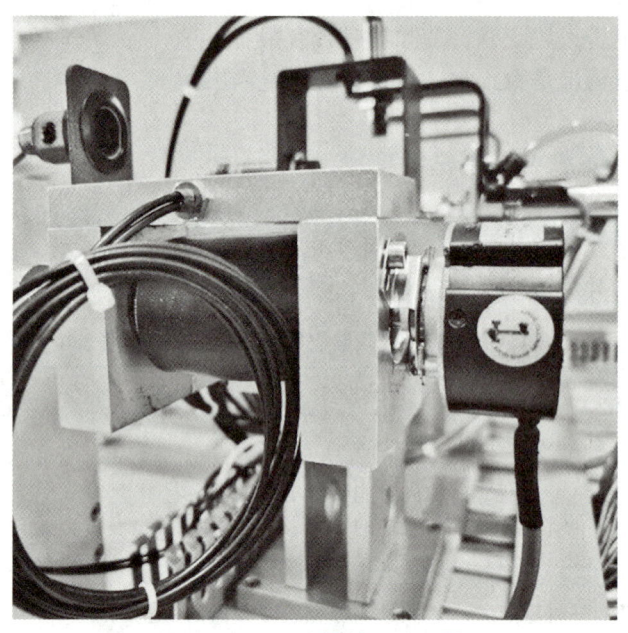

图 5-3-1 分拣单元编码器

引导问题 1:你还见过生活中的哪些场景需要进行准确的位置测量?

_____

_____

5.3.2 任务目标

(1)了解常见的位置传感器;
(2)掌握编码器的基本结构和工作原理;
(3)能够正确启用 PLC 的高速计数器;
(4)能够使用 PLC 监控编码器测量的脉冲数(位置)。

5.3.3 任务分组

学生任务分配表如表 5-3-1 所示。

表 5-3-1 学生任务分配表

班级		小组名称		组长	
小组成员及分工					
序号	学号	姓名	任务分工		

5.3.4 任务分析

要解决"传送带为什么能每次带动工件准确地停在分拣料槽的中心位置?"这个问题,需要完成以下内容:

(1) 清楚编码器的基本构成,熟悉其结构之后理解基于此结构的工作原理。
(2) 编码器的脉冲是如何产生的?脉冲和距离又是如何对应的?
(3) 对编码器进行接线,将其与 PLC 进行连接。
(4) 在 PLC 中启用高速计数器,并用高速计数器监控编码器的测量结果,通过测量结果的平均值获得入料口到不同区域中心位置的距离。

5.3.5 任务实施

1. 编码器的基本组成

编码器的基本组成可分为外观结构和内部结构。

(1) 编码器的外观结构。

编码器的外观结构如图 5-3-2 所示。在编码器的壳体上分别贴有避免尖锐物体接触标记和编码器的铭牌,如图 5-3-2 (a) 和图 5-3-2 (b) 所示。编码器所使用的线缆有 6 根,各线缆的颜色和含义可以在编码器的铭牌上获取。一般编码器的零位标记功能很少使用,因此编码器出厂时将零位标记的黄色信号线包裹在热缩管中,需要使用时只需剥开包裹外壳即可,如图 5-3-2 (c) 所示。

引导问题2:结合编码器的实物和图 5-3-2 (a) 编码器的外观结构,写出编码器外壳上禁止标志的内容并翻译。

 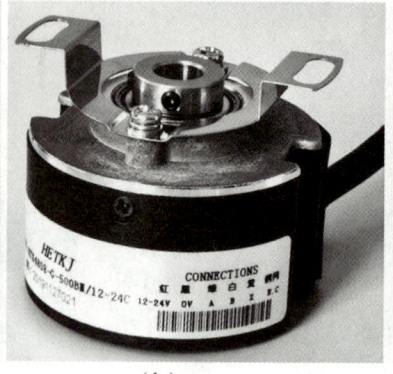 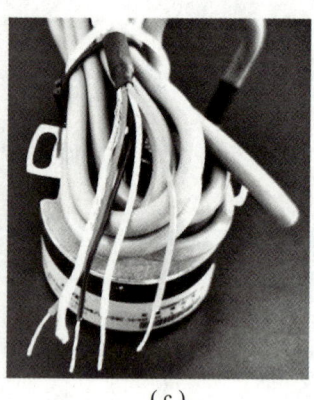

(a)   (b)   (c)

图 5-3-2　编码器的外观结构

引导问题 3：根据图 5-3-2 编码器的外观结构，将对应的具体内容填写在表 5-3-2 中。

表 5-3-2　编码器的外观结构

序号	线缆颜色	作用
1	红色	电源线，DC +24 V
2		
3		
4		
5		
6		

（2）编码器的内部结构。

编码器的内部结构主要包括光源、光栅板（亦称码盘）、固定光栅、光敏管和旋转轴等，如图 5-3-3 所示。

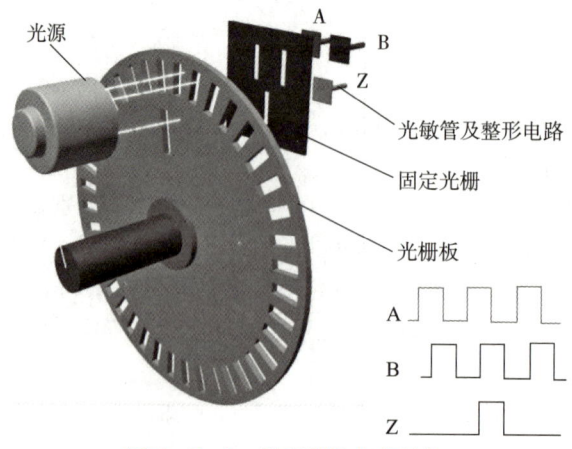

图 5-3-3　编码器的内部结构

2. 编码器的工作原理

（1）编码器的 A、B、Z 相脉冲。

编码器的工作原理

编码器在工作时，首先由内部的发光二极管发光作为光源，光源照射在码盘上，而码盘和转轴是安装固定在一起的。外部转动的转轴通过与编码器转轴的连接带动编码器码盘旋转。在编码器的码盘上有很多缝隙均匀地排布在码盘上，这样码盘在旋转时，光线就会产生时有时无的光束。通过码盘上缝隙的光束会接着通过固定光栅，固定光栅根据自身结构将光束分为 A、B 两种类型的光束。当光束通过固定光栅后照射在光敏管上，光敏管根据光电原理将光信号转换为电信号。但此时光敏管产生的电信号还比较微弱，需要配合整形放大电路处理才能够变为可用的电信号。编码器的工作原理可以用图 5-3-4 简要表示。

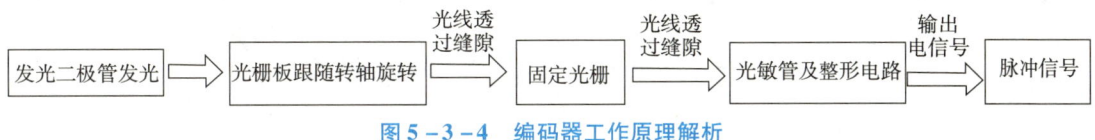

图 5-3-4　编码器工作原理解析

引导问题 4：编码器在工作时码盘缝隙的个数决定了在光敏管上产生脉冲波形的个数，仔细观察编码器外壳上的铭牌，并查阅分拣单元所使用的编码器码盘有＿＿＿个缝隙，因此，码盘旋转一圈能够产生＿＿＿个脉冲。

固定光栅又将脉冲波形分为两种类型，如图 5-3-5 所示的 A、B 相脉冲。观察图 5-3-5 中 A、B 相脉冲信号，可以发现 A、B 相脉冲信号正好相差 1/4 个周期，若将其对应到相位关系，则 A、B 相脉冲信号相位相差＿＿＿。利用这种有相位差的两个信号，如果 A 相脉冲的相位超前 B 相脉冲，规定为转轴正转；那么如果 A 相脉冲的相位滞后 B 相脉冲，则转轴＿＿＿＿＿＿。因此，利用编码器中的 A、B 相脉冲信号的相位关系就可以实现所测轴的旋转方向。

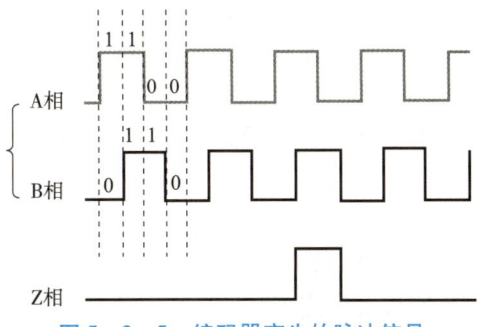

图 5-3-5　编码器产生的脉冲信号

最后，在图 5-3-5 中除了 A、B 相脉冲信号外，还有一相是 Z 相信号。那么 Z 相信号是如何产生的呢？当我们再次观察图 5-3-3 的码盘时，会发现码盘除了最外圈有较多的缝隙外，内圈也有缝隙。当码盘旋转时，内圈的缝隙和固定光栅上的 Z 相缝隙对齐时，便会在 Z 相光敏管上产生电信号。由于内圈码盘上产生 Z 相信号的缝隙只有 1 个，码盘在旋转一圈时会产生＿＿＿个 Z 相脉冲。因此，Z 相信号常被用于记录圈数或者旋转角度清零。

引导问题5：在图5-3-6中若上方波形为A相波形，下方波形为B相波形，采用引导问题4中的方向规定，则图5-3-6（a）表示转轴____转，图5-3-6（b）表示转轴____转。

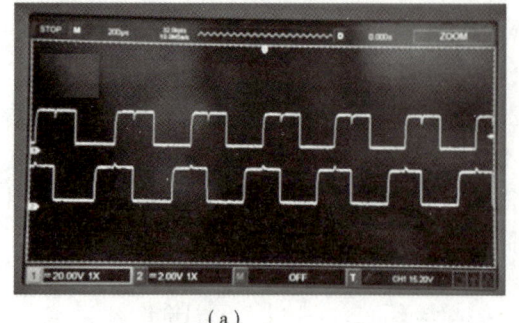
（a）

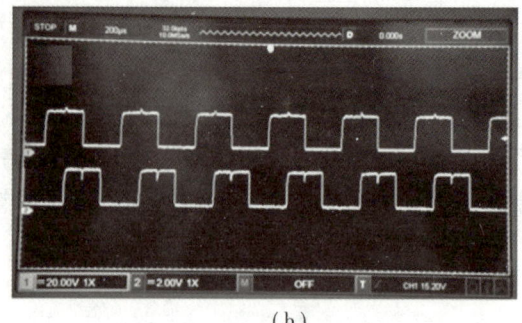
（b）

图5-3-6　编码器不同旋转方向产生的脉冲信号

（2）编码器的分辨力。

对于旋转编码器来说，分辨力是编码器旋转一圈所测量到的脉冲数，也称为每转脉冲数（如PPR）或者线数。编码器一圈所测到的脉冲数又和码盘上的缝隙数有关，缝隙越多，脉冲数越大。这样每个脉冲数会对应一个角度，这个角度我们也称之为分辨角，用 α 表示。

$$分辨角\ \alpha = 360°/条纹数$$

如果编码器码盘上有360个条纹（缝隙），根据以上公式，便可得出其分辨力（分辨角）为1°。

引导问题6：再次观察编码器的铭牌，我们可以看到其型号为_____，在型号中可以得出此编码器的线数为____，因此也可以计算出其分辨角为____。

（3）脉冲当量的计算。

我们已经知道编码器旋转一周，其所能发出的脉冲数与码盘的线数相关。如果我们还知道与编码器相连的传送带带轮的周长（即直径），那么就可以得出每个脉冲对应的距离，也称之为脉冲当量。

$$脉冲当量\ \mu = 转轴的周长/编码器线数$$

若转轴的周长为360 mm，编码器的线数也为360 PPR，则脉冲当量为1 mm/P（每个脉冲对应的距离）。

回到本任务最开始的问题"传送带为什么能每次带动工件准确地停在分拣料槽的中心位置？"，结合编码器的线数就可以解决这个问题。

引导问题7：若分拣单元传送带带轮的直径 d 为43 mm（含传送带），则其周长为_____，而其所使用的编码器的线数为_____。因此，便可得出分拣单元编码的脉冲当量 μ 等于_____。

引导问题8：计算出脉冲当量后，如果能够知道传送带需要运动的距离，便可根据脉冲当量计算出电动机运动此段距离需要的脉冲个数。请根据图5-3-7中给出的距离，分别计算出对应的脉冲个数并填写在表5-3-3中。

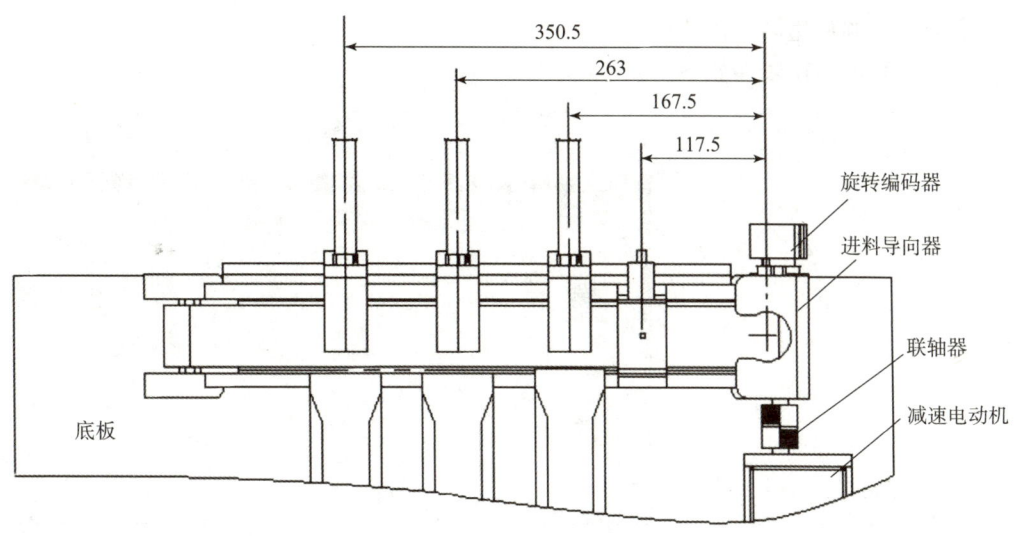

图 5-3-7 入料口至不同区域的距离

表 5-3-3 入料口至不同区域的距离对应的脉冲数

名称	距离/mm	脉冲数
入料口至检测区中心	117.5	
入料口至 1 号料槽中心	167.5	
入料口至 2 号料槽中心	263.0	
入料口至 3 号料槽中心	350.3	

3. 分拣单元入料口至不同区域的脉冲测试

前面已经根据传送带主动轴直径计算出旋转编码器的脉冲当量,但其结果只是一个近似值。因为在分拣单元安装调试时,总会存在一些安装偏差、传送带磨损和转轴的跳动等因素影响脉冲数,因此还需进行现场脉冲数的测量。

为方便理解,下面用一个小任务进行讲解。

小任务:在分拣单元入料口放一个工件,按下启动按钮,电动机以 20 Hz 频率驱动传送带及工件前进,当工件到达检测位置或 3 个槽中间位置时按下停止按钮,查看 PLC 中此时的高速计数器地址 ID1000 的数值。每个位置测试 3 次,计算平均值。

一般测试步骤如下:

①分拣单元安装调试时,必须仔细调整电动机与主动轴联轴的同心度和传送皮带的张紧度。调节张紧度的两个调节螺栓应平衡调节,避免皮带运行时跑偏。传送带张紧度以电动机在输入频率为 1 Hz 时能顺利启动,低于 1 Hz 时难以启动为宜。

②根据编码器在 PLC 上输入时所接信号的地址,启用相应的高速计数器。

③在 PLC 中进行脉冲测试程序的编写。

④监控 PLC 中高速计数器的数值(脉冲数),通过多次测量获取入料口至不同区域中心位置的准确脉冲数。

(1) 高速计数器的启用。

PLC 的计数器有两种类型,一类是普通计数器,另一类是高速计数器。因普通计数器的计数速度较慢,无法满足编码器码盘所产生的高速 A、B 相脉冲信号,所以要想读取编码器脉冲的数量，必须使用高速计数器。

高速计数器的启用步骤如下：

步骤	操作	注释
1	添加控制器，型号为 S7 – 1214C AC/DC/RLY	
2	添加模拟量输出信号板： ①选中 PLC 中的信号板； ②在"硬件目录"中选择"Signal Boards"； ③在"Signal Boards"目录下选择"AQ"； ④选择型号为 AQ 1×12BIT 的信号板	
3	启用高速计数器： ①双击 PLC，弹出 PLC"属性"窗口； ②在"常规"选项卡中找到"高速计数器"； ③展开高速计数器"HSC1"目录，选择"常规"选项； ④在右侧对话框中勾选"启用该高速计数器"复选框	

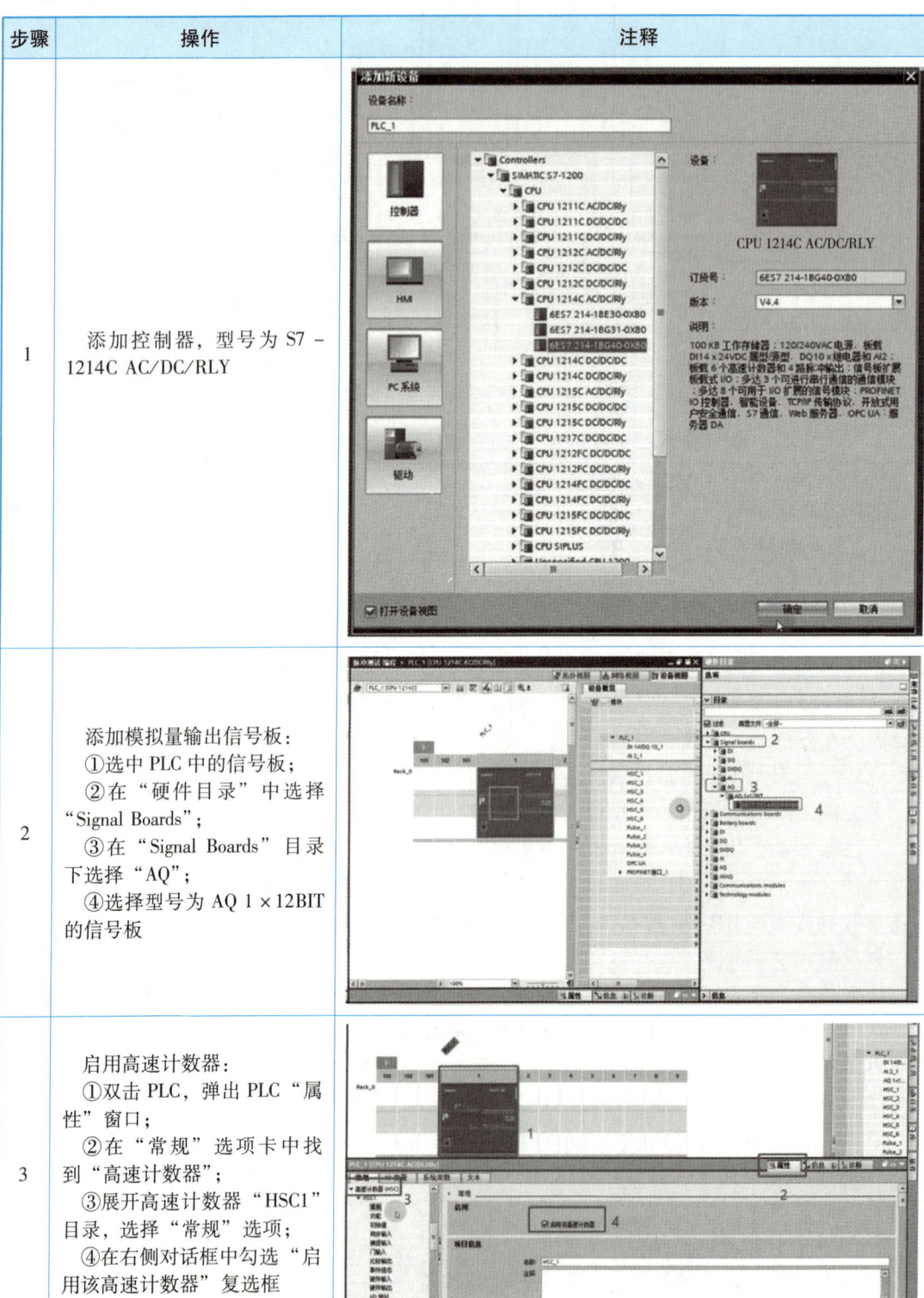

续表

步骤	操作	注释
4	配置高速计数器功能： ①在"常规"选项卡→"高速计数器"→"HSC1"目录下，选择"功能"选项； ②在"功能"选项窗口中将"计数类型"选择为"计数"，"工作模式"选择为"A/B计数器"，"初始计数方向"选择为"加计数"	
5	在"硬件输入"选项窗口中，查看"时钟发生器A的输入"和"时钟发生器B的输入"的地址是否分别为I0.0和I0.1，采用默认即可	
6	在"I/O 地址"选项窗口中，查看"起始地址"是否为1000，采用默认即可	
7	修改数字量输入的输入滤波器滤波时间： ①在"DI 14/DQ 10"目录下，选择"数字量输入"选项； ②在"通道0"和"通道1"选项窗口中将"输入滤波器"均选择为"0.1 microsec"，否则无法进行高速脉冲的识别	

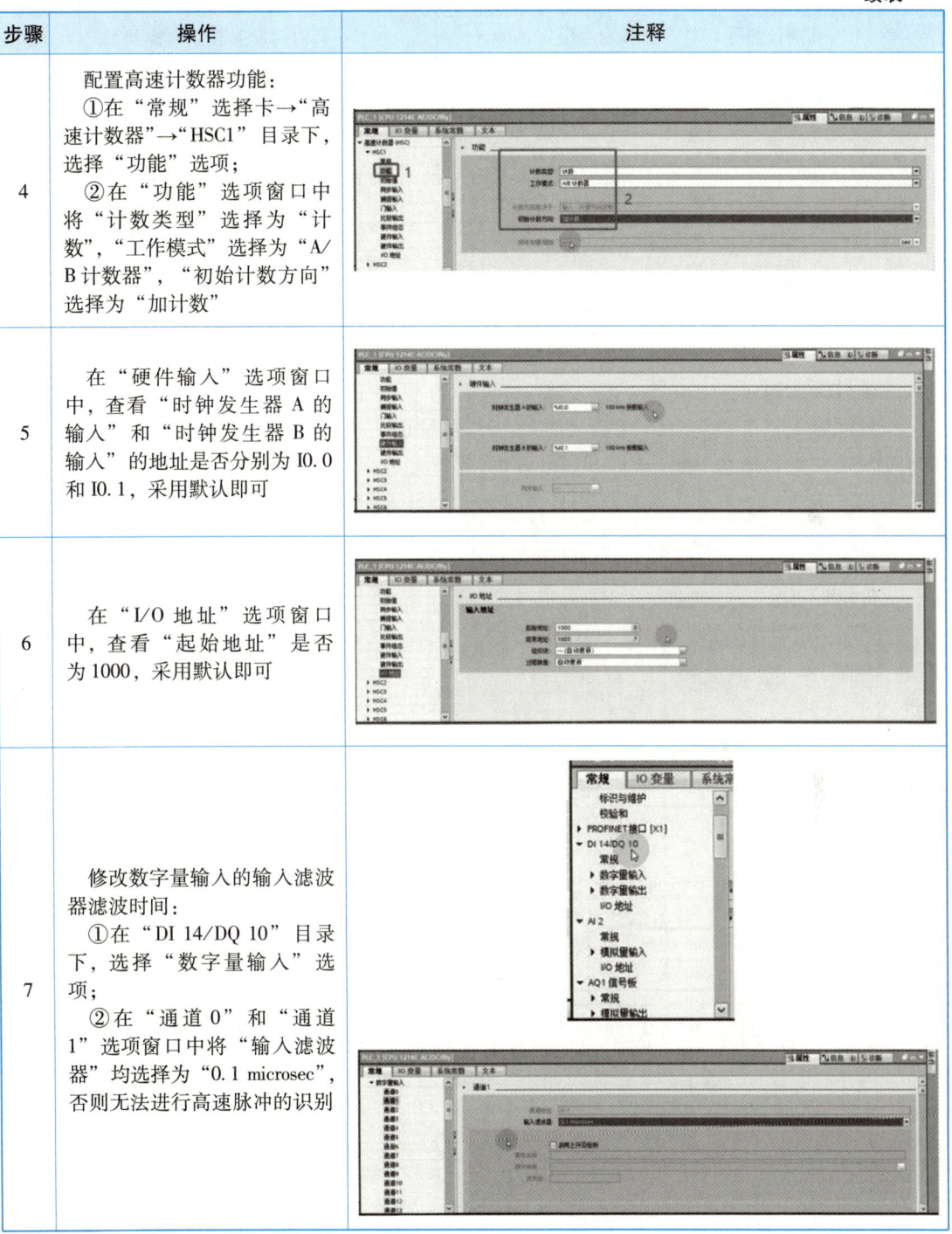

引导问题9：S7-1200系列PLC中内置了6个高速计数器。当"工作模式"选择为"A/B计数器"时，它们之间的主要区别是脉冲输入时"硬件输入"所使用的输入地址不同。请读者通过查看PLC硬件属性完成表5-3-4中高速计数器在"A/B计数器"工作模式下的硬件输入地址的填写。

表5-3-4 不同高速计数器时钟发生器的硬件输入地址

序号	高速计数器	时钟发生器 A 的输入	时钟发生器 B 的输入
1	HSC1	I0.0	I0.1
2	HSC2		
3	HSC3		
4	HSC4		
5	HSC5		
6	HSC6		

表5-3-4中HSC1~HSC6的6个高速计数器其功能都一致，在选择时只需要参考实际设备的硬件接线即可。

引导问题10：图5-3-8是编码器的电气接线图，从图中可以看出，PLC的输入地址DI a.0对应编码器的____相，DI a.1对应编码器的____相（默认情况下a=0）。因此，请大家思考采用图5-3-8所示的接线PLC能否启用HSC2~HSC6的高速计数器，为什么？

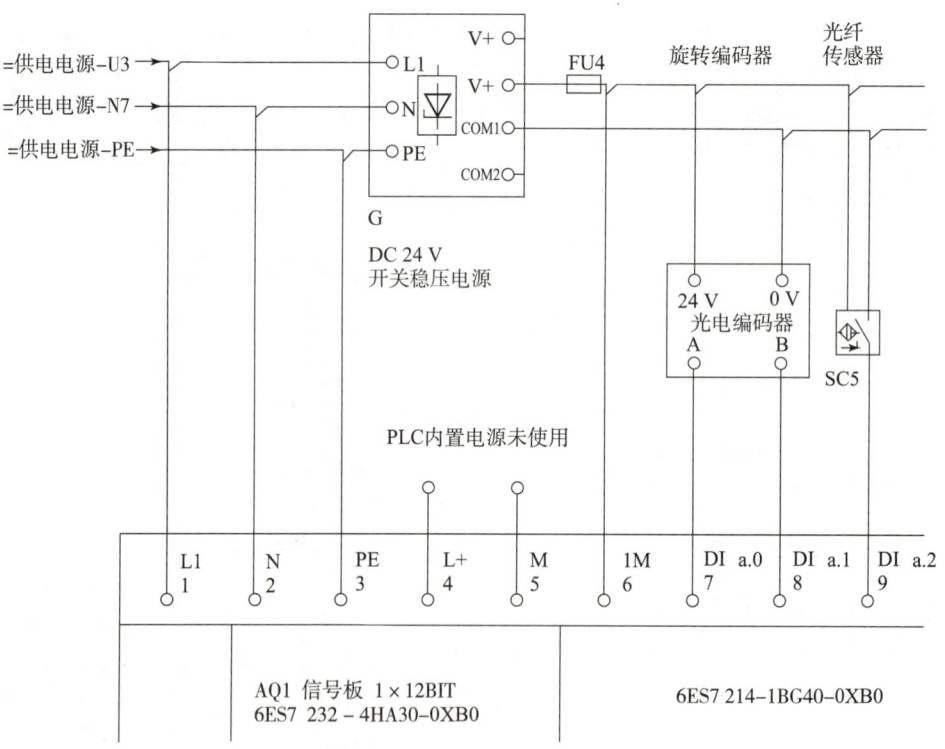

图5-3-8 编码器的电气接线图

（2）编写高速计数器控制程序。

引导问题11：回顾高速计数器配置的内容，编码器的硬件输入地址中A相脉冲地址为_____，B相脉冲地址为_____。高速计数器数据的输入地址为_____。读者在编程过程中，一定要搞清楚这两个地址的区别。

在 PLC 中组态好高速计数器后，就可以开始进行高速计数器控制程序的编写。编程的目的是获取编码器输入的脉冲数，因此在编程时只要能够读取到其输入数值即可。具体的操作步骤如下：

步骤	操作	注释
1	脉冲数的读入： ①在组态好的 PLC 中，打开程序块 OB1； ②在 OB1 中添加 MOVE 指令，并在输入端填写编码器的输入地址 ID1000：P（：P 表示读取）	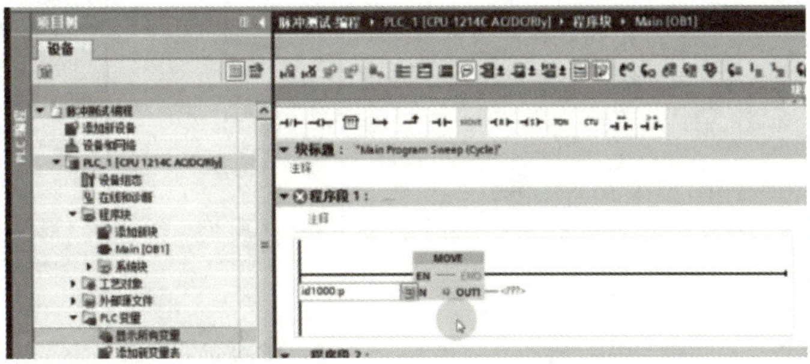
2	脉冲数的写出： ①在 MOVE 指令的 OUT 端使用一个中间存储器“MD100”保存从编码器读取的脉冲数； ②为方便查看，可将中间存储器的变量名称修改为“脉冲数”	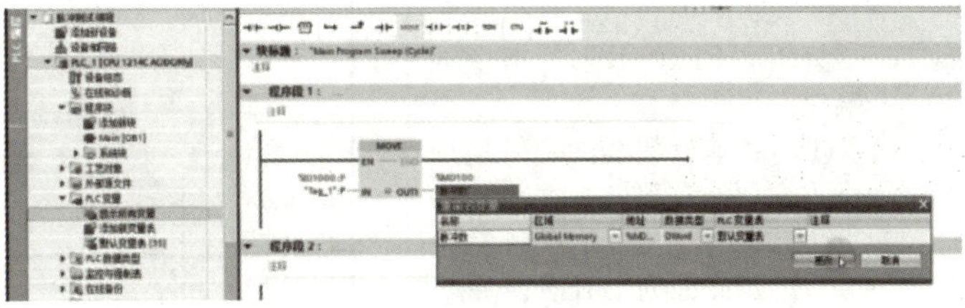
3	添加高速计数器控制指令： ①展开指令集中的“工艺”指令集； ②在“计数”指令集中找到“其他”指令集中的“CTRL_HSC”，并双击添加； ③在弹出的“调用调试”窗口中，单击“确定”按钮即可	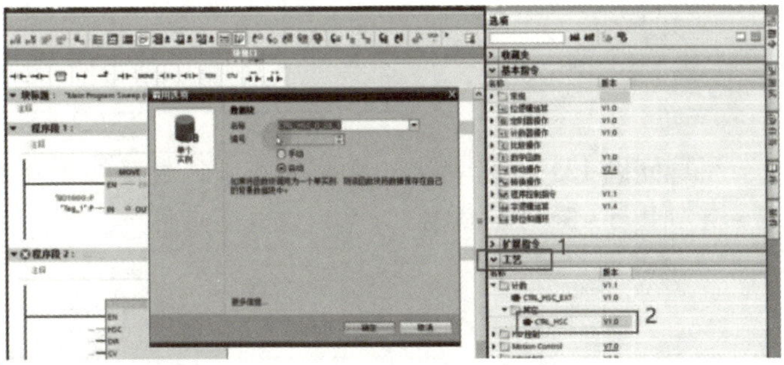
4	查看“CTRL_HSC”指令的端口： ①选中“CTRL_HSC”指令，按下键盘上的“F1”键； ②弹出右图所示的帮助界面，即可查看各端口的含义	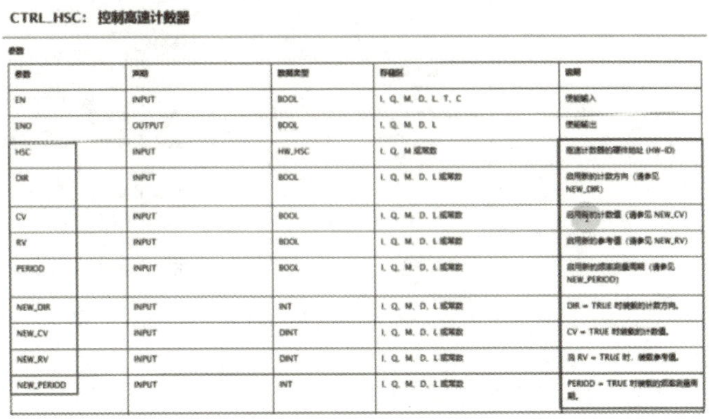

CTRL_HSC：控制高速计数器

参数

参数	声明	数据类型	存储区	说明
EN	INPUT	BOOL	I、Q、M、D、L、T、C	使能输入
ENO	OUTPUT	BOOL	I、Q、M、D、L	使能输出
HSC	INPUT	HW_HSC	I、Q、M 或常数	高速计数器的硬件标识 (HW-ID)
DIR	INPUT	BOOL	I、Q、M、D、L 或常数	启用新的计数方向（请参见 NEW_DIR）
CV	INPUT	BOOL	I、Q、M、D、L 或常数	启用新的计数值（请参见 NEW_CV）
RV	INPUT	BOOL	I、Q、M、D、L 或常数	启用新的参考值（请参见 NEW_RV）
PERIOD	INPUT	BOOL	I、Q、M、D、L 或常数	启用新的频率测量周期（请参见 NEW_PERIOD）
NEW_DIR	INPUT	INT	I、Q、M、D、L 或常数	DIR = TRUE 时装载的计数方向。
NEW_CV	INPUT	DINT	I、Q、M、D、L 或常数	CV = TRUE 时装载的计数值。
NEW_RV	INPUT	DINT	I、Q、M、D、L 或常数	当 RV = TRUE 时，装载参考值。
NEW_PERIOD	INPUT	INT	I、Q、M、D、L 或常数	PERIOD = TRUE 时装载的频率测量周期。

续表

步骤	操作	注释
5	查询高速计数器的硬件地址： ①打开 PLC 默认变量表； ②将默认变量表切换至系统常量； ③查看常量名为"Local_HSC_1"的值为 257	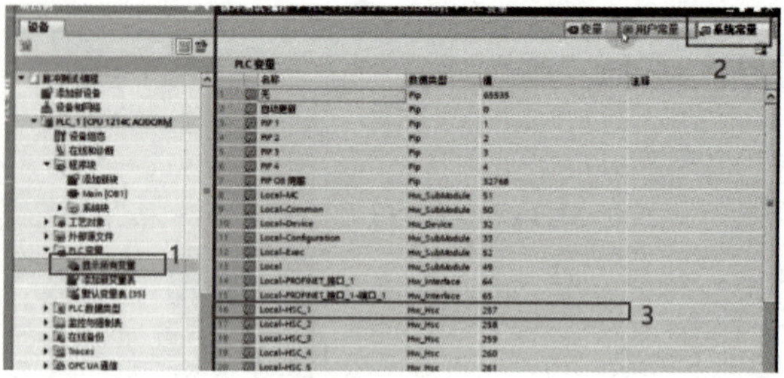
6	编辑"CTRL_HSC"指令的端口： ①将高速计数器的硬件地址修改为"257"； ②添加启用新值的触发条件，注意此处为上升沿； ③确认新值的初始值为"0"	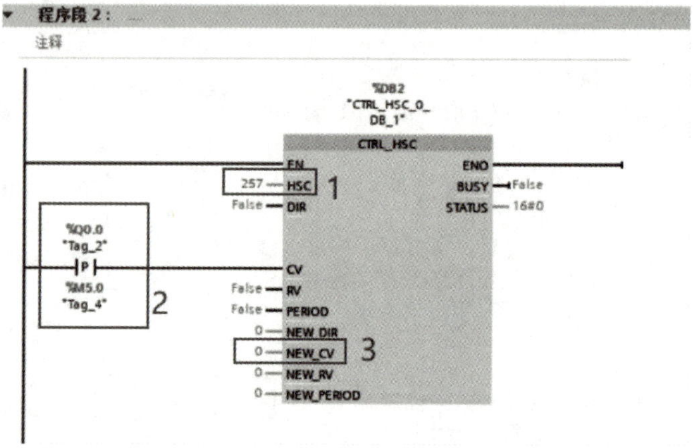

引导问题 12：思考一下，在编写高速计数器控制程序时，如果不使用高速计数器控制指令（见图 5-3-9）或者"CV"端口不启用会产生什么样的结果？

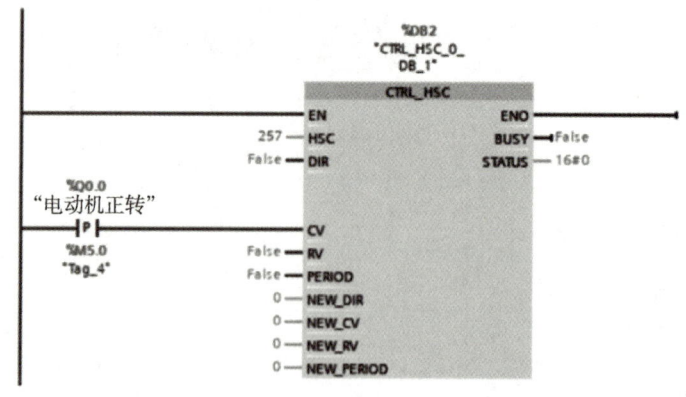

图 5-3-9 高速计数器控制指令"CTRL_HSC"

（3）编写脉冲测试程序。

高速计数器的控制程序是无法实现脉冲测试功能的，想要实现脉

分拣单元的脉冲测试

冲测试功能就必须让电动机运转起来。电动机通过带动编码器源源不断地产生脉冲，才能进行脉冲数的收集，测量出入料口距各区域中心位置的距离。具体的操作步骤如下：

步骤	操作	注释
1	电动机上电： ①添加"启动按钮"； ②置位 Q0.0，给电动机上电	%I1.3 "启动按钮" —— %Q0.0 "电动机正转" (S)
2	电动机频率的输入： ①添加标准化指令"NORM_X"； ②添加缩放指令"SCALE_X"	（见图 5-3-10）
3	电动机停止： ①添加"停止按钮"； ②复位 Q0.0，给电动机断电	%I1.2 "停止按钮" —— %Q0.0 "电动机正转" (R)

引导问题 13：使用变频器控制电动机时，要想让电动机转动，除了需要给电动机上电外，还需要通过变频器给电动机特定的频率。结合任务要求和"NORM_X"和"SCALE_X"指令（见图 5-3-10）的帮助信息，完成表 5-3-5 的填写。

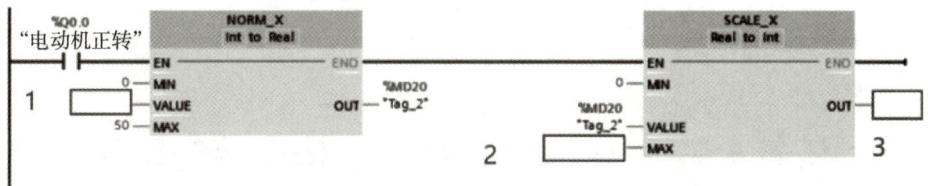

图 5-3-10　变频器频率输入指令

表 5-3-5　变频器频率输入指令的数值和含义

填空	数值	含义
1		
2		
3		

脉冲测试程序调试正确后，即可进行脉冲测试。

引导问题 14：参考图 5-3-7，分别测量入料口至检测区中心、1 号料槽中心、2 号料槽中心和 3 号料槽中心的脉冲数，并填写在表 5-3-6 中。每个位置至少需要测量 3 次，并求出平均脉冲数。测量过程中务必耐心，确保每个位置脉冲数的最大值和最小值相差不超过 20 个脉冲。

表 5-3-6　入料口至不同区域的距离对应的脉冲数

名称	第 1 次测量	第 2 次测量	第 3 次测量	平均值
入料口至检测区中心				
入料口至 1 号料槽中心				
入料口至 2 号料槽中心				
入料口至 3 号料槽中心				

5.3.6　任务评价

各组组员独立完成"编码器结构"和"编码器工作原理"部分的任务，并通过小组互评完成评分。各组以小组分工的形式完成"脉冲测试"部分的任务，以小组互评的形式完成本任务的评价，并填写在表 5-3-7 中。

表 5-3-7　任务评价表

序号	任务点	得分
1	编码器结构（30 分）	
2	编码器工作原理（30 分）	
3	脉冲测试（40 分）	
4	合计得分	

任务 5-4　分拣单元机械结构安装与调试

5.4.1　任务描述

本任务将进行分拣单元的机械安装，各级技能大赛也将机械单元的拆装作为重要的技能考核点。同时，机械拆装是当前企业所需的基本技能之一。

分拣单元机械拆装总体来说与供料单元、加工单元和装配单元的拆装类似，拆装过程中也务必要细心、耐心，在每一次技能实操中积累技能经验。

5.4.2　任务目标

（1）能够正确安装分拣单元的分拣料槽、电动机传动组件等；
（2）能够正确调整电动机轴与传送带轴的同轴度；
（3）能够正确安装传送带，并进行传送带中心距的调整。

5.4.3　任务分组

学生任务分配表如表5-4-1所示。

表5-4-1　学生任务分配表

班级		小组名称		组长	
小组成员及分工					
序号	学号	姓名	任务分工		

5.4.4　任务分析

本任务需要完成以下内容：
(1) 将分拣单元的各个零件首先安装成具有一定结构的组件；
(2) 将各功能组件进行总装，安装成具有特定结构的装置；
(3) 对总装好的装置进行机械结构调试，并进行气路的连接。
在进行安装前，首先观看学习平台上关于分拣单元的机械安装过程视频，并进行小组分工，将分工计划填写在表5-4-1中。

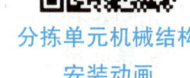

分拣单元机械结构安装动画

5.4.5　任务实施

1. 分拣单元零件组装

分拣单元的机械结构可分为传动带驱动电动机构以及传送带组件和分拣料槽机构。

引导问题1：安装前首先进行拆装工具的清点。将分拣单元安装所用到的工具填写在表5-4-2中。

表5-4-2　机械安装工具清单

序号	工具名称	序号	工具名称
1		6	
2		7	
3		8	
4		9	
5		10	

引导问题2：清点好机械安装所需的工具后，接下来进行小组讨论，制订分拣单元各机械组件的安装顺序计划表，并将计划填写在表5-4-3中。

分拣单元机械结构安装

表5-4-3 分拣单元机械组件安装顺序计划表

安装步骤	安装内容	使用工具
传送带组件		
驱动电动机机构		
分拣料槽机构		

分拣单元各机械组件安装过程中除了需要注意工具的规范使用外，还需要注意以下几点：

（1）编码器尽量在安装完其他零件后再进行安装，避免安装过程中尖锐工具损坏编码器；

（2）传送带托板与传送带两侧板的固定位置应调整好，避免安装后出现传送带凹陷，造成推料时卡住；

（3）主动轴和从动轴的安装位置不可装反；

（4）主动轴和从动轴的安装板的位置也不可进行调换。

2. 分拣单元组件总装

分拣单元各机械组件的总装顺序可以是多样的，但是不管哪种总装策略，传送带组件都需要先固定在安装底板上。

引导问题3：小组讨论，制订分拣单元各机械组件总装的顺序计划表，并将计划填写在表5-4-4中。

表5-4-4 分拣单元机械组件总装顺序计划表

总装顺序	总装顺序理由	总装者
传送带组件		

在分拣单元各机械组件总装过程中，一定要注意电动机轴和传送带主动轴的同轴度，总装时需要边安装边旋转观察。

3. 分拣单元的机械结构调试

分拣单元的机械组件总装完毕后还需要对机械结构进行调试。机械结构的调试可分为静态调试和动态调试。静态调试的主要目的是检查各机械组件安装是否正确和牢固。动态调试的目的主要是确保分拣单元传送带能够平稳运行，不产生打滑和跑偏的现象。

分拣单元机械结构调试

引导问题4：小组分工完成分拣单元机械部分调试，并将调试过程中发现的问题填写在表5-4-5中。

表 5-4-5　分拣单元机械部分调试记录

调试项目	调试中出现的问题	调试者
静态调试		
动态调试		

4. 分拣单元的气路连接与调试

分拣单元的气路连接与调试的过程同供料单元、加工单元和装配单元。

引导问题 5：小组分工完成分拣单元气动控制回路的连接、调试和工艺绑扎，并进行组间评分，将分值填写在表 5-4-6 中。

分拣单元气路连接与调试

表 5-4-6　分拣单元气路连接与调试评分表

序号	评分项目	评分标准	分值	得分
1	气动回路图绘制	（1）电磁阀绘制错误，每处扣 2 分； （2）单向节流阀绘制错误，每处扣 2 分； （3）气缸初始状态错误，每处扣 1 分	20 分	
2	气动回路连接	（1）气路连接未完成或有错，每处扣 1 分； （2）气路连接有漏气现象，每处扣 0.5 分； （3）气管太长或太短，每处扣 0.5 分	25 分	
3	气动回路调试	（1）气缸节流阀调节不当，每处扣 1 分； （2）气缸初始状态不对，每处扣 2 分	25 分	
4	气管绑扎	（1）气路连接凌乱，扣 4 分； （2）气管没有绑扎，每处扣 2 分； （3）气管绑扎不规范，每处扣 2 分	20 分	
5	职业素养与安全意识	（1）现场操作安全保护不符合安全操作规程，扣 1 分； （2）工具摆放、包装物品、导线线头等的处理不符合职业岗位的要求，扣 1 分； （3）团队配合不紧密，扣 1 分； （4）不爱惜设备和器材，工位不整洁，扣 1 分	10 分	

5.4.6　任务评价

各组完成本任务后，将任务实施各环节的各任务点进行组间互评，并填写在表 5-4-7 中。

表 5-4-7　任务评价表

序号	任务点	得分
1	分拣单元零件组装（25 分）	
2	分拣单元组件总装（25 分）	

续表

序号	任务点	得分
3	分拣单元的机械结构调试（25分）	
4	分拣单元的气路连接与调试（25分）	
5	合计得分	

任务 5-5　分拣单元电气接线与调试

5.5.1　任务描述

在完成分拣单元机械安装和气动控制回路连接与调试后，工作单元想要正常运行，则进行电气线路的连接是必不可少的。变频器的接线已在任务 5-2 中进行了讲解，本任务主要介绍分拣单元的传感器、电磁阀和指示灯等元件的接线。

5.5.2　任务目标

（1）能够正确设计分拣单元的电气控制原理图；
（2）能够根据接线图正确连接编码器；
（3）能够根据所设计的电气控制原理图进行电气线路的连接与调试。

5.5.3　任务分组

学生任务分配表如表 5-5-1 所示。

表 5-5-1　学生任务分配表

班级		小组名称		组长	
小组成员及分工					
序号	学号	姓名	任务分工		

5.5.4 任务分析

通过观看相关视频资料的讲解,本任务需要完成以下内容:
(1) 根据各元件接线端口信号端子的分配,绘制 PLC 接线原理图。
(2) 根据绘制的 PLC 接线原理图,进行元件电气回路的连接。
(3) 对连接好的电气回路进行调试,确保设备能够正常运行。

分拣单元电气接线

在进行安装前,先观看学习平台上关于分拣单元的电气回路连接过程的视频,并进行小组分工,将初步分工计划填写在表 5-5-1 中。

5.5.5 任务实施

1. 分拣单元的电气控制原理图设计与绘制

引导问题 1:线路连接前首先进行工具的清点。将分拣单元电气连接所用到的工具填写在表 5-5-2 中。

表 5-5-2 分拣单元电气连接所用工具清单

序号	工具名称	序号	工具名称
1		6	
2		7	
3		8	
4		9	
5		10	

分拣单元装置侧的接线端口信号端子的分配和 I/O 信号表如表 5-5-3 和表 5-5-4 所示。

表 5-5-3 分拣单元装置侧的接线端口信号端子的分配

输入端口中间层			输出端口中间层		
端子号	设备符号	信号线	端子号	设备符号	信号线
2	DECODE	旋转编码器 B 相	2	1Y	推杆 1 电磁阀
3	DECODE	旋转编码器 A 相	3	2Y	推杆 2 电磁阀
4		旋转编码器 Z 相			
5	SC1	进料口工件检测	4	3Y	推杆 3 电磁阀
6	SC2	电感传感器			
7	SC3	光纤传感器 1			
8					
9					

续表

输入端口中间层			输出端口中间层		
端子号	设备符号	信号线	端子号	设备符号	信号线
10	1B	推杆1推出到位			
11	2B	推杆2推出到位			
12	3B	推杆3推出到位			
13#～17#端子未连接			5#～14#端子未连接		

表5-5-4 分拣单元PLC的I/O信号表

输入信号				输出信号			
序号	输入点	信号名称	信号来源	序号	输出点	信号名称	信号来源
1	I0.0	旋转编码器B相	装置侧	1	Q0.0	电动机启动	装置侧
2	I0.1	旋转编码器A相		2	Q0.1		
3	I0.2	旋转编码器Z相预留		3	Q0.2		
4	I0.3	进料口工件检测		4			
5	I0.4	电感传感器		5	Q0.3		
6	I0.5	光纤传感器1		6	Q0.4		
7	I0.6			7	Q0.5		
8	I0.7	推杆1推出到位		8	Q0.6		
9	I1.0	推杆2推出到位		9	Q0.7		按钮/指示灯模块
10	I1.1	推杆3推出到位		10	Q1.0		
11	I1.2	启动按钮	按钮/指示灯模块				
12	I1.3	停止按钮					
13	I1.4						
14	I1.5	单站/全线					

引导问题2：根据表5-5-3和表5-5-4，小组讨论完成分拣单元电气控制回路的设计与绘制。制订分拣单元电气控制回路设计与绘制计划表，并将计划填写在表5-5-5中。

表5-5-5 分拣单元电气回路设计计划表

电气回路	拟使用的元件	设计与绘制者
变频器		
传感器		
电磁阀与指示灯		

2. 分拣单元的电气接线

本单元电气元件的接线与供料单元、加工单元及装配单元类似。但需要说明的是，在进行编码器接线时要格外注意编码器的电源线不要接错，同时 A、B 相脉冲输入信号不要出现反接的情况。此外，编码器属于精密的位置测量传感器，接线时一定要确保导线接触良好，并接地进行干扰信号的屏蔽。

引导问题 3：小组讨论，制订分拣单元电气连接的顺序与分工计划表，并将计划填写在表 5-5-6 中。

表 5-5-6　分拣单元电气连接顺序与分工

电气元件	元件详情	操作员
传感器		
电磁阀与指示灯		

3. 分拣单元的电气线路调试

分拣单元电气部分的调试可分为输入信号调试和输出信号调试。调试过程中主要查看各信号的地址与表 5-5-3 端子分配表和表 5-5-4 各电气元件的 I/O 分配表是否一致。

引导问题 4：小组分工完成分拣单元电气部分调试，并将调试过程中发现的问题填写在表 5-5-7 中。

分拣单元电气调试

表 5-5-7　分拣单元电气部分调试记录

调试项目	调试中出现的问题	调试者
输入信号调试		
输出信号调试		

5.5.6　任务评价

各组完成本任务后，使用表 5-5-8 进行组间互评。

表 5-5-8　分拣单元电气接线与调试评分表

序号	评分项目	评分标准	分值	得分
1	电气原理图设计与绘制	电气原理图绘制错一处扣 0.1 分	10 分	
2	电气连接	①I/O 分配表信号与实际连接信号不符，每处扣 2 分； ②端子排插接不牢或超过 2 根导线，每处扣 1 分	30 分	
3	工艺规范	①电路接线凌乱扣 2 分； ②未规范绑扎，每处扣 2 分； ③未压冷压端子，每处扣 1 分； ④有电线外露，每处扣 0.5 分	30 分	
4	电气调试	①不能描述信号的流向与连接，扣 10 分； ②不会使用仪表量具进行调试，扣 10 分。 （小组任意一位同学示范操作）	20 分	

续表

序号	评分项目	评分标准	分值	得分
5	职业素养与安全意识	①现场操作安全保护不符合安全操作规程，扣2分； ②工具摆放、包装物品、导线线头等的处理不符合职业岗位的要求，扣3分； ③团队配合不紧密，扣2分； ④不爱惜设备和器材，工位不整洁，扣3分	10分	
6		合计	100	

任务 5-6　分拣单元 PLC 编程与调试

5.6.1　任务描述

设备的工作目标是完成对白色芯金属工件、白色芯塑料工件和黑色芯的金属或塑料工件进行分拣。为了在分拣时准确推出工件，要求使用旋转编码器做定位检测，并且工件材料和芯体颜色属性应在推料气缸前的适当位置被检测出来。具体控制要求如下。

1. 单元初始状态检测

设备上电和气源接通后，若工作单元的三个气缸均处于缩回位置，则"正常工作"指示灯 HL1 常亮，表示设备已准备好。否则，该指示灯以 1 Hz 频率闪烁。

2. 单元启动运行

若设备已准备好，按下启动按钮，系统启动，"设备运行"指示灯 HL2 常亮。当传送带入料口人工放下已装配的工件时，变频器立即启动，驱动传动电动机以 20 Hz 的固定频率，把工件带往分拣区。

如果工件为白色芯金属工件，则该工件到达 1 号滑槽中间时，传送带停止，工件被推到1 号槽中；如果工件为白色芯塑料工件，则该工件到达 2 号滑槽中间时，传送带停止，工件被推到 2 号槽中；如果工件为黑色芯，则该工件到达 3 号滑槽中间时，传送带停止，工件被推到 3 号槽中。工件被推出滑槽后，该工作单元的一个工作周期结束。仅当工件被推出滑槽后，才能再次向传送带下料。

3. 单元停止

如果在运行期间按下停止按钮，该工作单元在本工作周期结束后停止运行。

5.6.2　任务目标

（1）能够完成分拣单元准备就绪、运行与停止状态的 PLC 程序编制；
（2）能够根据分拣单元动作画出选择序列的顺序控制功能流程图；

（3）能够编写顺序功能流程图的 PLC 程序；
（4）能够完成分拣单元的 PLC 程序调试与运行。

5.6.3 任务分组

学生任务分配表如表 5-6-1 所示。

表 5-6-1 学生任务分配表

班级		小组名称		组长	
小组成员及分工					
序号	学号	姓名	任务分工		

5.6.4 任务分析

引导问题 1：为了实现"变频器以 20 Hz 的频率驱动电动机正转，把工件带往分拣区"的控制，请在图 5-6-1 的程序虚线框中填入适当的内容。根据任务 5-2 的内容可知，电动机正转信号由 PLC 的 Q＿＿＿＿控制。

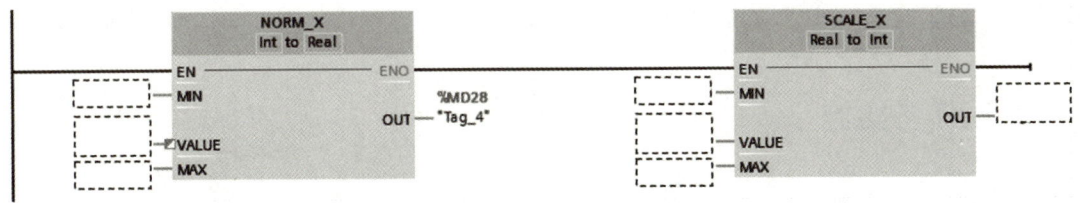

图 5-6-1 模拟量程序段

引导问题 2：工件被送到分拣区时，检测工件材质属性的传感器是＿＿＿＿＿＿＿＿，其 PLC 对应的地址是＿＿＿＿，检测芯料颜色的传感器是＿＿＿＿＿＿＿＿，其对应的地址是＿＿＿＿。

引导问题 3：分拣单元通过＿＿＿＿＿＿＿＿实现传送带位置的检测。在图 5-6-2 程序段的虚线框中填入适当的内容，其中"257"表示＿＿＿＿＿＿＿＿。

引导问题 4：如果在学习过程中没有按 I/O 分配表接线，则需要根据现场设备的接线，查找 PLC 对应的 I/O 地址，并将查找的地址填入表 5-6-2 中。

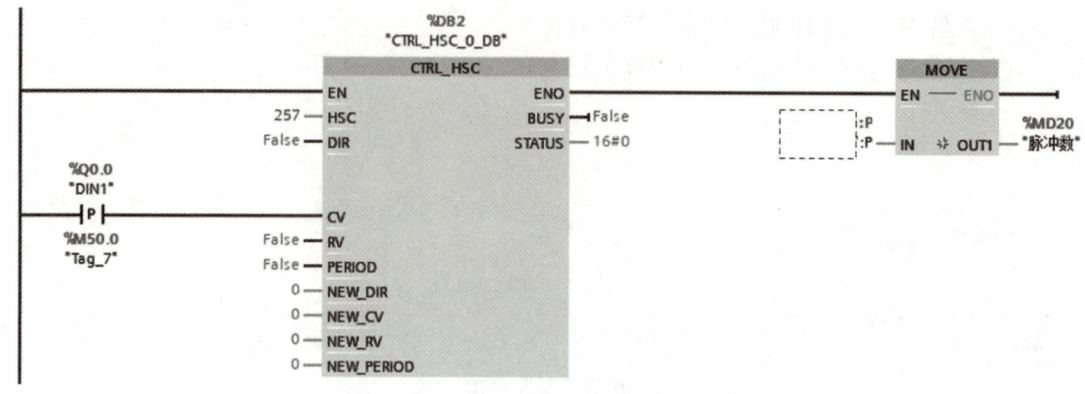

图 5-6-2 高速计数器程序段

表 5-6-2 分拣单元 PLC 的 I/O 信号表

序号	PLC 输入地址	信号名称	序号	PLC 输出地址	信号名称
1		旋转编码器 B 相	1		电动机启动正转
2		旋转编码器 A 相	2		电动机启动反转
3		进料口工件检测	3		推杆 1 电磁阀线圈
4		电感传感器	4		推杆 2 电磁阀线圈
5		光纤传感器	5		推杆 3 电磁阀线圈
6		推杆 1 推出到位	6		黄色指示灯 HL1
7		推杆 2 推出到位	7		绿色指示灯 HL2
8		推杆 3 推出到位	8		红色指示灯 HL3
9		停止按钮 SB2			
10		启动按钮 SB1			
11		急停按钮 QS			
12		选择开关 SA			

5.6.5 任务实施

1. PLC 程序编写

(1) 分拣单元状态定义。

分拣单元的准备就绪、启动运行及停止状态程序的编写与前三个单元相同。

(2) 分拣动作程序编写。

分拣单元的分拣动作控制与前三个单元有区别,前者为单序列顺控,后者的顺序控制为选择序列。

引导问题 5:根据分拣单元分拣动作要求,理解并填写图 5-6-3 所示的分拣动作顺序控制功能流程图缺失的内容。

选择性分支
流程图的绘制

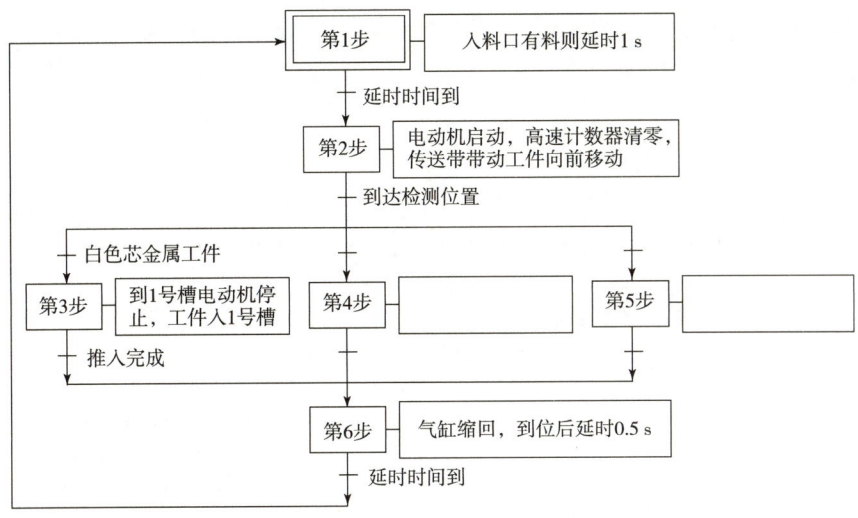

图 5-6-3 分拣动作顺序控制功能流程图

在编写分拣动作程序时需要将图 5-6-3 转换成 PLC 梯形图，将程序写在一个"分拣控制"的 FC 块中，并在运行时有条件调用。

程序的第 2 步，电动机启动时，其频率由"频率及高速计数器"FC 块中的程序段实现，模拟量的频率给定由图 5-6-1 实现，高速计数器的清零由图 5-6-2 程序段实现，该 FC 块由主程序直接无条件调用。

引导问题 6：图 5-6-4 为分拣动作对应的第 2 步程序梯形图，在程序段 2 的虚线框中填入适当的内容，在空白处写出图 5-6-3 中第 4 步的 PLC 程序梯形图并理解程序。

选择性分支控制编程

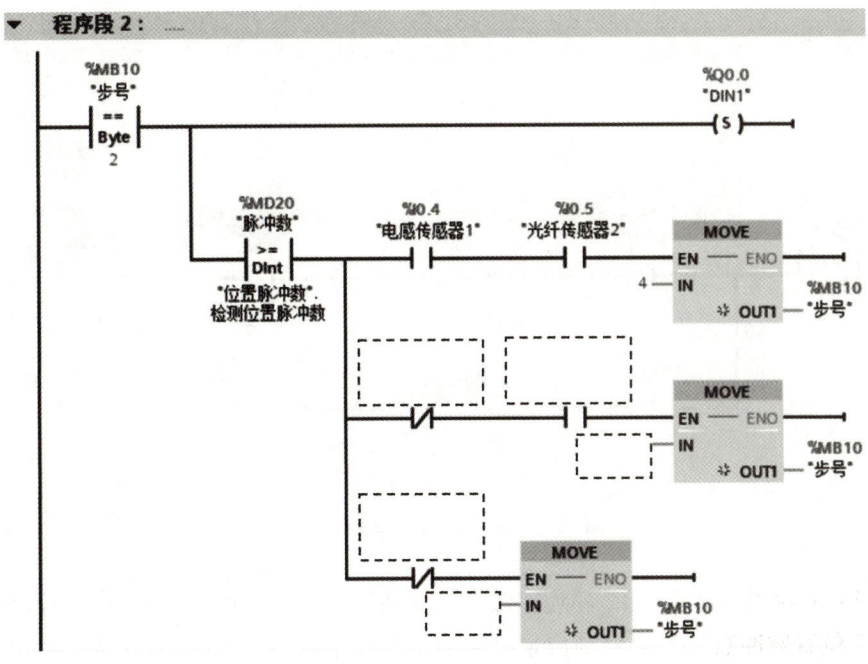

图 5-6-4 分拣动作顺序控制 PLC 梯形图

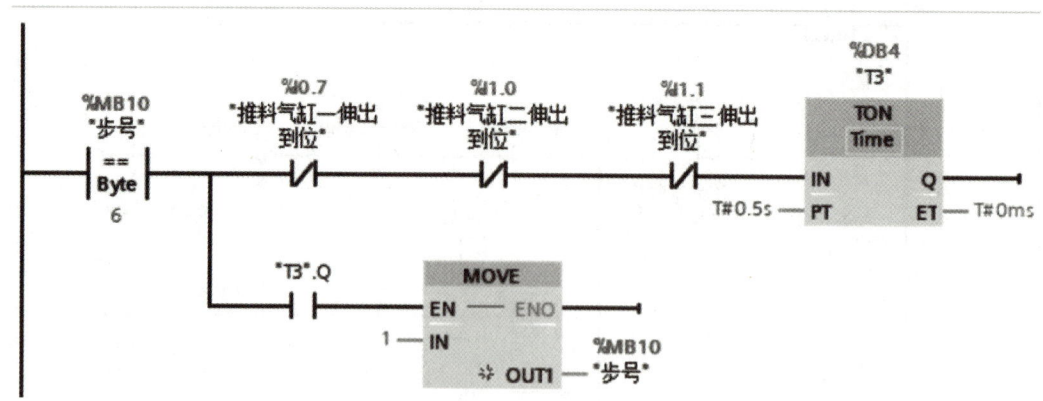

图 5-6-4 分拣动作顺序控制 PLC 梯形图（续）

在图 5-6-4 中的程序段 2 和程序段 3 比较指令中的 ""位置脉冲数". 检测位置脉冲数"和 ""位置脉冲数"." 1 号槽位置脉冲数"" 为任务 5-3 中脉冲测试中测试所用各位置的脉冲数，通过数据块（DB）赋值，如图 5-6-5 所示。

项目五 分拣单元安装与调试

图 5-6-5 脉冲数数据块

2. PLC 程序调试步骤

在分拣单元程序调试的过程中，比较容易出现分拣错误的问题，即工件没有按控制要求进入相应的滑槽，需要从以下方面排查问题：

（1）判断检测传感器是否调整正确。检查金属传感器的检测距离及光纤传感器的灵敏度。

分拣单元程序
调试视频

（2）检查编码器与轴的连接是否正常。可以通过直接查看转动情况或通过监控脉冲数是否正常地增加进行判断。

（3）查看检测位置是否正确。如果传感器可以正确检测，则需要通过监控 PLC 程序查看高速计数器的脉冲数是否正常清零，如果正常清零，则可以通过重新测试检测位置的脉冲数或直接加减脉冲数进行调试。

引导问题 7：请描述在分拣单元的调试过程中出现了什么问题？是如何解决的？

5.6.6 任务评价

各小组完成分拣单元任务编程与调试后，由同学或教师评分，并完成表 5-6-3。

表 5-6-3 分拣单元编程与调试项目评分表

序号	评分项目	评分标准	分值	小组互评	教师评分
1	准备状态	就绪时 HL1 常亮；未就绪时 HL1 以 1 Hz 频率闪烁	7 分		
2	运行状态	运行时 HL2 常亮	7 分		
3	分拣动作	运行时满足条件能正确分拣，气缸运行速度合适，没有冲击	40 分		
4	停止状态	按停止按钮能按要求停止	6 分		
5	引导问题得分		40 分		
6	总分		100 分		

项目六　输送单元的安装与调试

输送单元通过由伺服电动机驱动的同步带带动抓取机械手装置精确定位到指定单元的物料台，实现在物料台上抓取工件，把抓到的工件输送到指定地点然后放下的功能。

输送单元是 YL-335B 自动化生产线装置最重要的工作单元之一，它既可以独立完成输送操作，也可以与其他工作单元联网协同工作。在网络系统中，输送单元可以作为主站（客户端），接收来自触摸屏的系统主令信号，读取网络上各从站（服务器）的状态信息，综合分析后向各从站（服务器）发送控制要求，协调整个系统的工作。在联网运行之前，可以先通过单机运行测试其准确定位、抓取和放料功能，这样可以为后续的联网调试打下基础。

 1. 教学目标

知识目标

◇ 熟悉输送单元的基本结构；
◇ 理解输送单元的工作过程；
◇ 掌握伺服驱动技术的工作原理及其在输送单元的应用；
◇ 掌握单电控和双电控电磁换向阀的不同点和控制要求；
◇ 掌握输送单元的 PLC 程序设计。

能力目标

◇ 能够熟练安装与调试输送单元的机械、电路和气路，保证硬件部分正常工作；
◇ 能够根据控制任务要求对输送单元的伺服驱动系统进行正确接线和参数设置；
◇ 能够编写 PLC 程序实现对伺服电动机的运动控制；
◇ 能够设计并绘制输送单元 PLC 的 I/O 接线图；
◇ 能够根据输送单元输送运行控制要求画出其顺序控制功能流程图；
◇ 能够完成输送单元的 PLC 程序调试与运行。

素质目标

◇ 通过完成机械、电气与气路的安装与调试，培养学生团队合作能力；
◇ 通过查阅伺服驱动器手册，培养学生善于解决问题的实践能力和职业精神；
◇ 通过输送单元伺服控制编程调试，培养学生精益求精的工匠精神。

2. 项目实施流程

根据输送单元项目任务的描述和机电设备生产的工作流程，完成本项目任务需要完成以下工作：

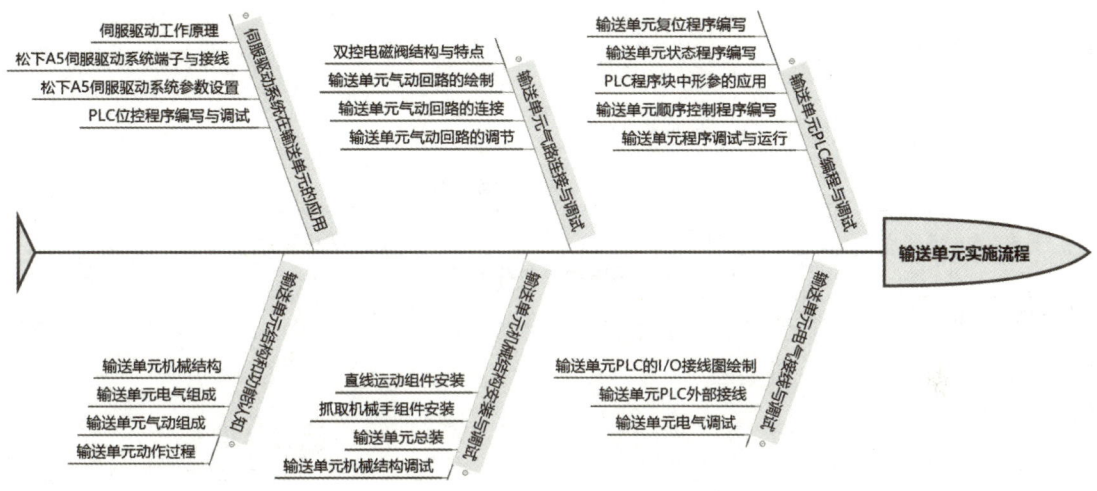

任务 6-1　输送单元结构和功能认知

6.1.1　任务描述

输送单元的全景如图 6-1-1 所示。本任务需要完成输送单元结构和工作过程认识，熟悉各组成部分的结构和名称，并写出输送单元单机时准确定位到指定单元完成抓料、放料过程的动作流程。

图 6-1-1　输送单元全景图

6.1.2 任务目标

（1）熟悉输送单元的基本组成；
（2）理解输送单元的工作过程；
（3）能够描述输送单元的基本构成及单机动作流程。

6.1.3 任务分组

学生任务分配表如表 6-1-1 所示。

表 6-1-1 学生任务分配表

班级		小组名称		组长	
小组成员及分工					
序号	学号	姓名	任务分工		

6.1.4 任务分析

引导问题 1：请根据输送单元视频、图片及实物结构，将图 6-1-2 中的结构名称对应的序号填入表 6-1-2 中。

输送单元机械结构

图 6-1-2 输送单元实物图

表 6-1-2　输送单元结构名称

序号	名称	序号	名称
	抓取机械手装置		铝合金 T 形工作台
	原点开关		直线运动传动组件
	伺服驱动器		伺服电动机
	左限位开关		拖链
	电磁阀组		右限位开关

引导问题 2：根据图 6-1-3 所示图片，描述机械手抓取装置由哪些气缸组成？各有什么作用？其对应控制的电磁换向阀有什么特点？

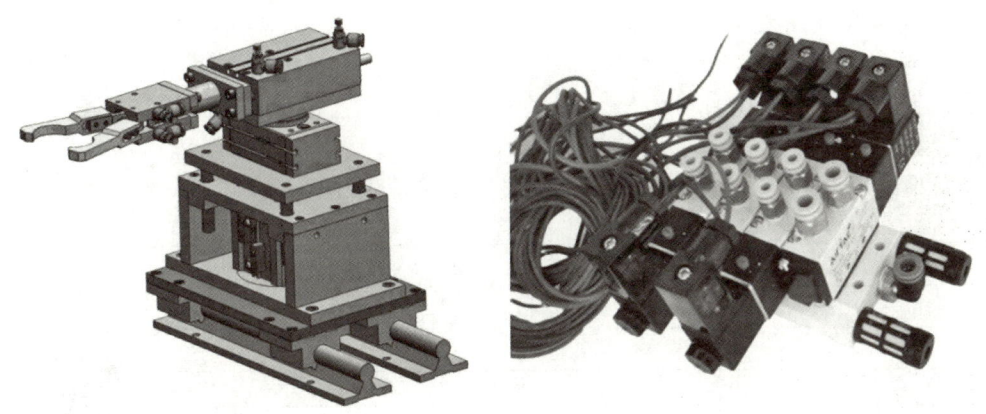

图 6-1-3　机械手抓取装置及电磁阀组

6.1.5　任务实施

引导问题 3：通过观看视频或现场设备动作过程，回答以下问题：

（1）输送单元共安装了____个传感器。其中磁性开关有____个，主要作用是_____；微动开关有____个，主要作用是_____；金属传感器有____个，主要作用是_____。

（2）图 6-1-4 为微动开关，其有两个触点，输送单元微动开关的常开触点接到（　　），常闭触点接到（　　）。

A. PLC 输入端子　　B. PLC 输出端子　　C. 伺服驱动器 I/O 端子

输送单元电气组成

图 6-1-4 微动开关

（3）输送单元的直线运动由伺服电动机带动（　　）实现。

A. 同步带　　　　B. 丝杆螺母　　　C. 齿轮齿条　　　D. 平带

（4）输送单元的机械结构主要由_____组件和_____组件组成。

（5）输送单元的 PLC 由 CPU _____和扩展模块_____组成。PLC 的输出类型为_____型。

（6）通过观看输送单元单机测试动作，请写出其动作过程。

_____
_____
_____
_____。

6.1.6　任务评价

各组完成描述输送单元结构及动作过程介绍的视频录制，在线上展示，并完成表 6-1-3 的评价。

输送单元动作
分析视频

表 6-1-3　任务评价表

序号	任务	分值	学生互评	教师评价
1	引导问题完成情况	50 分		
2	视频完成速度排名	10 分		
3	作品质量情况	15 分		
4	语言表达能力	15 分		
5	小组成员合作情况	10 分		

6.1.7　知识链接

1. 输送单元的组成与结构

输送单元由抓取机械手装置、直线运动传动组件、拖链装置、PLC 模块和接线端口以及按钮/指示灯模块等部件组成。

（1）抓取机械手装置。

抓取机械手装置是一个能实现三自由度运动（即升降、伸缩、气动手指夹紧/松开和沿垂直轴旋转的四维运动）的工作单元，该装置整体安装在直线运动传动组件的滑动溜板上，在传动组件带动下整体做直线往复运动，定位到其他各工作单元的物料台，然后完成抓取和放下工件的功能。图6-1-5是该装置实物图。

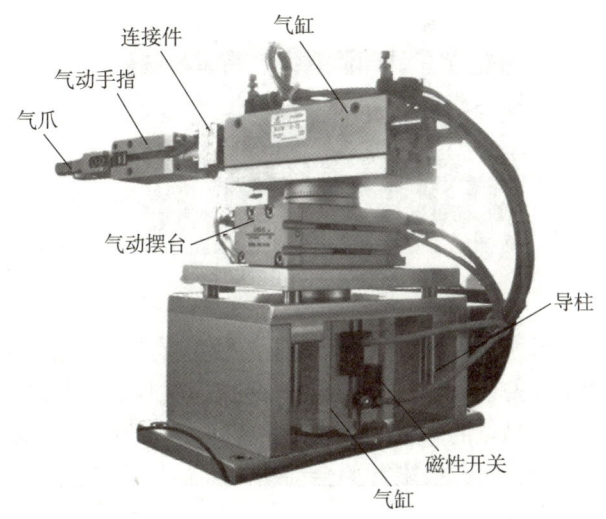

图6-1-5　机械手装置实物图

具体构成如下：

①气动手爪：用于在各个工作站物料台上抓取/放下工件，由一个二位五通双向电控阀控制。

②伸缩气缸：用于驱动手臂伸出缩回，由一个二位五通单向电控阀控制。

③回转气缸：用于驱动手臂正反向90°旋转，由一个二位五通单向电控阀控制。

④提升气缸：用于驱动整个机械手提升与下降，由一个二位五通单向电控阀控制。

（2）直线运动传动组件。

直线运动传动组件用以拖动抓取机械手装置做往复直线运动，完成精确定位的功能。图6-1-6是该组件的俯视图。

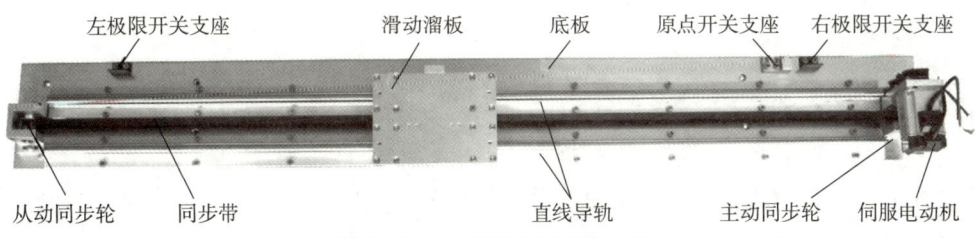

图6-1-6　直线运动传动组件

传动组件由直线导轨底板、伺服电动机与伺服放大器、同步轮、同步带、直线导轨、滑动溜板、拖链和原点接近开关、左/右极限开关等组成。

伺服电动机由伺服电动机放大器驱动，通过同步轮和同步带带动滑动溜板沿直线导轨做往复直线运动，从而带动固定在滑动溜板上的抓取机械手装置做往复直线运动。同步轮齿距为 5 mm，共 12 个齿，即旋转一周搬运机械手位移 60 mm。

抓取机械手装置上的所有气管和导线沿拖链敷设，进入线槽后分别连接到电磁阀组和接线端口上。

原点接近开关和左、右极限开关安装在直线导轨底板上，如图 6-1-7 所示。

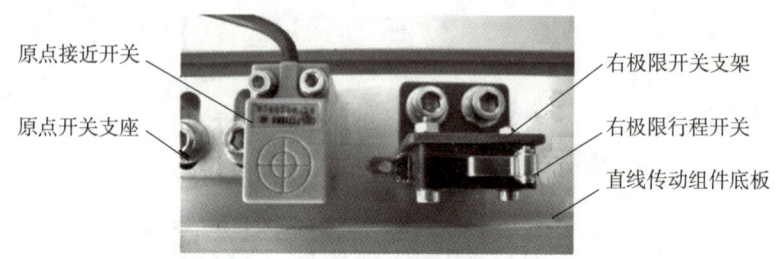

图 6-1-7　原点开关和右极限开关

原点接近开关是一个无触点的电感传感器，用来提供直线运动的起始点信号。关于电感传感器的工作原理、选用及安装注意事项请参阅项目二（供料单元控制系统实训）。

左、右极限开关均是有触点的微动开关，用来提供越程故障时的保护信号。当滑动溜板在运动中越过左或右极限位置时，极限开关会动作，从而向系统发出越程故障信号。

2. 输送单元的动作过程

在单机测试运行时，按下复位按钮 SB1，各气缸复位到初始状态，即气动手指松开、旋转气缸在右旋位置、升降气缸下降到位、伸缩气缸缩回到位，然后机械手执行回原点的操作，伺服电动机反转带动同步带向右移动到原点位置后停止。按下测试按钮 SB2，机械手装置移动到供料单元的位置，从供料单元抓取工件，抓取结束后，移动到加工单元，放下工件，等待 2 s，机械手取回工件，移动到装配单元，放下工件，等待 2 s，机械手取回工件，机械手向左旋转 90°，移动到分拣单元，放下工件，机械手缩回并高速往右移动 800 mm，然后机械手向右旋转，并低速回原点，测试结束。如果再次按下测试按钮 SB2，则再次按以上动作完成测试任务，来测试移动到各单元的位移是否准确。

任务 6-2　伺服驱动系统在输送单元的应用

6.2.1　任务描述

输送单元驱动抓取机械手装置沿直线导轨做往复运动的动力源，是由交流伺服电动机提供的。交流伺服控制系统包括交流伺服电动机和伺服驱动器，输送单元选用松下 A5 系列 AC 永磁交流伺服系统，包括永磁同步交流伺服电动机和全数字交流永磁同步伺服驱动器两部分。要实现对伺服电动机的运行控制，需要完成伺服系统硬件接线、伺服驱动器参数设置及信号输入。

本任务的控制要求：按下输送单元按钮 SB1，机械手装置先回原点，再按下按钮 SB2，向前移动到加工单元，延时 2 s 后，再返回到装配单元。

6.2.2 任务目标

（1）掌握伺服驱动技术的工作原理；
（2）能够根据控制任务要求对伺服驱动系统进行正确接线；
（3）能够根据控制任务要求对伺服驱动器进行参数设置；
（4）能够编写 PLC 程序实现对伺服电动机的运动进行控制。

松下 A5 伺服手册

6.2.3 任务分组

学生任务分配表如表 6-2-1 所示。

表 6-2-1 学生任务分配表

班级		小组名称		组长	
小组成员及分工					
序号	学号	姓名	任务分工		

6.2.4 任务分析

通过观看视频和查找资料，完成伺服驱动系统相关内容的引导问题。

引导问题 1：交流伺服控制系统主要由_____单元、_____单元、通信接口单元及相应的反馈检测器件组成。其中_____单元包括位置控制器、速度控制器、转矩和电流控制器等。

引导问题 2：交流永磁同步伺服电动机的工作原理是：伺服电动机内部的转子是____，驱动器控制的 U、V、W 三相电形成电磁场，转子在此磁场的作用下____，同时电动机自带的____反馈信号给驱动器，驱动器根据____值与____值进行比较，调整转子转动的角度。伺服电动机的精度取决于编码器的精度（线数）。根据工作原理，在图 6-2-1 交流伺服驱动系统工作原理图的空白框中填入合适的内容。

交流伺服驱动系统
认知视频

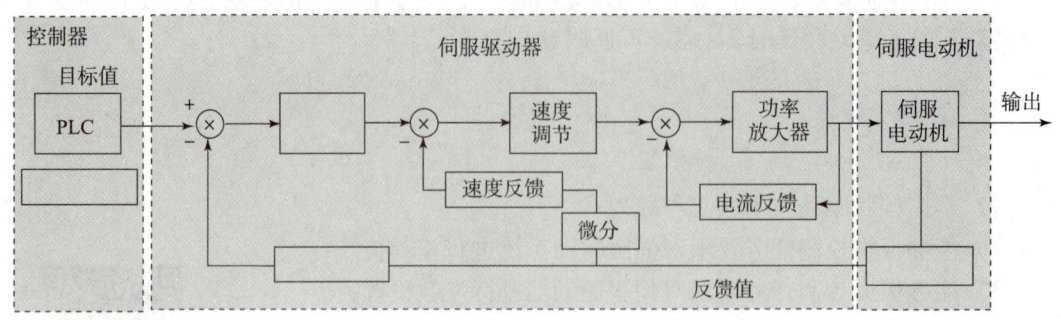

图6-2-1 交流伺服驱动系统工作原理图

引导问题3：松下的伺服驱动器有7种控制运行方式，即位置控制、速度控制、转矩控制、位置/速度控制、位置/转矩控制、速度/转矩控制、全闭环控制。位置方式就是输入_____来使电动机定位运行，电动机转速与_____相关，电动机转动的角度与____相关；速度方式有两种，一是通过输入直流_____指令进行电压调速，二是选用驱动器内设置的内部速度来调速；转矩方式是通过输入直流_____电压调节电动机的输出转矩。

引导问题4：电子齿轮比，也就是电子传动比，伺服驱动器接收到的脉冲数×电子齿轮比（CMX/CDV）=编码器反馈的脉冲数 P_t。电子齿轮比有两种表达方式，一种是每转脉冲数，一种是数字表达方式，如图6-2-2中的CMX/CDV。只能选择其中一种方式设置，这是使用伺服驱动器必须要设置的重要参数之一。

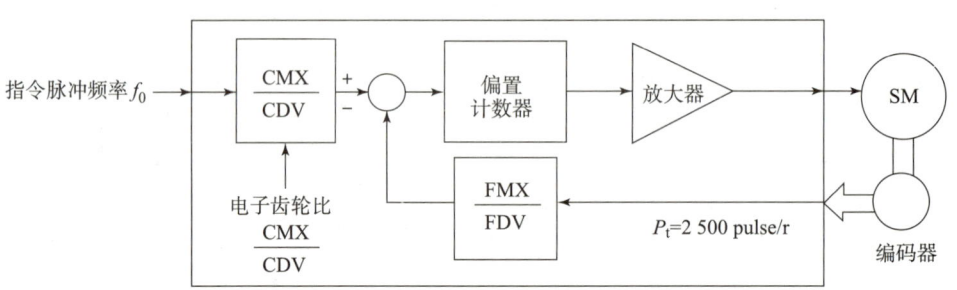

图6-2-2 等效的单闭环位置控制系统方框图

CMX：指电动机需要的脉冲数，编码器的分辨率为 $2\,500 \times 4 = 10\,000$，保持不变。
CDV：指电动机转一圈的脉冲数，这个值要根据设备参数及脉冲当量进行计算。

$$CDV = 伺服电动机转一圈带动机械机构移动的距离/脉冲当量$$

已知输送单元同步带轮参数为：齿数12，齿距5 mm，则同步带轮旋转一周的移动距离是_____mm。

设对应一个脉冲信号的同步带移动0.01 mm，即脉冲当量为0.01 mm，则CDV等于_____。

如果伺服参数设置时使用"每转脉冲数"，则在对应参数中设置成CDV的值为_____，如果选择的是数字表达方式，则在参数中将CDV设置成计算出来的值即可。

引导问题5：输送单元通过PLC输出端口Q____发出脉冲指令给松下MADHT1507E全数字交流永磁同步伺服驱动器，通过输出端口Q____发出方向控制指令来控制电动机正反转。左、右限位开关将_____触点接到伺服驱动器、_____触点接到 PLC 输入模块端口上。

引导问题 6：根据图 6-2-3 松下 A5 伺服驱动器接线端子图，完成以下问题。

（1）判断对错：伺服驱动器与电动机连接的端子标识为 U、V、W，在接线时可以不按相序接线，只会影响电动机转动方向。（ ）

（2）PLC 输出的位置控制信号接到 X____端子上。伺服电动机编码器的线连接到 X____端子，如果需要将编码器的信号接回到 PLC，从 X____端子引出。

松下 A5 伺服驱动接线视频

（3）X4 并行 I/O 连接器是____芯的接线端子。如果需要将伺服报警信号与 PLC 连接，对于伺服驱动器来说是____信号，对于 PLC 来说是____信号。（输入或输出）

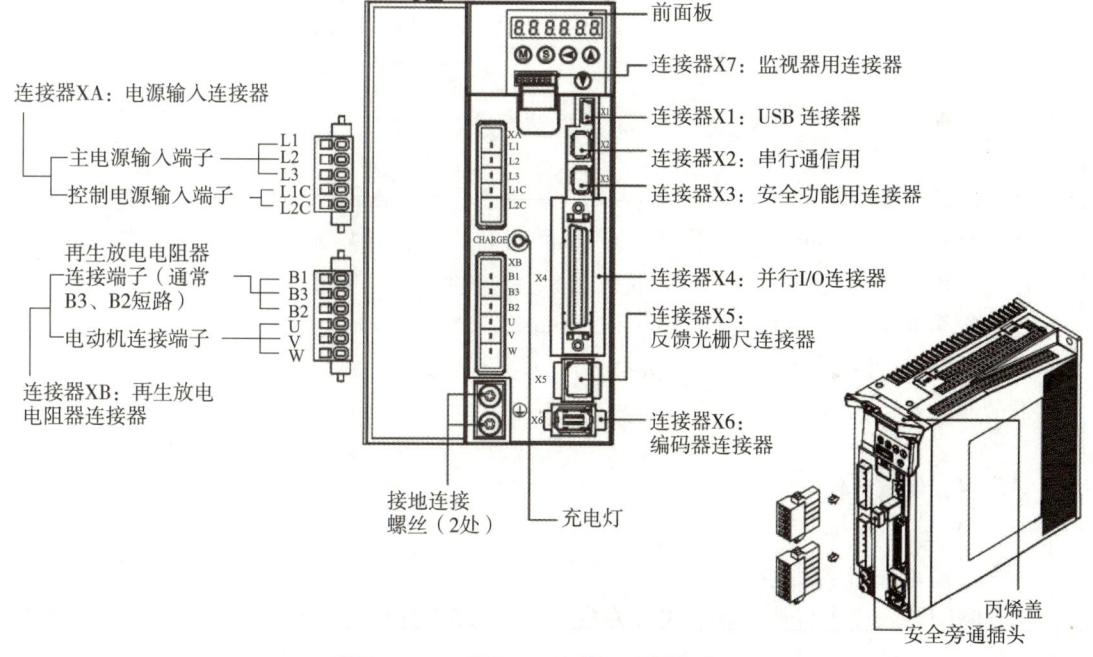

图 6-2-3 松下 A5 伺服驱动器接线端子

引导问题 7：通过查阅资料或扫码查看参数设置视频，将参数设置方法补充完整，参数设置界面如图 6-2-4 所示。

（1）参数设置时先按____键，再按"MODE"键选择到____后，按向上、向下或向左的方向键选择通用参数的项目，按_____键进入。然后按向上、向下或向左的方向键调整参数，调整完后，长按_____键返回。

（2）伺服驱动器参数设置完成后，需要保存。步骤为：按"M"键选择到_____后按_____键确认，出现"EEP-"，然后按向上键 3 s，出现_____或"reset"，然后重新上电即保存。

松下 A5 伺服驱动器参数设置视频

（3）松下 A5 伺服驱动器恢复出厂设置的方法：LED 初始显示 r0 状态下，按"S"键进入监视模式，显示 d01.SPd 等监视类别。按____

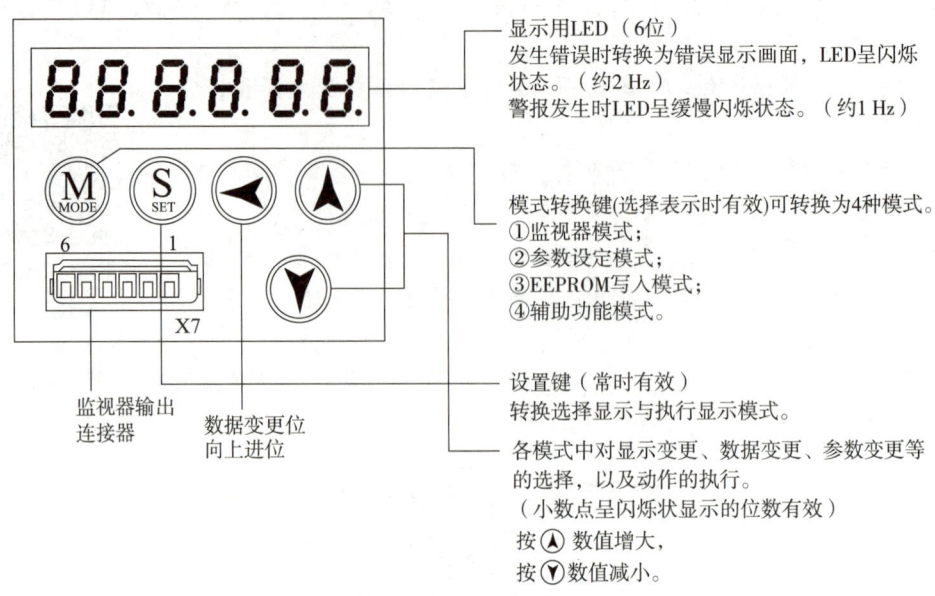

图 6-2-4 驱动器参数设置界面

键三下切换到辅助功能模式，显示 AF_ACL。然后按____下▲键，或者按____下▼键，就显示参数初始化选项 AF_ini。按"S"键进入参数初始化的执行界面，显示"ini -"。在参数初始化执行界面下（显示"ini -"），持续按住____键约 5 s，显示右边的"-"一步一步往左走，走到尽头显示"Start."，然后显示"Finish."，参数初始化结束。

引导问题 8：输送单元 PLC 输出类型为_____输出，是因为本单元需要 PLC 发出高速信号控制伺服电动机转动。

6.2.5 任务实施

1. 伺服驱动系统的硬件接线

伺服驱动器的接线与其控制模式有关系，YL-335B 自动化生产线输送单元采用的是位置控制模式。其硬件接线如图 6-2-5 所示。

引导问题 9：伺服驱动器的接线图中，并行 I/O 接口 X4 是 50 芯的接口，连了 9 根线，分别是位置控制的____信号（OPC1）____色线、伺服电动机____控制信号（OPC2）____色线、伺服使能输入信号（SRV_ON）、左限位保护信号（CWL）____色线、右限位保护信号（CCWL）____色线、伺服报警输出信号（ALM+、ALM-）____色线，以及本模块的工作电源输入信号（COM+、COM-）等。

2. 伺服驱动器的参数设置

伺服驱动系统有不同的工作模式，可以通过设置参数值来实现不同的控制。松下 MADHT1507E 伺服驱动器共有 221 个参数，即 Pr0.00~Pr6.39，与计算机连接后可以用专门的调试软件进行设置，也可以通过驱动器面板直接设置。由于设置参数不多，此处使用面板设置的方法。所需设置参数如表 6-2-2 所示。

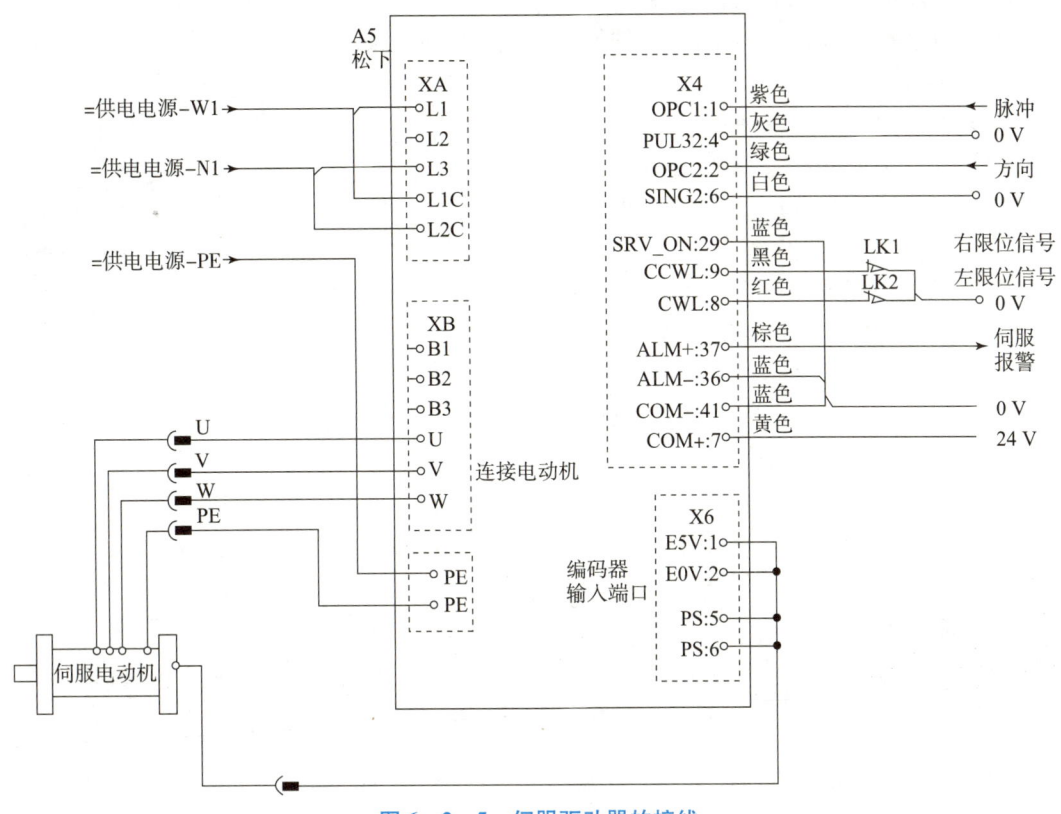

图 6-2-5 伺服驱动器的接线

表 6-2-2　YL-335B 自动化生产线伺服驱动器参数设置

序号	参数号	参数名称	设置值	默认值	功能
1	Pr0.01	控制模式	0	0	位置控制
2	Pr0.02	实时自动增益	1	1	实时自动调整为标准模式，属于基本的模式
3	Pr0.03	实时自动增益的机械刚性选择	13	13	实时自动增益调整有效时的机械刚性设定，设定值越高，则速度响应越快，伺服刚性也提高，容易产生振荡
4	Pr0.04	惯量比	250	250	
5	Pr0.06	指令脉冲旋转方向设置	1	1	
6	Pr0.07	指令脉冲输入方式	3	1	
7	Pr0.08	电动机每旋转一转的脉冲数	6 000	10 000	
8	Pr5.04	驱动禁止输入设定	2	1	
9	Pr5.28	LED 初始状态	1	1	

211

3. S7-1200 PLC 位控程序编写

通过查阅资料或扫码查看 PLC 位控编程视频、文档，完成以下问题。

（1）设备组态。

引导问题 10：PLC 脉冲输出在设备组态的属性中启用脉冲发生器 PTO1/PWM1，在参数分配中设置信号类型为_____，可以查看其脉冲输出地址为_____，方向输出为_____。

PLC 位控程序
编制视频

（2）工艺对象参数设置。

PLC 硬件组态完成后，需要新增工艺对象。单击"工艺对象"→"新增对象"命令，打开工艺对象设置界面完成设置。

引导问题 11：在工艺对象参数设置时，在基本参数的驱动器硬件接口设置中，脉冲发生器选择为"Pulse_1"。在扩展参数设置中，首先完成机械设置，设置电动机每转脉冲数为_____，电动机每转负载位移为____mm；在位置限制设置中，分别设置为硬件下限位开关输入为_____，硬件上限位开关输入为_____，并选择高电平有效。在回原点设置中，选择____回原点，输入归位开关选择 I____，选择电平为____电平，接近/回原点方向选择____方向，归位开关一侧设置为____侧，接近速度和回原点速度不能太高。

（3）轴调试。

组态完成下载后，通过调试来测试轴工艺是否组态正确，先测试正确再编写控制程序。单击"工艺对象"→"轴_1"→"调试"命令，打开调试界面，如图 6-2-6 所示。

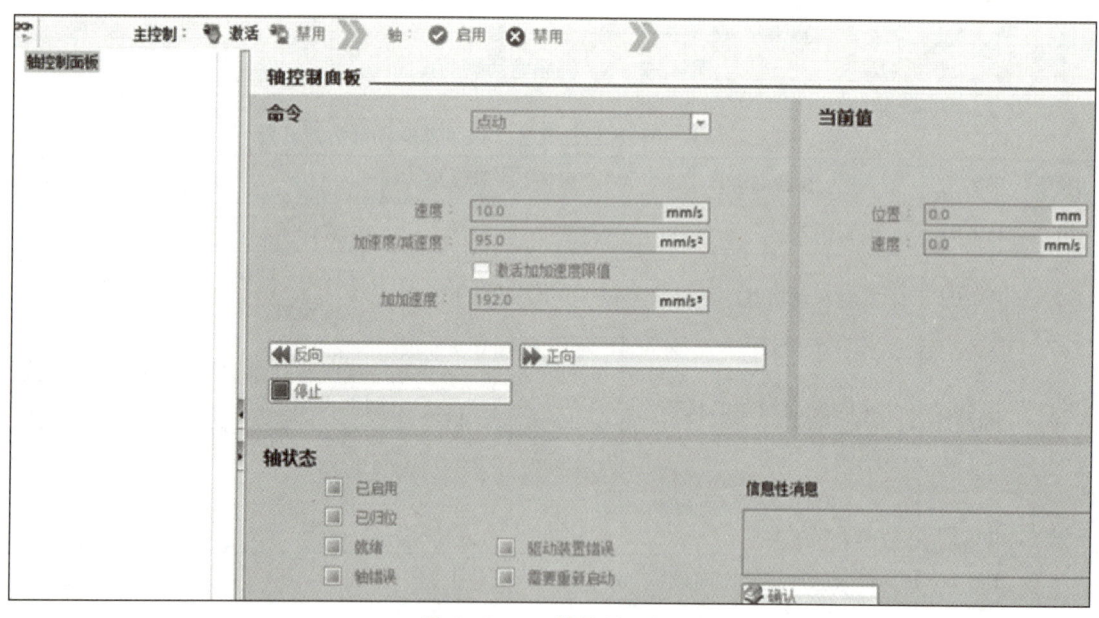

图 6-2-6 轴控制面板

引导问题 12：在工艺轴调试过程中，需要连接伺服驱动电动机才能完成。调试模式、命令中可以选择点动、_____或_____，可以设置相关速度或位置，然后单击"操作"按钮，可以实现点动正向或反向移动、回原点及定位的操作。定位运动有____和____两种方式，移动的位置基于原点的是_____运动，移动的位置基于当前点的是_____运动。

(4) PLC 程序编写。

如果轴调试是正常的，可以开始编写位控程序。首先需要调用 MC_Power 运动控制指令，如果使用轴的绝对定位指令，还需要先调用回原点指令，回原点后才能调用轴的绝对定位指令。完成本任务控制需要用到这三个指令。在使用过程中，可以通过按下键盘的 F1 键进入信息系统，查看详细的指令说明。

①调用"MC_Power"运动控制指令。"MC_Power"指令可启用或禁用轴，将前面组态的"轴_1"赋予输入参数"Axis"，当使能位为"1"时，一直启用轴，如图 6-2-7 所示。

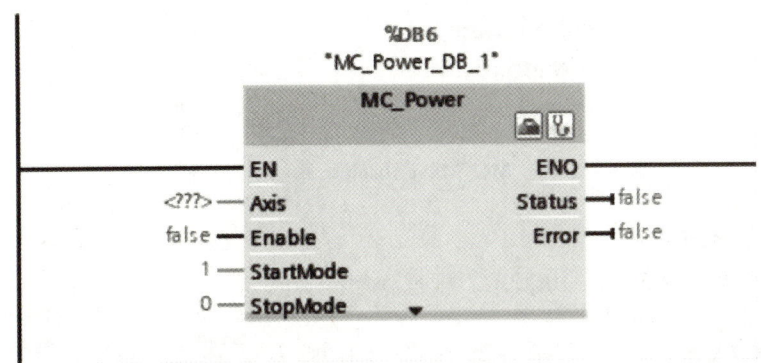

图 6-2-7　MC_Power 运动控制指令

②调用"MC_Home"回原点指令，如图 6-2-8 所示。前面轴工艺组态时设置了主动回原点，若将指令的输入参数"Mode"设置为"3"，则为主动回原点模式。当使用绝对定位方式移动时需要先回原点。输入参数"Execute"为上升沿时将触发回原点动作。输入参数"Position"的数值表示找到原点后将原点处的位置设为多少。比如本例中为"0"，表示将原点的位置设为"0"。

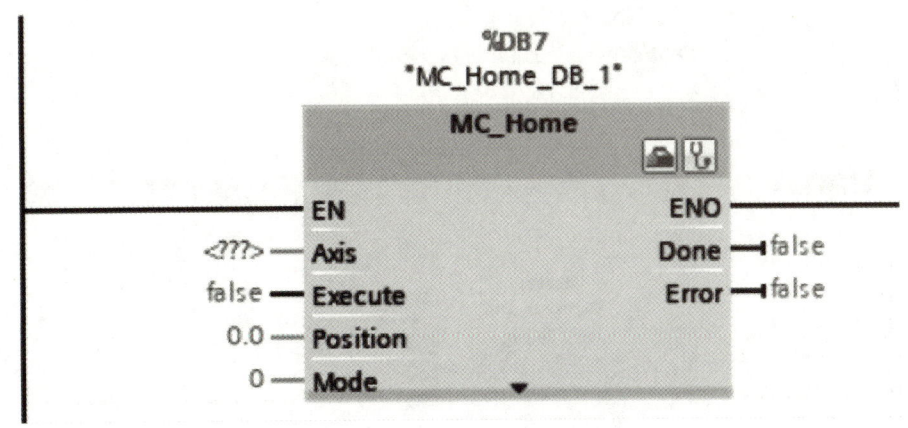

图 6-2-8　MC_Home 回原点指令

③调用"MC_MoveAbsolute"轴的绝对定位指令（见图 6-2-9），将轴移动到某个绝对位置。输入参数"Execute"为上升沿时将触发绝对定位移动。输入参数"Position"为绝对目标位置，是相对于原点的位置。输入参数"Velocity"为轴的速度。输出参数"Done"达到绝对目标位置后将为"1"。

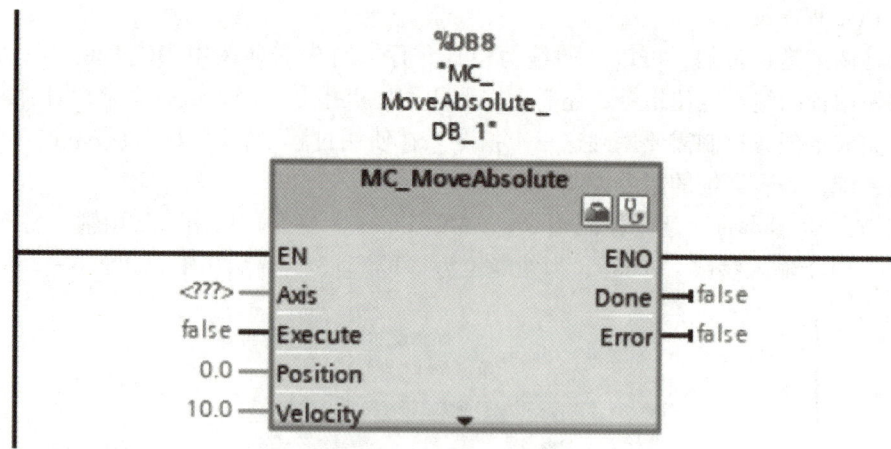

图 6-2-9　MC_MoveAbsolute 轴的绝对定位指令

（5）PLC 程序调试。

本任务的程序如图 6-2-10 所示，根据程序回答问题。

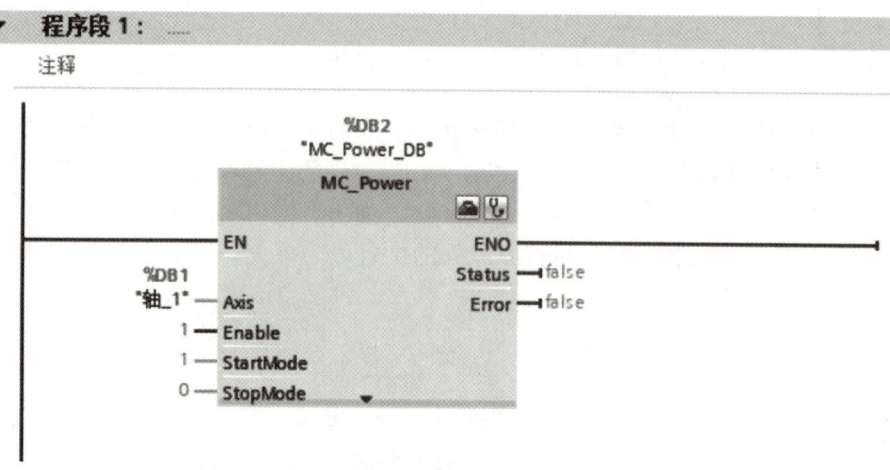

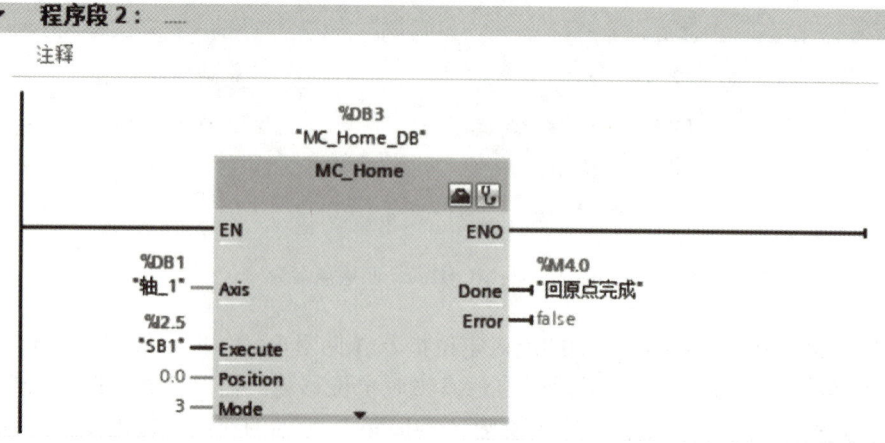

图 6-2-10　任务程序段 1~4

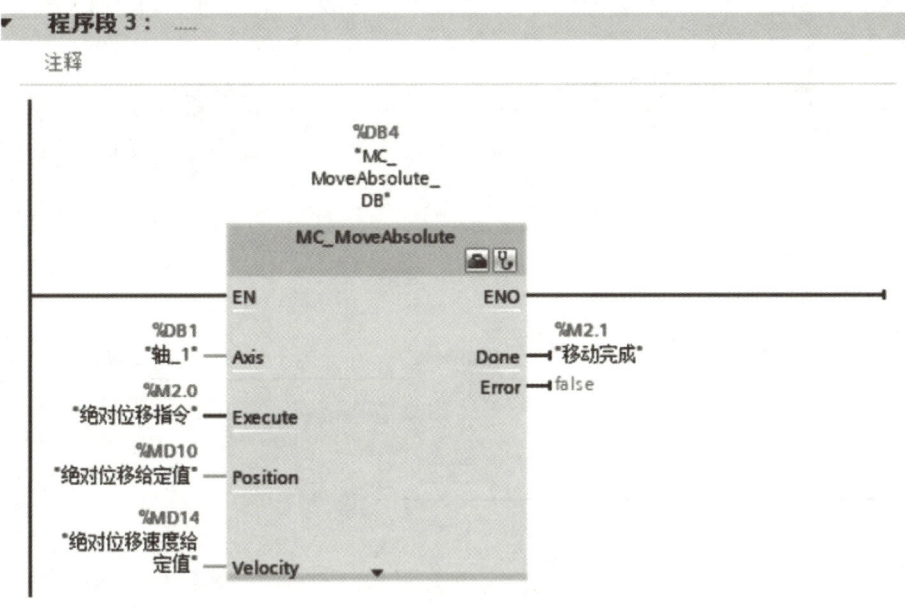

图 6-2-10　任务程序段 1~4（续）

引导问题 13：在程序段 2 中，"Mode"为"3"表示_____，在调试过程中观察到"回原点完成"M4.0 变量在_____时候为"1"，在程序段 3 中，要执行"MC_MoveAbsolute"轴的绝对定位指令需要满足_____条件。在程序段 4 中，M1.0 表示_____。

引导问题 14：在图 6-2-11 所示的程序段 5 中，"去加工单元"的位移值是_____，速度是_____；"去装配单元"的位移值是_____，速度是_____。调试时观察程序中到达装配单元后，"已到达位置"M4.2 变量值为____，如果为"1"，没有再次移动是因为_____。

引导问题 15：通过本任务对交流伺服驱动系统的应用，谈谈你对伺服控制应用的感想：怎样才能实现真正的精准控制，需要具备什么样的条件，你是怎么做的？

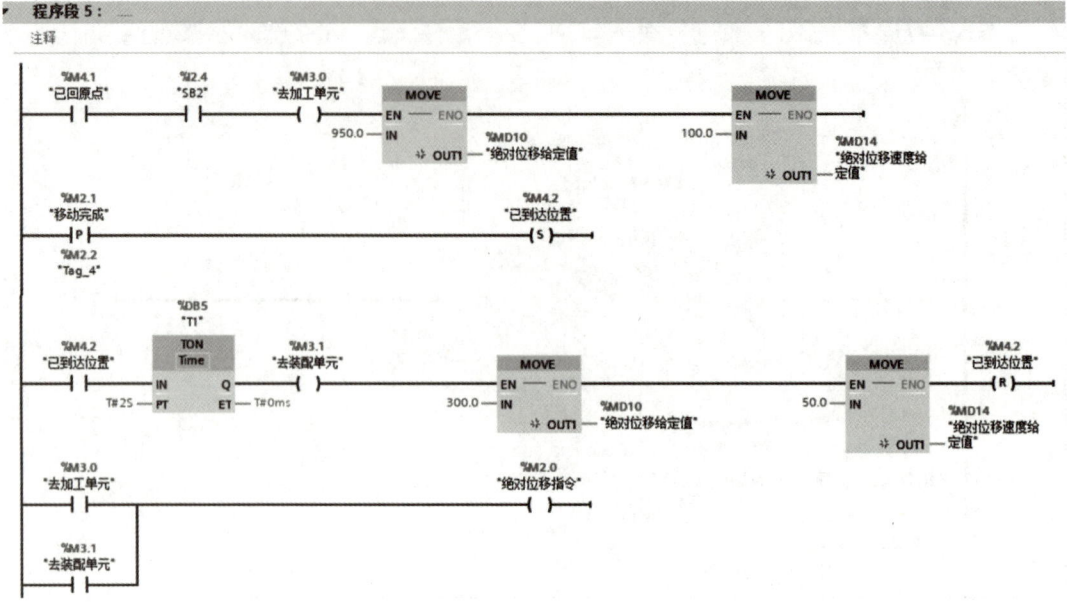

图 6-2-11 任务程序段 5

6.2.6 任务评价

各组完成输送单元伺服驱动系统控制任务硬件接线、参数设置及 PLC 编程与调试后，请同学或教师评分，并完成表 6-2-3。

表 6-2-3 伺服驱动系统控制任务项目评分表

序号	评分项目	评分标准	分值	小组互评	教师评分
1	引导问题得分	15 个引导问题的总分	50 分		
2	伺服控制系统硬件接线	小组任意一位同学能够说出所接线的含义及接法，每错一处扣 2 分	15 分		
3	伺服驱动器参数设置	小组任意一位同学能够设置所要求的参数，并说出参数含义及其设置值，每错一处扣 2 分	15 分		
4	运动控制程序编写与调试	小组任意一位同学能够解释程序，每错一处扣 2 分	20 分		
5		总分	100 分		

6.2.7 知识链接

1. 交流伺服控制系统的认知

现代高性能的伺服系统，大多数采用永磁交流伺服系统，其中包括永磁同步交流伺服电动机和全数字交流永磁同步伺服驱动器两部分。

（1）交流伺服电动机的工作原理。

伺服电动机内部的转子是永久磁铁，驱动器控制的U、V、W三相电形成电磁场，转子在此磁场的作用下转动，同时电动机自带的编码器反馈信号给驱动器，驱动器根据反馈值与目标值进行比较，调整转子转动的角度。伺服电动机的精度取决于编码器的精度（线数）。

交流永磁同步伺服驱动器主要由伺服控制单元、功率驱动单元、通信接口单元、伺服电动机及相应的反馈检测器件组成，其中伺服控制单元包括位置控制器、速度控制器、电流控制器等，如图6-2-12所示。

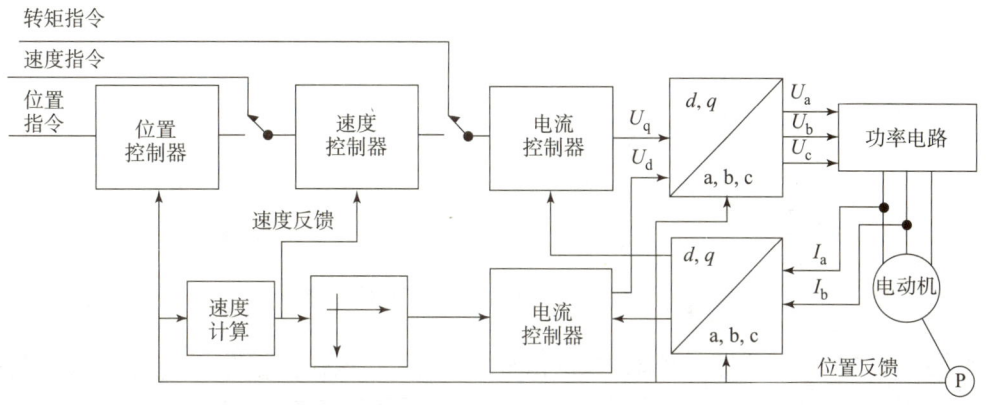

图6-2-12　系统控制结构

伺服驱动器均采用数字信号处理器（DSP）作为控制核心，其优点是可以实现比较复杂的控制算法，实现数字化、网络化和智能化。功率器件普遍采用以智能功率模块（IPM）为核心设计的驱动电路，IPM内部集成了驱动电路，同时具有过电压、过电流、过热、欠压等故障检测保护电路，在主回路中还加入软启动电路，以减小启动过程对驱动器的冲击。功率驱动单元首先通过整流电路对输入的三相电或者市电进行整流，得到相应的直流电。再通过三相正弦PWM电压型逆变器变频来驱动三相永磁式同步交流伺服电动机。逆变部分（DC-AC）采用功率器件集成驱动电路、保护电路和功率开关于一体的智能功率模块（IPM），主要拓扑结构是采用了三相桥式电路，其原理图如图6-2-13所示。利用了脉宽调制技术即PWM，通过改变功率晶体管交替导通的时间来改变逆变器输出波形的频率，改变每半周期内晶体管的通断时间比，也就是说通过改变脉冲宽度来改变逆变器输出电压副值的大小以达到调节功率的目的。

（2）交流伺服系统的位置控制模式。

①在位置控制模式下，伺服驱动器输出到伺服电动机的三相电压波形基本是正弦波（高次谐波被绕组电感滤除），而不是像步进电动机那样是三相脉冲序列，虽然从位置控制器输入的是脉冲信号。

②伺服系统用作定位控制时，位置指令输入位置控制器，速度控制器输入端前面的电子开关切换到位置控制器输出端。同样，电流控制器输入端前面的电子开关切换到速度控制器输出端。因此，位置控制模式下的伺服系统是一个三闭环控制系统，两个内环分别是电流环和速度环。由自动控制理论可知，这样的系统结构提高了系统的快速性、稳定性和抗干扰能力。在足够高的开环增益下，系统的稳态误差接近为零。这就是说，在稳态时，伺服电动机

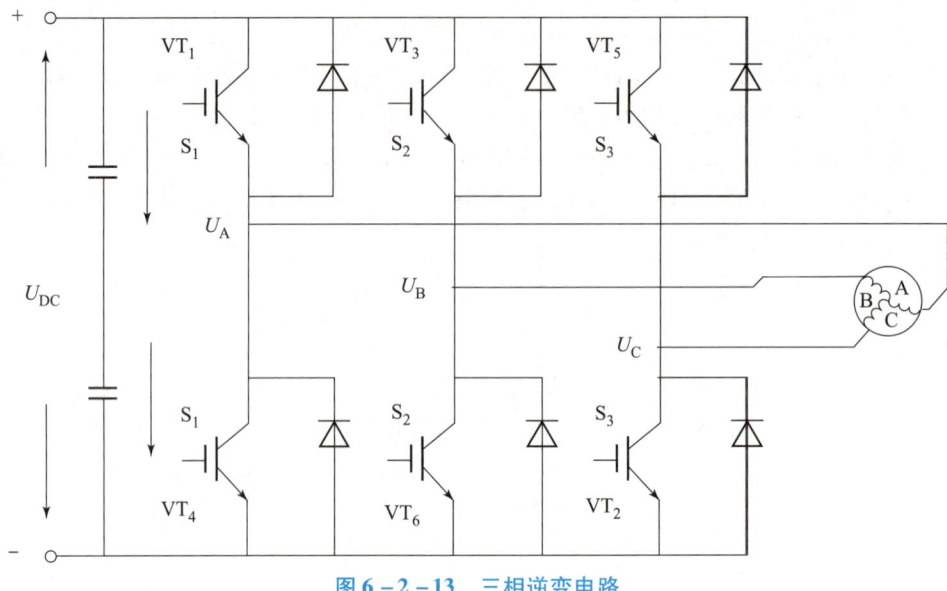

图 6-2-13 三相逆变电路

以指令脉冲和反馈脉冲近似相等时的速度运行。反之,在达到稳态前,系统将在偏差信号作用下驱动电动机加速或减速。若指令脉冲突然消失(例如紧急停车时,PLC 立即停止向伺服驱动器发出驱动脉冲),伺服电动机仍会运行到反馈脉冲数等于指令脉冲消失前的脉冲数才停止。

2. 松下 MINAS A5 系列 AC 伺服电动机和伺服驱动器

(1) 型号和外形结构。

在 YL-335B 自动化生产线的输送单元中,采用了松下 MHMD022G1U 永磁同步交流伺服电动机及 MADHT1507E 全数字交流永磁同步伺服驱动装置作为运输机械手的运动控制装置。

MHMD022G1U 的含义:MHMD 表示电动机类型为大惯量;02 表示电动机的额定功率为 200 W;2 表示电压规格为 200 V;G 表示编码器为增量式编码器,脉冲数为 20 位,分辨率为 1 048 576,输出信号线数为 5 根线;1 表示设计顺序为标准;U 表示电动机结构。

MADHT1507E 的含义:MADH 表示松下 A5 系列 A 型驱动器;T1 表示最大额定电流为 10 A;5 表示电源电压规格为单相/三相 200 V;07 表示电流监测器额定电流为 7.5A;E 表示特殊规格。驱动器的外观和面板如图 6-2-3 所示。

(2) 伺服驱动系统的硬件接线。

MADHT1507E 伺服驱动器面板上有多个接线端口,其中:XA 为电源输入接口,AC 220 V 电源连接到 L1、L3 主电源端子,同时连接到控制电源端子 L1C、L2C 上;XB 为电动机接口和外置再生放电电阻器接口;U、V、W 端子用于连接电动机。必须注意,电源电压务必按照驱动器铭牌上的要求范围给定,电动机接线端子(U、V、W)不可以接地或短路,交流伺服电动机的旋转方向不像感应电动机可以通过交换三相相序来改变,必须保证驱动器上的 U、V、W、E 接线端子与电动机主回路接线端子按规定的次序一一对应,否则可能造成驱动器的损坏。电动机的接线端子和驱动器的接地端子以及滤波器的接地端子必须保证可靠地连接到同一个接地点上；机身也必须接地。B1、B3、B2 端子是外接放电电阻，YL-335B 自动化生产线没有使用外接放电电阻。

X6：连接到电动机编码器的信号接口，连接电缆应选用带有屏蔽层的双绞电缆，屏蔽层应接到电动机侧的接地端子上，并且应确保将编码器电缆屏蔽层连接到插头的外壳（FG）上。

X4：I/O 控制信号端口，其部分引脚信号定义与选择的控制模式有关，不同模式下的接线不同，其中位置控制模式的接线图如图 6-2-14 所示，其他接线方式请参考《松下 A5 系列伺服电动机手册》。YL-335B 自动化生产线输送单元中，伺服电动机用于定位控制，选用位置控制模式，所采用的是简化接线方式，如图 6-2-14 所示。

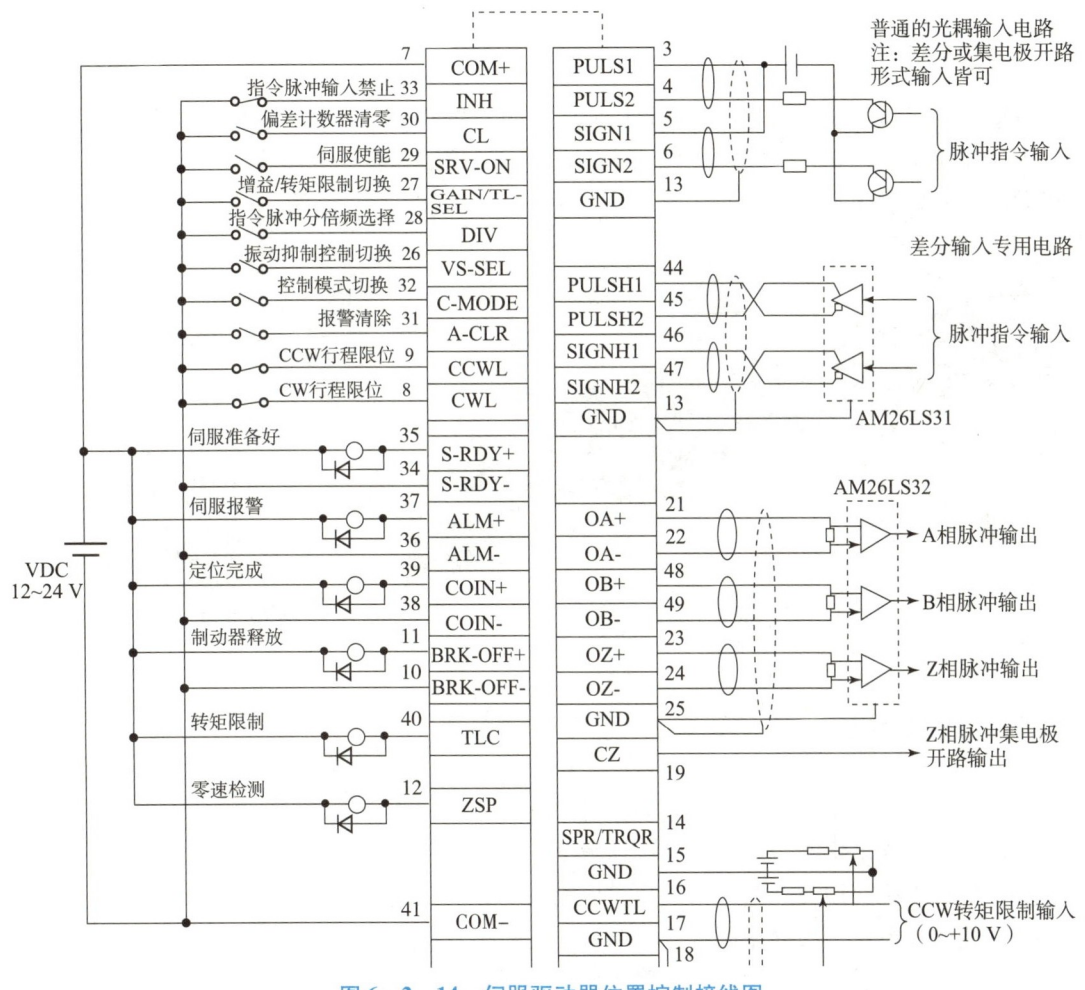

图 6-2-14　伺服驱动器位置控制接线图

3. 伺服控制器的控制模式

松下的伺服驱动器有 7 种控制运行方式，即位置控制、速度控制、转矩控制、位置/速度控制、位置/转矩控制、速度/转矩控制、全闭环控制。位置方式就是输入脉冲串来使电动机定位运行，电动机转速与脉冲串频率相关，电动机转动的角度与脉冲个数相关；速度方式有两种,一是通过输入直流 -10 ~ +10 V 电压进行调速,二是选用驱动器内设置的内部速度来调速;转矩方式是通过输入直流 -10 V 至 +10 V 电压来调节电动机的输出转矩,这种方式下运行必须要进行速度限制,有如下两种方法:

①设置驱动器内的参数来限制;
②输入模拟量电压来限速。

任务 6-3　输送单元机械结构安装与调试

6.3.1　任务描述

将输送单元拆开成直线运动组件和抓取机械手装置两个组件,再将组件拆成零件,然后按要求组装成原样。安装完成后进行必要的调试,以使输送单元各部分能正常地工作。装配完成后的效果如图 6-3-1 所示。

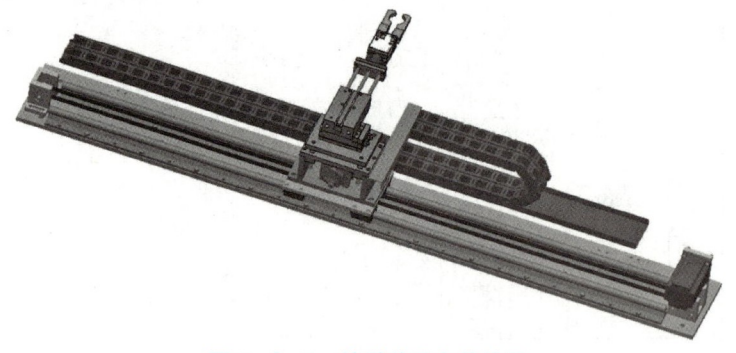

图 6-3-1　输送单元安装效果

输送单元机械安装动画

6.3.2　任务目标

(1) 熟悉自动化生产线输送单元的机械结构;
(2) 能够正确确定输送单元直线运动组件和抓取机械手装置组件的拆装顺序;
(3) 能够正确选用及规范使用工具完成输送单元的机械结构安装;
(4) 能够根据设备布局图调整 5 个单元的安装装置;
(5) 安装完成后能进行调试,以确保输送单元后续正常工作。

6.3.3　任务分组

学生任务分配表如表 6-3-1 所示。

表 6-3-1　学生任务分配表

班级		小组名称		组长	
小组成员及分工					
序号	学号	姓名	任务分工		

6.3.4　任务分析

引导问题 1：输送单元机械结构可以分为____个组件，名称分别是_____、
_____。

引导问题 2：输送单元用于连接大溜板的连接同步带是_____同步带（环形、开口），安装时需要张紧，在本单元是通过_____方式张紧的（张紧轮、调整中心距）。

引导问题 3：请描述输送单元同步带轮与传动轴之间是如何实现周向连接的？安装时应该注意什么问题？

_____
_____
_____

引导问题 4：通过观看输送单元拆装视频、组件情况，制定输送单元机械结构安装方案，并填入表 6-3-2 中。

输送单元机械安装视频

表 6-3-2　安装方案表

安装步骤	安装内容	使用工具

6.3.5 任务实施

1. 拆卸步骤

①观察输送单元的两个组件的连接方式,使用合适的工具将其拆成两个组件,如图 6-1-5 和图 6-1-6 所示。在拆卸的过程中注意螺钉摆放在工具箱的盒子里,以免丢失。

②将组件拆卸成零件形式,在安装台上面摆放整齐,注意所使用的螺钉的规格型号,同样将螺钉放到工具箱的盒子里。

③拆卸完毕后请指导老师检查是否符合拆卸要求,指导老师确认后才能开始安装。

2. 安装步骤

(1) 直线运动组件的安装步骤。

①在底板上装配直线导轨。直线导轨是精密机械运动部件,其安装、调整都要遵循一定的方法和步骤,而且该单元中使用的导轨的长度较长,要快速准确地调整好两导轨的相互位置,使其运动平稳、受力均匀、运动噪声小。

②装配大溜板、4 个滑块组件:将大溜板与两直线导轨上的 4 个滑块的位置找准并进行固定,在拧紧固定螺栓的时候,应一边推动大溜板左右运动一边拧紧螺栓。直到滑动顺畅为止。

③连接同步带:将连接了 4 个滑块的大溜板从导轨的一端取出,用于滚动的钢球嵌在滑块的橡胶套内,一定要避免橡胶套受到破坏或用力太大致使钢球掉落。将两个同步带固定座安装在大溜板的反面,用于固定同步带的两端。接下来分别将调整端同步轮安装支架组件、电动机侧同步轮安装支架组件上的同步轮,套入同步带的两端,在此过程中应注意电动机侧同步轮安装支架组件的安装方向、两组件的相对位置,并将同步带两端分别固定在各自的同步带固定座内,同时也要注意保持连接安装好后的同步带平顺一致。完成以上安装任务后,再将滑块套在柱形导轨上,套入时,一定不能损坏滑块内的滑动滚珠以及滚珠的保持架。

④同步轮安装支架组件装配:先将电动机侧同步轮安装支架组件用螺栓固定在导轨安装底板上,再将调整端同步轮安装支架组件与底板连接,然后调整好同步带的张紧度,锁紧螺栓。

⑤伺服电动机安装:将电动机安装板固定在电动机侧同步轮支架组件的相应位置,将电动机与电动机安装支架连接起来,并在主动轴、电动机轴上分别套接同步轮,安装好同步带后,调整电动机位置,锁紧连接螺栓。最后安装左/右限位以及原点传感器支架。

(2) 抓取机械手组件安装步骤。

①提升机构组装如图 6-3-2 所示。

②把气动摆台固定在组装好的提升机构上,然后在气动摆台上固定导向气缸安装板。安装时注意要先找好导向气缸安装板与气动摆台连接的原始位置,以便有足够的回转角度。

③连接气动手指和导向气缸,然后把导向气

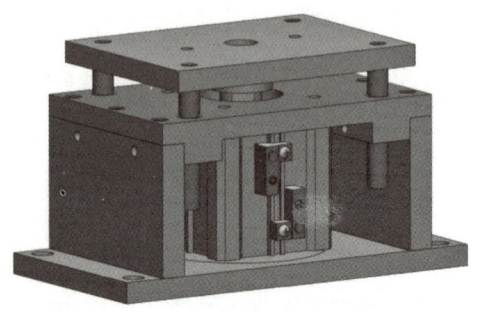

图 6-3-2 提升机构组装

缸固定到导向气缸安装板上。完成抓取机械手装置的装配。

(3) 总装、调整。

①把抓取机械手装置固定到直线运动组件的大溜板上,如图6-3-3所示。最后,检查摆台上的导向气缸、气动手指组件的回转位置是否满足在其余各工作站上抓取和放下工件的要求,将不合适的进行适当的调整。

②将各传感器安装在对应的位置。

③将连接好的输送单元机械部分以及电磁阀组、PLC和接线端子排固定在底板上。

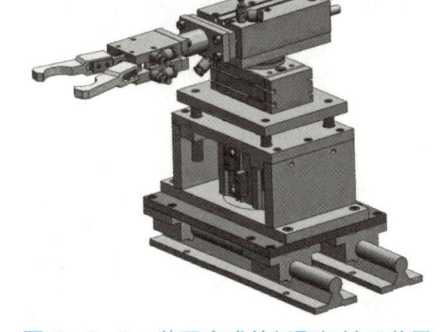

图6-3-3 装配完成的抓取机械手装置

3. 安装注意事项

①在以上各构成零件中,轴承以及轴承座均为精密机械零部件,拆卸以及组装需要较熟练的技能和专用工具,因此,不可轻易对其进行拆卸或修配工作。

输送单元机械调试

②在安装抓取机械手装置过程中,注意先找好导向气缸安装板与气动摆台连接的原始位置,以便有足够的回转角度。

③各单元在实训台上安装时,在位置调整之前,需要先将固定螺钉套在底板T形槽的螺母上,不要上紧。位置调整合适之后再对角拧螺钉,固定之后再次试一下输送单元机械手是否可以准确抓取到工件,能够正确抓取后再拧紧固定螺钉。

6.3.6 任务评价

各组完成输送单元机械结构安装后,请同学或教师评分,并完成表6-3-3。

表6-3-3 输送单元机械结构安装评分表

序号	评分项目	评分标准	分值	得分
1	直线运动组件安装	①连接同步带张紧不合适扣5分; ②带轮不能与电动机同步运动扣5分; ③每少上一个螺钉扣1分; ④紧固件松动现象,每处扣0.5分; ⑤大溜板运动不顺畅扣5分	30分	
2	抓取机械手组件安装	①每少上一个螺钉扣1分; ②紧固件松动现象,每处扣0.5分	25分	
3	传感器的安装	①每少安装一个传感器扣2分; ②安装松动每处扣0.5分; ③传感器装反每处扣2分	15分	
4	整体安装与调试	①每少上一个螺钉扣1分; ②紧固件松动现象,每处扣0.5分	10分	

续表

序号	评分项目	评分标准	分值	得分
5	5个单元在实训台面的安装	每个单元位置调整有误扣2分	10分	
6	职业素养与安全意识	①现场操作安全保护不符合安全操作规程，扣1分； ②工具摆放、包装物品、导线线头等的处理不符合职业岗位的要求，扣1分； ③团队配合不紧密，扣1分； ④不爱惜设备和器材，工位不整洁，扣1分	10分	

任务6-4 输送单元气路连接与调试

6.4.1 任务描述

YL-335B自动化生产线上输送单元的机械手装置由4个气缸实现动作，气动回路图如图6-4-1所示。根据输送单元气动回路原理图完成气动管路敷设及连接，连接完成后进行气缸初始状态和速度调试，调试正确后严格按照规范要求进行工艺绑扎。

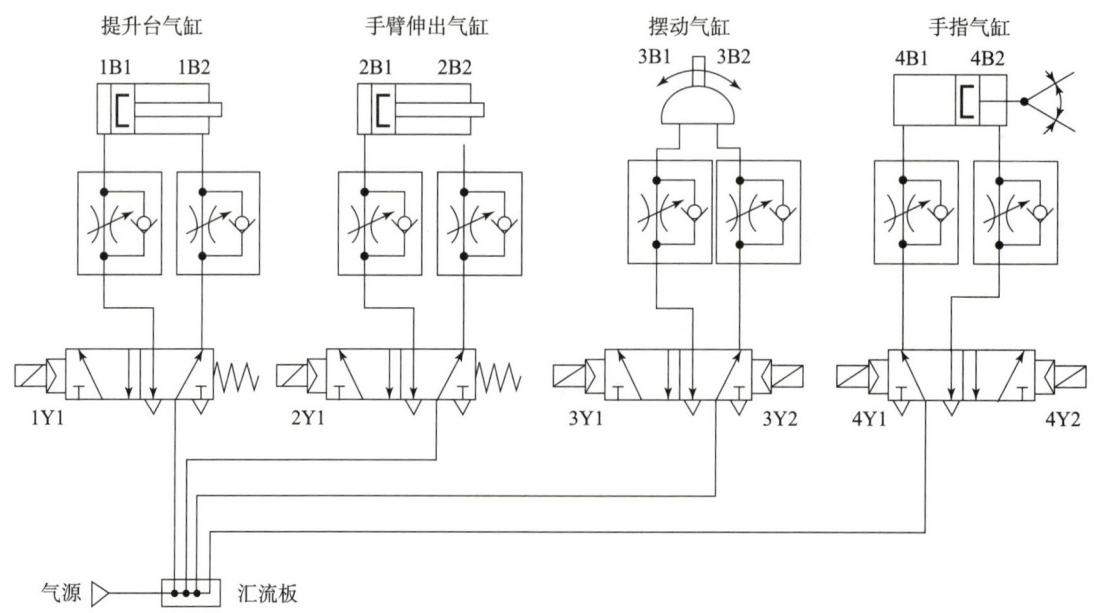

图6-4-1 输送单元气动控制回路图

6.4.2 任务目标

(1) 能够区分单电控电磁阀和双电控电磁阀的不同点和控制要求；
(2) 能够按照气动回路图进行气动回路管路连接及管路敷设；
(3) 能够按照气缸初态要求完成气缸初态检查，并进行速度调节；
(4) 能够按照技术规范要求完成气管绑扎。

6.4.3 任务分组

学生任务分配表如表 6-4-1 所示。

表 6-4-1 学生任务分配表

班级		小组名称		组长	
小组成员及分工					
序号	学号	姓名	任务分工		

6.4.4 任务分析

引导问题 1：分析图 6-4-1 所示的输送单元气动控制回路原理图，填写各气缸的初始状态。提升台气缸：＿＿＿＿＿＿＿＿、手臂伸出气缸：＿＿＿＿＿＿＿＿、手指气缸：＿＿＿＿＿＿＿＿、摆动气缸：＿＿＿＿＿＿＿＿。

输送单元气路连接与调试

引导问题 2：从图 6-4-1 可知，＿＿＿＿气缸和＿＿＿＿气缸使用单电控电磁阀实现换向，＿＿＿＿气缸和＿＿＿＿气缸使用双电控电磁阀实现换向。单电控电磁阀当电磁线圈不得电时，阀芯＿＿＿＿＿＿＿＿＿＿，双电控电磁阀在两端都无电控信号时，阀芯的位置取决于＿＿＿＿＿＿＿＿＿＿，所以我们说＿＿＿＿＿＿＿＿＿＿电磁阀具有记忆功能。

引导问题 3：双电控电磁阀的两个电控信号不能同时得电，为什么？

_____
_____
_____
_____

小提示

单电控电磁阀和双电控电磁阀的区别

单电控电磁阀与双电控电磁阀的区别在于单电控只有一个线圈,双电控有两个线圈。

单电控电磁阀只有一个线圈,通电时电磁阀换向,断电时靠弹簧复位。如果要保持常通状态,线圈就需要一直通电,这样会有线圈发热的问题,可能烧毁线圈。

双电控电磁阀有两个驱动线圈,一侧通电时电磁阀换向,断电以后也不会回位(无弹簧),仍然保持畅通状态;另一侧通电时才回位,这样避免了线圈长期得电发热。其优点有:一是为了节能减耗,二是为了让线圈能够长期稳定地工作。

注意:双电控电磁阀的两个电控信号不能同时为"1",即在控制过程中不允许两个线圈同时得电,否则,可能造成电磁线圈烧毁,当然,在这种情况下阀芯的位置是不确定的。

引导问题 4:通过扫码观看输送单元的气路连接视频,制订工作计划,并填入表 6-4-2 中。

输送单元气路连接

表 6-4-2 工作计划表

步骤	工作内容	负责人

6.4.5 任务实施

1. 气动回路连接

从汇流板开始,按图 6-4-1 所示的气动控制回路原理图连接电磁阀、气缸。在连接中注意提升台气缸和手臂伸出气缸分别连接两个单电控电磁阀,摆动气缸和手指气缸分别连接两个双电控电磁阀。所有气缸连接的气管沿拖链敷设,插接到电磁阀组上。

2. 气动回路调试

(1)用电磁阀上的手动换向加锁按钮验证各气缸的初始位置和动作位置是否正确。

(2)调整气缸节流阀以控制气缸的运动速度,不要出现爬行和冲击现象。

3. 气管绑扎

输送单元气路连接完成后,为了使气管的连接走线整齐、美观,需要使用扎带对气管进行绑扎,绑扎时扎带间的距离保持在 4~5 cm 为宜。

4. 安装注意事项

(1)当抓取机械手装置做往复运动时,连接到机械手装置上的气管也随之运动,确保这些气管运动顺畅,不至于在移动过程拉伤或脱落。

（2）连接到机械手装置上的管线首先绑扎在拖链安装支架上，然后沿拖链敷设，进入管线线槽中。绑扎管线时要注意管线引出端到绑扎处保持足够长度，以免机构运动时被拉紧造成脱落。沿拖链敷设时注意管线间不要相互交叉。连接完成的管路如图 6-4-2 所示。

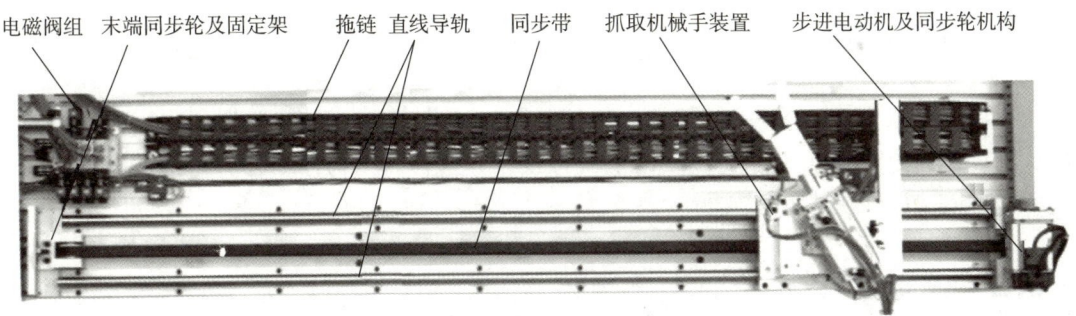

图 6-4-2　装配完成的输送单元装配侧

6.4.6　任务评价

各组完成输送单元气动回路连接、调试与绑扎后，请同学或教师评分，并完成表 6-4-3。

表 6-4-3　输送单元编程与调试项目评分表

序号	评分项目	评分标准	分值	得分
1	气动回路连接	①气路连接未完成或有错，每处扣 1 分； ②气路连接有漏气现象，每处扣 0.5 分； ③气管太长或太短，每处扣 0.5 分	40 分	
2	气动回路调试	①气缸节流阀调节不当，每处扣 1 分； ②气缸初始状态不对，每处扣 2 分	20 分	
3	气管绑扎	①气路连接凌乱，扣 4 分； ②气管没有绑扎，每处扣 2 分； ③气管绑扎不规范，每处扣 2 分	20 分	
4	管路敷设	①传送带运动时拉紧造成脱落，扣 5 分； ②沿拖链敷设时管线间有相互交叉，每处扣 1 分	10 分	
5	职业素养与安全意识	①现场操作安全保护不符合安全操作规程，扣 1 分； ②工具摆放、包装物品、导线线头等的处理不符合职业岗位的要求，扣 1 分； ③团队配合不紧密，扣 1 分； ④不爱惜设备和器材，工位不整洁，扣 1 分	10 分	

任务6-5　输送单元电气接线与调试

6.5.1　任务描述

根据输送单元的I/O分配表及PLC的CPU型号，绘制PLC的I/O外部接线图，完成PLC侧、装置侧及按钮/指示灯模块的电气接线，并进行调试与诊断，为后续实现输送单元PLC程序编制提供硬件条件。

6.5.2　任务目标

（1）能够设计并绘制PLC的I/O接线图；
（2）能够完成PLC的I/O接口模块与PLC侧接线端子接线；
（3）能够完成输入/输出信号与装置侧端子接线；
（4）能够对PLC接线及信号进行调试与诊断。

6.5.3　任务分组

学生任务分配表如表6-5-1所示。

表6-5-1　学生任务分配表

班级		小组名称		组长	
小组成员及分工					
序号	学号	姓名	任务分工		

6.5.4　任务分析

引导问题1：输送单元使用的PLC型号是＿＿＿＿＿＿＿＿＿＿，有＿＿＿＿＿＿＿点数字输入点，有＿＿＿＿＿＿＿点数字输出点。

引导问题2：根据输送单元的结构及控制要求，确定本单元的PLC数字输入点数

_____个，分别连接输入的信号是_____、_____、_____、_____、_____、_____、_____、_____、_____、_____、启动按钮、停止按钮、选择开关、急停按钮。

引导问题 3：输送单元 PLC 输出类型为_____输出，数字输出信号有____点，驱动的负载分别为脉冲串输出、_____、_____、_____、气缸左旋、_____、手爪夹紧、_____、指示灯 HL1、指示灯 HL2、指示灯 HL3。

引导问题 4：输送单元 PLC 电源是_____，输入模块的 1M、2M 接入的电源是____V，输出模块的 1M、2M 接入的电源是____V，1L+、2L+ 接入的电源是____V，直流电源由____供电，而没有使用 PLC 内置的 24 V 电源。

引导问题 5：通过扫码观看输送单元的电气接线视频，制订工作计划，并填入表 6-5-2。

输送单元电气接线

表 6-5-2　工作计划表

序号	工作内容	负责人

参考输送单元 PLC 的 I/O 信号表 6-5-3 及装置侧信号与端口号的分配表 6-5-4，完成图 6-5-1 的 PLC 外部 I/O 接线图的绘制，确定正确的电气接线方法。

表 6-5-3　输送单元 PLC 的 I/O 信号表

输入信号				输出信号			
序号	输入点	信号名称	信号来源	序号	输出点	信号名称	信号来源
1	I0.0	原点传感器检测	装置侧	1	Q0.0	脉冲	装置侧
2	I0.1	右限位保护		2	Q0.1	方向	
3	I0.2	左限位保护		3	Q0.3	提升台上升电磁阀	
4	I0.3	机械手抬升下限检测		4	Q0.4	回转气缸左旋电磁阀	
5	I0.4	机械手抬升上限检测		5	Q0.5	回转气缸右旋电磁阀	
6	I0.5	机械手旋转左限位检测		6	Q0.6	手爪伸出电磁阀线圈	
7	I0.6	机械手旋转右限位检测		7	Q0.7	手爪夹紧电磁阀线圈	
8	I0.7	机械手伸出检测		8	Q1.0	手爪松开电磁阀线圈	
9	I1.0	机械手缩回检测		9	Q1.5	黄色指示灯	按钮/指示灯模块
10	I1.1	机械手夹紧检测		10	Q1.6	绿色指示灯	
11	I1.2	伺服报警		11	Q1.7	红色指示灯	

续表

输入信号				输出信号			
序号	输入点	信号名称	信号来源	序号	输出点	信号名称	信号来源
12	I2.4	停止按钮	按钮/指示灯模块				
13	I2.5	启动按钮					
14	I2.6	急停按钮					
15	I2.7	工作方式选择					

表 6-5-4　输送单元装置侧的接线端口信号端子的分配

输入端口中间层			输出端口中间层		
端子号	设备符号	信号线	端子号	设备符号	信号线
2	SC1	原点接近开关	2	X4-1	伺服脉冲
3	LK1	右限位开关	3	X4-2	伺服方向
4	LK2	左限位开关	4	1YA	提升台上升
5	1B1	机械手抬升下限	5	2YA1	摆动气缸左旋
6	1B2	机械手抬升上限	6	2YA2	摆动气缸右旋
7	2B1	机械手旋转左限	7	3YA	手爪伸出
8	2B2	机械手旋转右限	8	4YA1	手爪夹紧
9	3B1	机械手伸出	9	4YA2	手爪松开
10	3B2	机械手缩回			
11	4B	机械手夹紧			
12	ALM+	伺服报警			
13#~17#端子没有连接			10#~14#端子没有连接		

6.5.5　任务实施

1. PLC 侧接线

PLC 侧接线包括电源接线、PLC 输入/输出端口的接线、按钮/指示灯模块的接线 3 个部分，其接线方法与前面 4 个单元相同。

2. 装置侧接线

装置侧的接线分为传感器接线和伺服驱动器/电磁阀线圈接线两部分。传感器及电磁阀线圈的接线与前面相同。

PLC 与伺服驱动器的接线时，脉冲输出信号、方向信号、左/右限位开关信号需要连接到伺服驱动器的 X4 接口，而 X4 接口在输送单元为一根 9 芯的电缆线，所以要注意各线的颜色。左/右限位开关在接线时直接将其常闭触点和对应的黑色/红色两根线压接在一起，而常开触点的线连接到装置侧接线端子对应的位置即可。

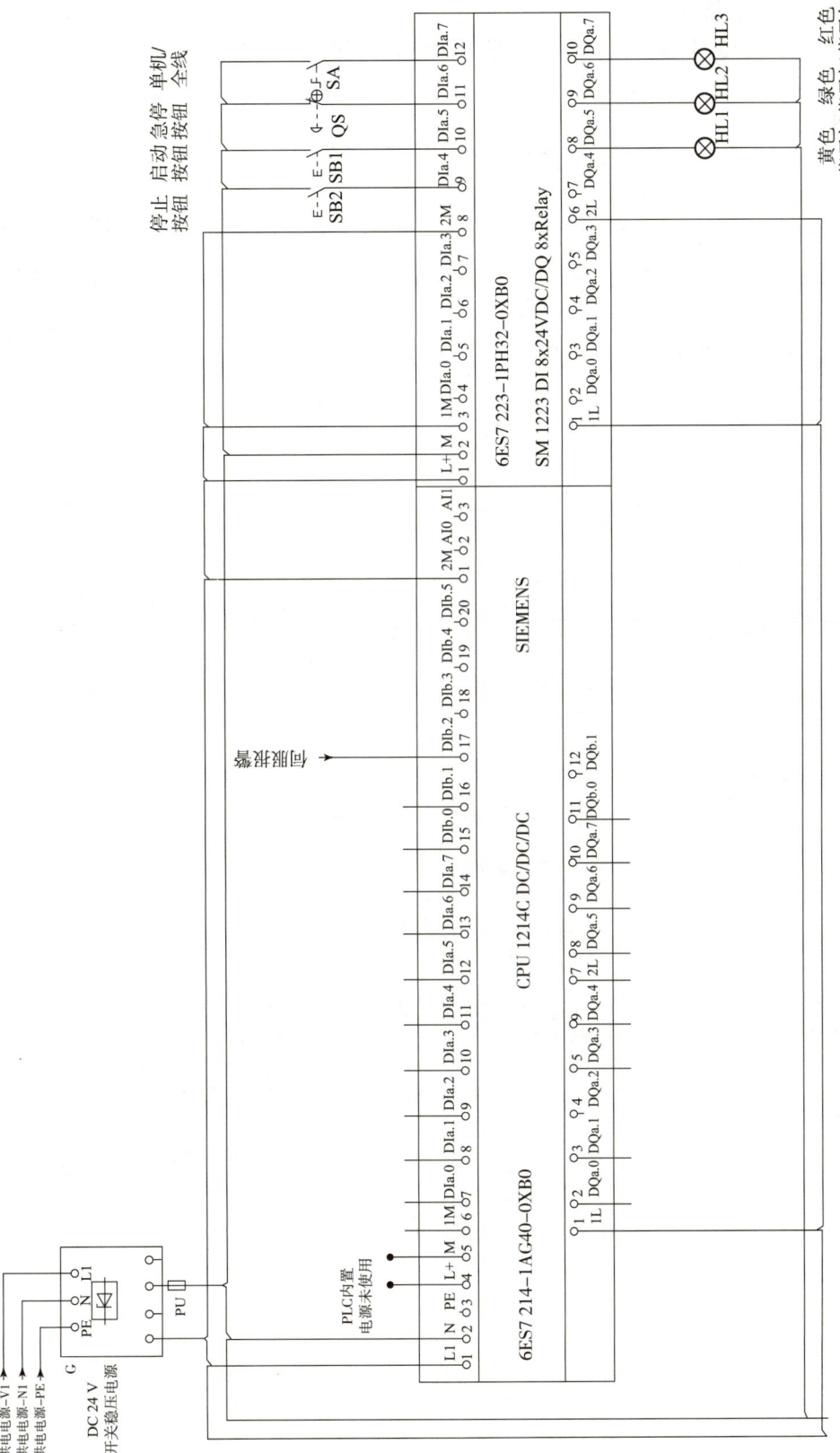

图6-5-1 PLC外部I/O接线图

3. 电气接线工艺要求

（1）电气接线的工艺应符合国家标准的规定，例如，导线连接到端子时，采用端子压接方法，且不可出现导线金属丝外露的情况；连接线须有符合规定的标号；每一端子连接的导线不超过 2 根等。

（2）装置侧接线完成后，应用扎带绑扎，力求整齐美观。

4. 电气调试

输送单元电气调试与供料单元等基本相同。要注意的是限位开关的常开触点和常闭触点要能区分清楚，不要接错。各传感器的信号要调试正确，各电磁阀线圈的驱动信号要一一对应，上电后可通过 PLC 输出点强制方法来检验是否连接正确。

输送单元电气调试

6.5.6 任务评价

各组完成输送单元电气连接与调试之后，由小组间互评或教师评分，并完成表 6-5-5。

表 6-5-5 输送单元电气连接与调试评分表

序号	评分项目	评分标准	分值	得分
1	PLC 外部 I/O 接线图绘制	每画对一处得 1 分	30 分	
2	电气连接	①I/O 分配表信号与实际连接信号不符，每处扣 1 分； ②端子排插接不牢或超过 2 根导线，每处扣 1 分	30 分	
3	工艺规范	①电路接线凌乱，扣 2 分； ②未规范绑扎，每处扣 2 分； ③未压冷压端子，每处扣 1 分； ④有电线外露，每处扣 0.5 分	10 分	
4	电气调试（小组任意一位同学示范操作）	①不能描述信号的流向与连接，扣 15 分； ②不会使用仪表量具进行调试，扣 15 分	20 分	
5	职业素养与安全意识	①现场操作安全保护不符合安全操作规程，扣 1 分； ②工具摆放、包装物品、导线线头等的处理不符合职业岗位的要求，扣 1 分； ③团队配合不紧密，扣 1 分； ④不爱惜设备和器材，工位不整洁，扣 1 分	10 分	

任务 6-6　输送单元 PLC 编程与调试

6.6.1　任务描述

完成输送单元初态检查、工作状态定义、输送控制、机械手抓料、机械手放料、指示灯显示及设备异常情况控制的 PLC 程序编写与调试。具体任务要求如下：

输送单元单站运行的目的是测试设备传送工件功能，并在供料单元的出料台上放置工件。具体测试要求如下。

输送单元单机动作视频

（1）输送单元在通电后，按下复位按钮 SB1，执行复位操作：输送单元各个气缸复位到初始位置后，抓取机械手装置回到原点位置。在复位过程中，"正常工作"指示灯 HL1 以 1 Hz 的频率闪烁。

当抓取机械手装置回到原点位置，且输送单元各个气缸满足初始位置的要求时，则复位完成，"正常工作"指示灯 HL1 常亮。按下启动按钮 SB2，设备启动，"设备运行"指示灯 HL2 也常亮，开始功能测试过程。

（2）正常功能测试。

①如果供料单元不在原点位置，则输送单元先运行到供料单元处，然后抓取机械手装置从供料单元出料台抓取工件，抓取的顺序是：手臂伸出→手爪夹紧抓取工件→提升台上升→手臂缩回。

②抓取动作完成后，伺服电动机驱动机械手装置向装配单元移动，移动速度不小于 200 mm/s。

③机械手装置移动到装配单元物料台的正前方后，即把工件放到装配单元物料台上。抓取机械手装置在装配单元放下工件的顺序是：手臂伸出→提升台下降→手爪松开放下工件→手臂缩回。

④放下工件动作完成 2 s 后，抓取机械手装置执行抓取装配单元工件的操作。抓取的顺序与供料单元抓取工件的顺序相同。

⑤抓取动作完成后，伺服电动机驱动机械手装置移动到加工单元物料台的正前方。然后把工件放到加工单元物料台上。其动作顺序与装配单元放下工件的顺序相同。

⑥放下工件动作完成 2 s 后，抓取机械手装置执行抓取加工单元工件的操作。抓取的顺序与供料单元抓取工件的顺序相同。

⑦机械手手臂缩回后，摆台逆时针旋转 90°（左旋），伺服电动机驱动机械手装置从加工单元向分拣单元运送工件，到达分拣单元传送带上方入料口后把工件放下，其动作顺序与装配单元放下工件的顺序相同。

⑧放下工件动作完成后，机械手手臂缩回，然后执行返回原点的操作。伺服电动机驱动机械手装置以 300 mm/s 的速度返回，返回到距原点 200 mm 后，摆台顺时针旋转 90°（右旋），然后返回原点停止。

当抓取机械手装置返回原点后，一个测试周期结束。当供料单元的出料台上放置了工件时，再按一次启动按钮 SB2，开始新一轮的测试。

（3）非正常运行的功能测试。

若在工作过程中按下急停按钮 QS，则系统立即停止运行。在急停复位后，应从急停前的断点开始继续运行。

在急停状态，绿色指示灯 HL2 以 1 Hz 的频率闪烁，直到急停复位后恢复正常运行时，HL2 恢复常亮。

6.6.2 任务目标

（1）能够根据输送单元输送运行控制要求画出其顺序控制功能流程图；

（2）能够完成输送单元单机控制要求的 PLC 程序编制；

（3）能够完成输送单元的 PLC 程序调试与运行。

6.6.3 任务分组

学生任务分配表如表 6-6-1 所示。

表 6-6-1 学生任务分配表

班级		小组名称		组长	
小组成员及分工					
序号	学号	姓名	任务分工		

6.6.4 任务分析

引导问题 1：输送单元的初态检查控制中，4 个气缸的初始状态是什么？对应传感器的 PLC 输入地址是多少？

_____

引导问题 2：对于机械手装置回原点动作，在 S7-1200 PLC 编程软件中，使用什么指令实现回原点动作？是主动回原点还是被动回原点？

_____
_____

引导问题 3：正常功能测试中，机械手装置准确移动到供料单元、装配单元等位置时，你认为选择绝对位置控制指令还是相对位置控制指令更方便？为什么？

_____

_____

引导问题 4：输送单元运行中需要多次抓料和放料，如何编程会更简洁方便？

_____

_____

6.6.5 任务实施

1. 输送单元单机程序编写

（1）工艺轴组态及调试。

按照任务 6-2 位控程序的组态与编程内容完成工艺轴的正确组态，组态完成后需要调试，调试正常后，可以开始编写程序。

（2）初态检查复位编程。

复位程序需要对抓取机械手气缸复位以及装置返回原点操作。其中气动手爪和摆动气缸为双电控电磁阀控制，编程时需要考虑两个线圈不能同时得电的问题。当 4 个气缸满足初始状态条件后，执行回原点的操作，将原点位置定义为位置"0"。

输送单元复位程序编写视频

引导问题 5：在输送单元"状态定义"程序中（见图 6-6-1），根据程序注释，在虚线框中填写合适的变量和地址，使其实现程序注释中的功能。

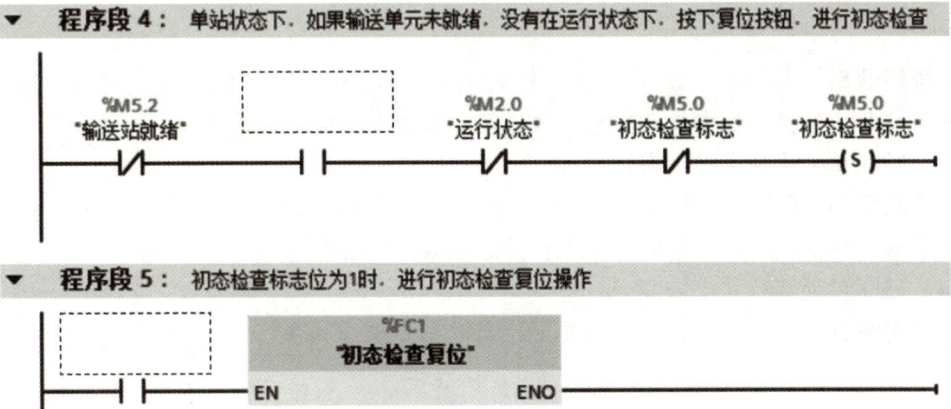

图 6-6-1 状态定义程序

引导问题 6：气缸复位时，需要对双电控电磁阀线圈完成初态检查复位，图 6-6-2 所示为"初态检查复位"函数块的部分程序，请在最上方的虚线框中写出程序段的注释，并在程序的虚线框中填写合适的地址，使其实现功能。

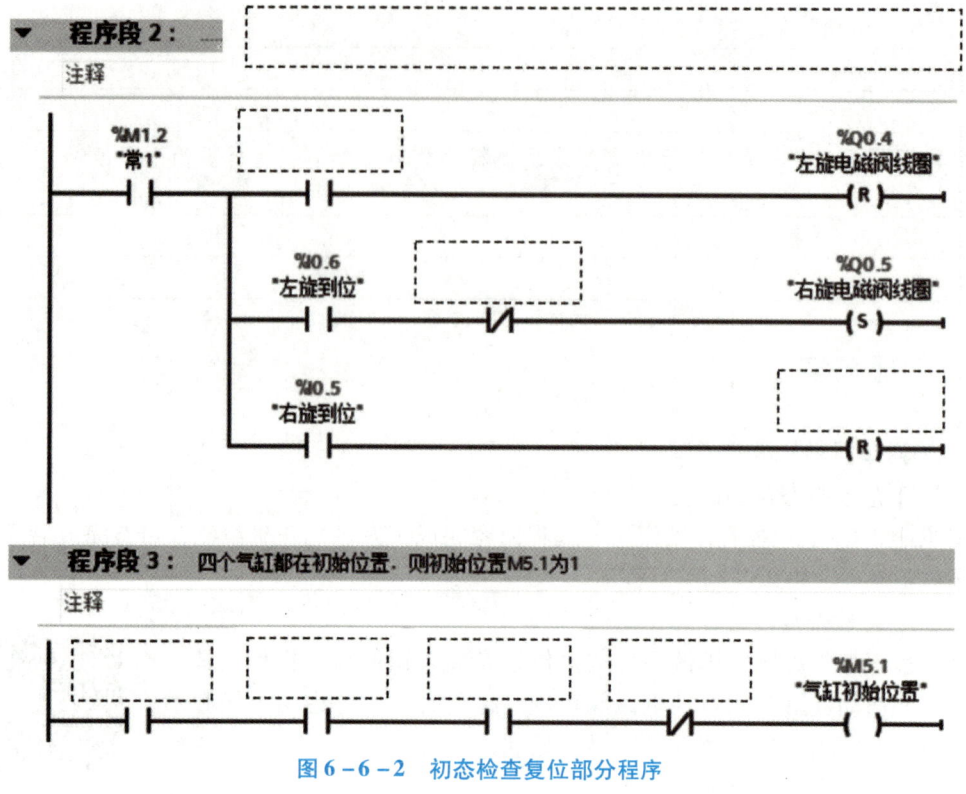

图 6-6-2　初态检查复位部分程序

引导问题 7：请写出"初态检查复位"函数块气动手爪复位的程序。

引导问题 8："初态检查复位"函数块程序段 4 如图 6-6-3 所示，请在图 6-6-4"伺服"函数块程序的虚线框中填写变量名和地址，以实现机械手装置回原点的操作。

（3）输送单元准备就绪状态定义。

引导问题 9：图 6-6-5 为输送单元"状态定义"函数块中定义输送单元准备就绪的程序，请根据任务要求及变量名称在程序空白处将其补充完整。

（4）输送单元运行状态定义。

引导问题 10：请在下方写出输送单元运行状态定义的程序。

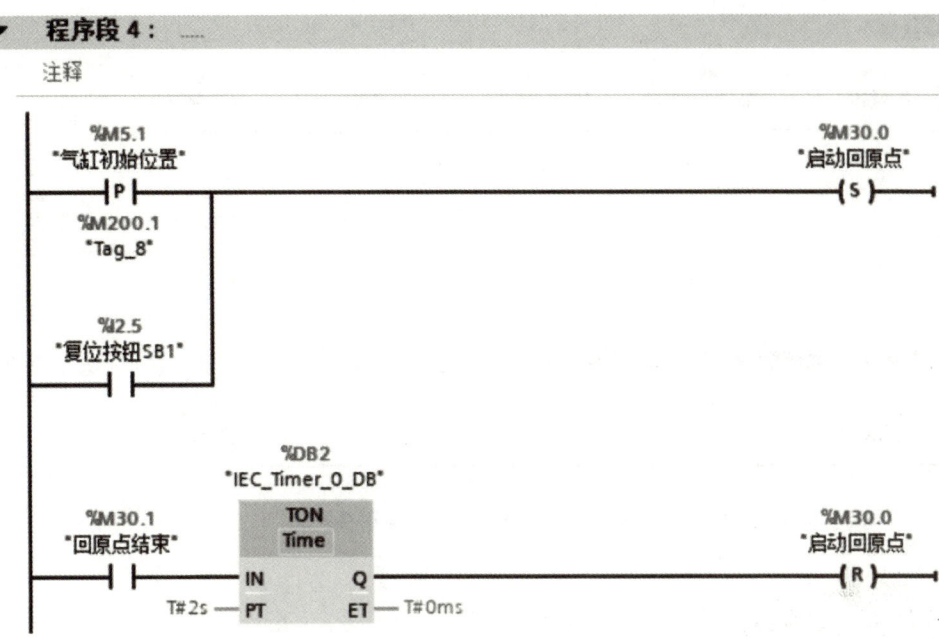

图 6-6-3 "初态检查复位"程序段

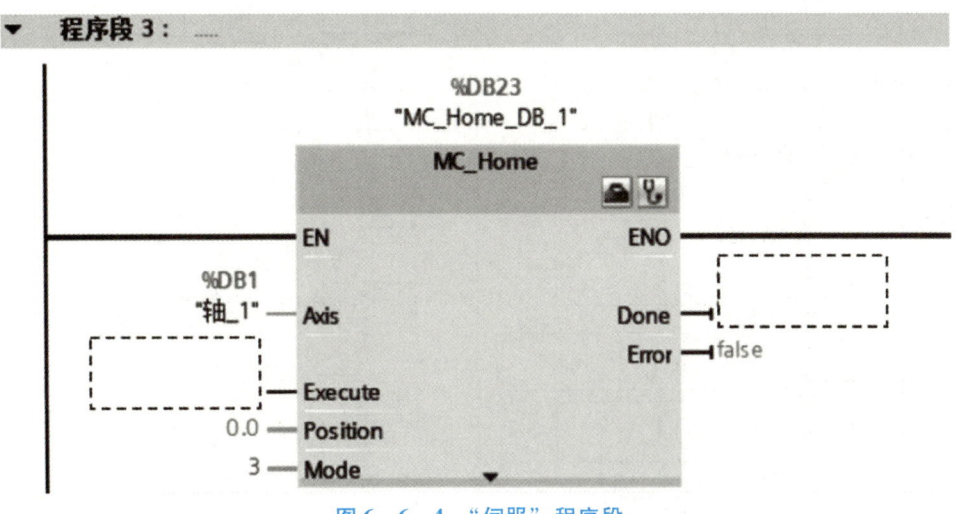

图 6-6-4 "伺服"程序段

（5）输送单元正常功能测试顺序控制。

输送单元在正常测试运行中共完成了 3 次抓料和 3 次放料、5 次绝对定位运动、1 次回原点动作。

引导问题 11：根据输送单元动作过程，将图 6-6-6 所示的顺序控制功能流程图补充完整。

（6）抓料函数块的编写。

输送单元抓料动作多次用到，其动作顺序如图 6-6-7 所示：

输送单元正常功能测试程序编写视频

▶ 程序段 6：

```
%I2.6        %M5.1         %M30.1        %M2.0         %M5.2
"急停按钮"   "气缸初始位置"  "回原点结束"   "运行状态"    "输送站就绪"
——| |————————| |——————————| |————┬——|/|————————————(S)—

                                   │   %M2.0        %M5.2         %M5.2
                                   │  "运行状态"   "输送站就绪"   "输送站就绪"
                                   └————| |————————| |————————————(R)—
```

▶ 程序段 7：如果输送单元已经就绪，则复位初态检查标志

```
%M5.2         %M5.0                                    %M5.0
"输送站就绪"  "初态检查标志"                           "初态检查标志"
——| |————————| |—————————————————————————————————————(  )—
```

图 6-6-5 输送单元准备就绪定义

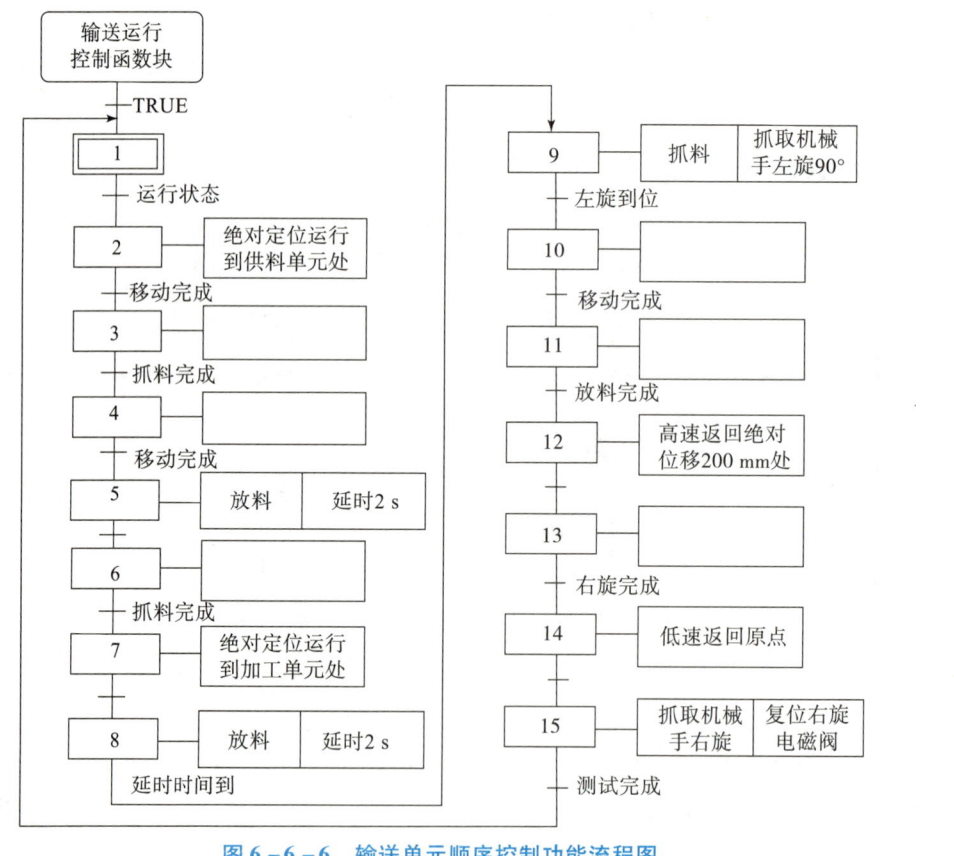

图 6-6-6 输送单元顺序控制功能流程图

手爪伸出 —伸出到位→ 手爪夹紧 —夹紧到位→ 延时 0.3 s —延时时间到→ 提升台提升 —提升到位→ 手爪缩回

图 6-6-7 抓料动作顺序

在编写程序时，将抓料动作写在一个函数块 FC 中，抓料完成后需要切换到后续动作，在函数块中建立一个 Output 的形参，如图 6-6-8 所示。在调用函数块时赋予绝对值地址即可。编写程序时直接使用"#"加上输出形参名称"抓料完成"，即"#抓料完成"。如图 6-6-9 所示，图示为抓料函数块的最后一部分。

	名称	数据类型	默认值	注释
1	▼ Input			
2	<新增>			
3	▼ Output			
4	抓料完成	Bool		
5	▼ InOut			
6	<新增>			

图 6-6-8　新建函数块 Output 形参"抓料完成"

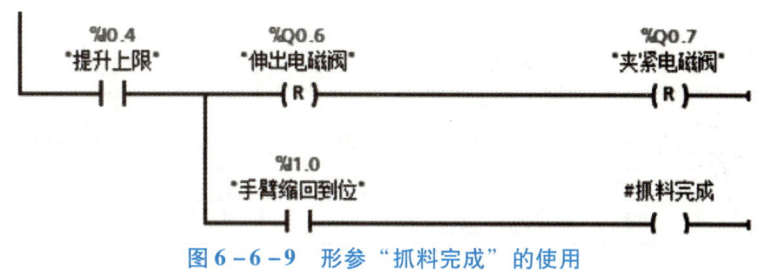

图 6-6-9　形参"抓料完成"的使用

使用了形参，在调用函数块时将出现对应的参数，如在抓料函数块中将出现输出参数，如图 6-6-10 所示为在输送运行控制函数块中抓料函数块的调用。

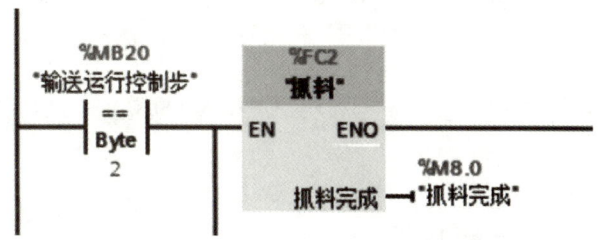

图 6-6-10　带有形参的函数块调用

（7）放料函数块的编写。

放料函数块的编写与抓料基本上相同，定义了一个输出形参"放料完成"，其动作顺序如图 6-6-11 所示。

手爪伸出 ——伸出到位→ 提升台下降 ——下降到位→ 手爪松开 ——松开到位→ 延时 0.3 s ——延时时间到→ 手爪缩回

图 6-6-11　放料动作顺序

（8）输送运行控制函数块的编写。

输送单元运行控制共用 15 步完成输送运行控制动作，抓料、放料通过调用函数块来实现，绝对定位和回原点通过定义"MC_MoveAbsolute""MC_Home"的相关输入输出参数对应地址的值来实现。

用比较和传送指令的方法编写步进程序如图 6-6-12 所示，图中程序段 1 为输送运行控制程序，程序段 2 为绝对定位运行程序段，通过"绝对运行结束"切换到下一步。

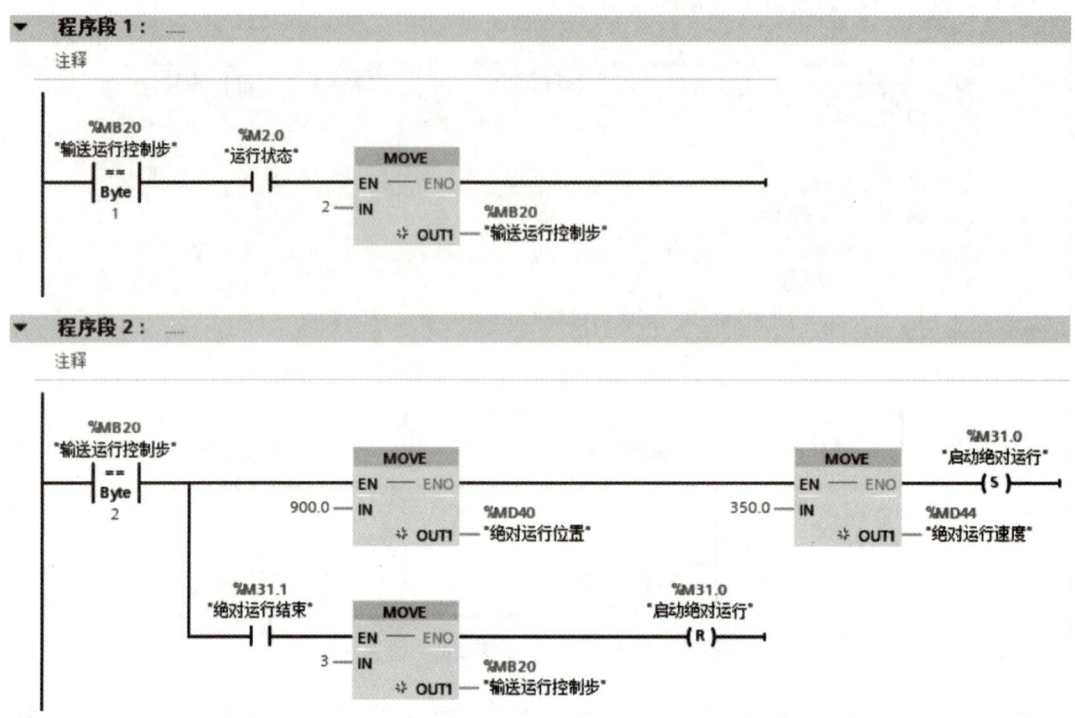

图 6-6-12　用比较和传送指令编写步进程序

引导问题 12：根据图 6-6-12、图 6-6-13，完成图 6-6-14"伺服"程序虚线框中的变量名和地址的填写。

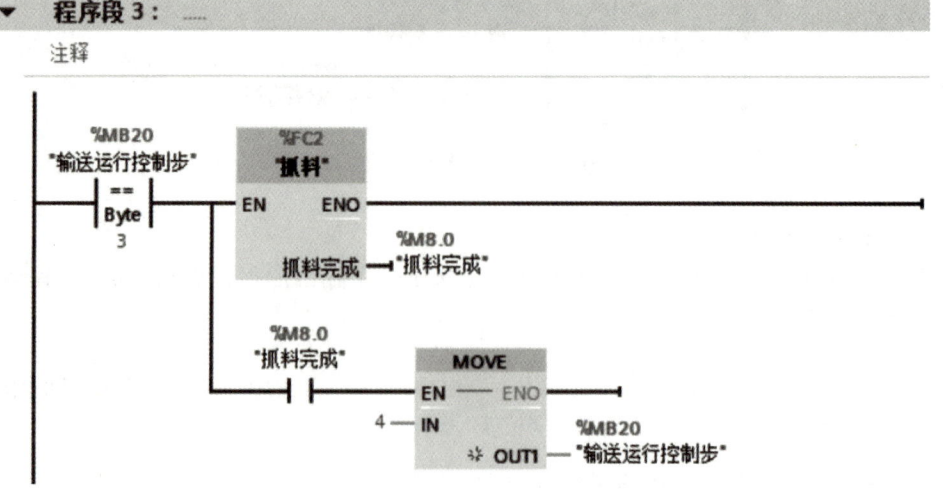

图 6-6-13　"输送运行控制"程序调用"抓料"FC 块

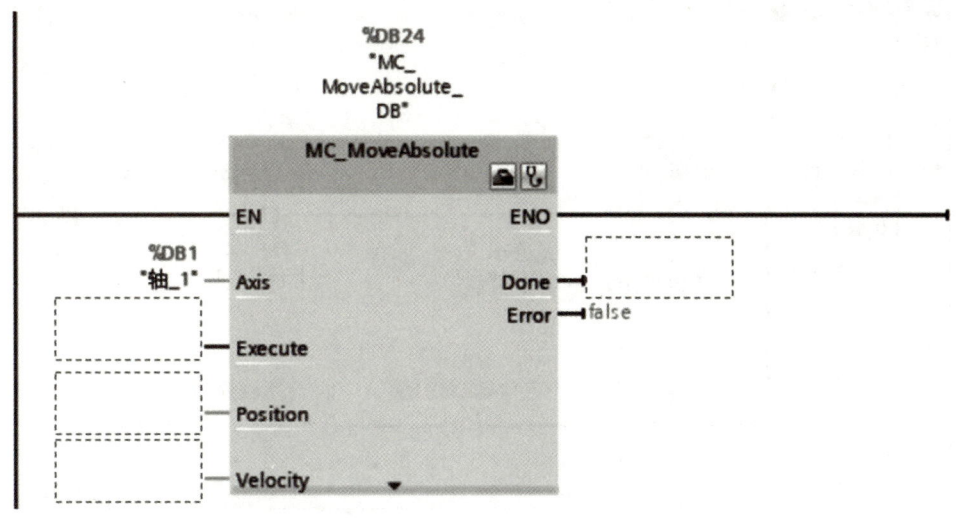

图 6-6-14 "伺服" FC 块中的绝对定位指令

引导问题 13：根据输送单元正常功能测试运行控制要求，图 6-6-15 所示程序表示运行第____步，抓取机械手从____单元移动到____单元，位移是____mm，速度没有给出表示_____，程序段最后 M31.0 复位的作用是：_____。

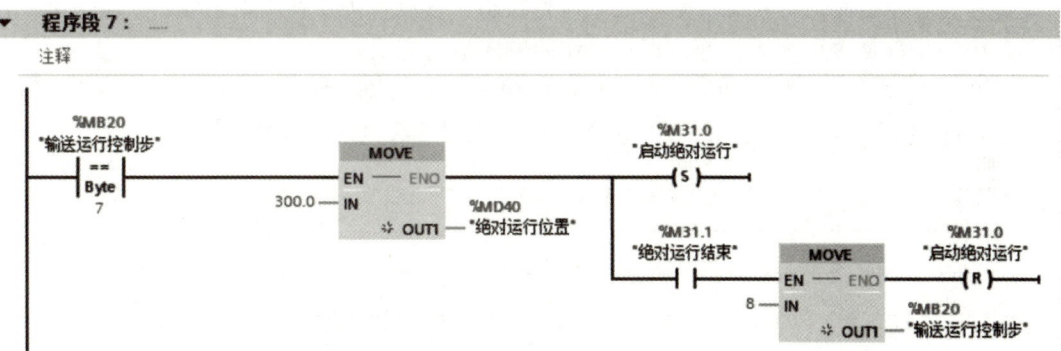

图 6-6-15 "输送运行控制" FC 块程序段 7

引导问题 14：在图 6-6-16 的程序中，Q0.4 置位后抓取机械手将_____，Q0.4 复位后抓取机械手处于_____位置。

（9）完成所有程序的编写。

根据图 6-6-6 的顺序控制功能流程图，完成"输送运行控制" FC 块的程序编写。根据控制要求，完成状态及指示灯的程序编写，全部编写完成后下载到 PLC。

2. PLC 程序调试

（1）在任务 6-2 中已完成了伺服系统接线、伺服驱动器参数设置、移动程序的编写与调试，确保了伺服系统正常工作。

（2）断开输送单元伺服驱动器电源，手动将抓取机械手装置移动到直线导轨的中间位置。

（3）将输送单元 PLC 和伺服系统电源上电，将工作方式选择开关转到左侧（单机方式），按下 SB1 复位按钮，抓取机械手装置回原点，到达原点之后停止。指示灯 HL1 常亮，

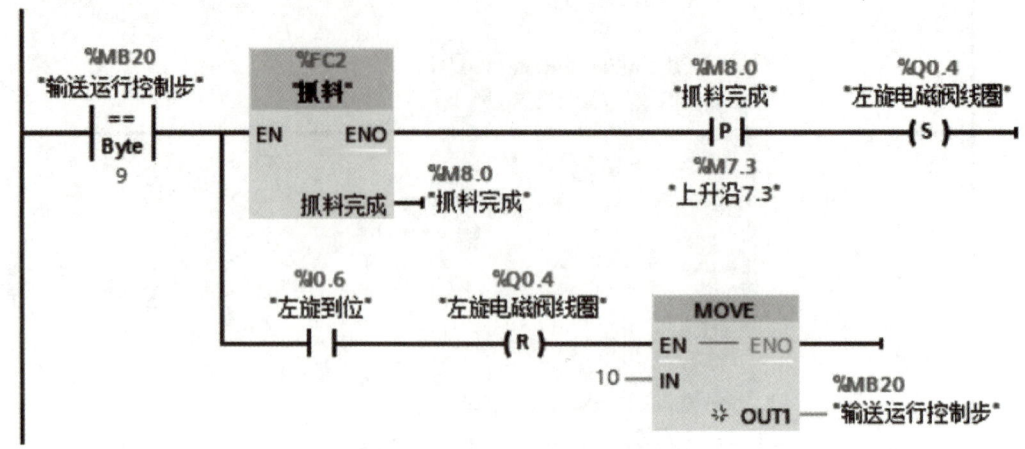

图 6-6-16 "输送运行控制" FC 块程序段 9

表示已回到初始位置。

（4）在供料单元物料台上人工放下一个工件，按下启动按钮 SB2，输送单元将完成图 6-6-9 所示的动作，如果在调试过程中出现问题，通过监控程序查找原因，比如检查设备是否准备好、急停按钮是否复位、是否处于运行状态、有没有按要求调用函数块、输送运行控制函数块的步数是否正确运行等，直到动作能顺序运行完成。

（5）运行完成一个测试周期后按下启动按钮 SB2 是否能再次运行。

引导问题 15：请描述调试过程中出现了一些什么问题？是如何解决的？

___

___

___

___

___

6.6.6　任务评价

各小组完成输送单元任务编程与调试后，由同学或教师评分，并完成表 6-6-2。

表 6-6-2　输送单元编程与调试项目评分表

序号	评分项目	评分标准	分值	小组评分	教师评分
1	引导问题	15 个引导问题的总分	50 分		
2	初始检查复位和准备状态	4 个气缸的初始状态每一个 1 分，回原点 2 分，准备就绪定义 2 分，指示灯 2 分	10 分		

续表

序号	评分项目	评分标准	分值	小组评分	教师评分
3	运行状态	运行状态定义2分，运行时HL2常亮2分	4分		
4	单机测试	3次抓料、3次放料动作正确各得2分，移动及回原点正确各得2分，左旋及右旋正确各得2分	26分		
5	测试完成	单周期测试完成后能自动停止，再次按SB2能启动测试	4分		
6	急停	按下急停按钮能立即停止得2分，释放后能继续运行得2分，HL2以1 Hz的频率闪烁得2分	6分		
	总分		100分		

请各组同学按要求操作，边操作边讲解，将过程录制成视频，上传至线上学习平台，并完成表6-6-3所示的评价表。

表6-6-3 学生互评表

序号	任务	完成情况记录
1	完成速度排名	
2	完成质量情况	
3	视频作品质量	
4	语言表达能力	
5	小组成员合作情况	

项目七　YL-335B 系统全线编程与调试

在前面的项目中,介绍了 YL-335B 自动化生产线的各个组成单元在作为独立设备工作时用 PLC 对其实现控制的基本方法,这相当于模拟了一个简单的单(独立)体设备的控制过程。本项目将以 YL-335B 自动化生产线出厂例程为实例,介绍如何通过 PLC 实现由几个相对独立的单元组成的一个群体设备(生产线)的控制功能。

YL-335B 自动化生产线系统的控制方式采用每一工作单元由一台 PLC 承担其控制任务,各 PLC 之间通过 S7 单边通信实现互连的分布式控制方式。组建成网络后,系统中每一个工作单元也称作工作站。

YL-335B 自动化生产线系统全线工作时的主令信号由触摸屏输入,状态由触摸屏显示。

1. 教学目标

知识目标

◇ 熟悉 YL-335B 自动化生产线系统全线工作过程;
◇ 理解 PROFINET S7 网络通信技术;
◇ 掌握 MCGS 触摸屏脚本程序的组态方法;
◇ 掌握 YL-335B 自动化生产线的全线运行程序编写与调试的方法。

能力目标

◇ 能够完成 YL-335B 自动化生产线各单元距离调节;
◇ 能够完成 YL-335B 自动化生产线的 PROFINET 网络组建;
◇ 能够完成 PROFINET S7 通信程序编制与调试;
◇ 能够使用 MCGS 触摸屏脚本完成界面功能;
◇ 能够完成系统全线运行的程序编写与调试;
◇ 能够根据任务要求完成相关技术手册的查阅。

素质目标

◇ 通过系统全线的编程与调试,培养学生分析问题和解决问题的能力;
◇ 通过小组配合完成系统全线的功能,培养学生团队协作精神;
◇ 通过 5 个单元协调工作的实现,培养学生大局观意识。

2. 项目实施流程

根据 YL-335B 系统全线项目任务的描述和机电设备运行与维护的工作特点，本项目任务需要完成以下工作：

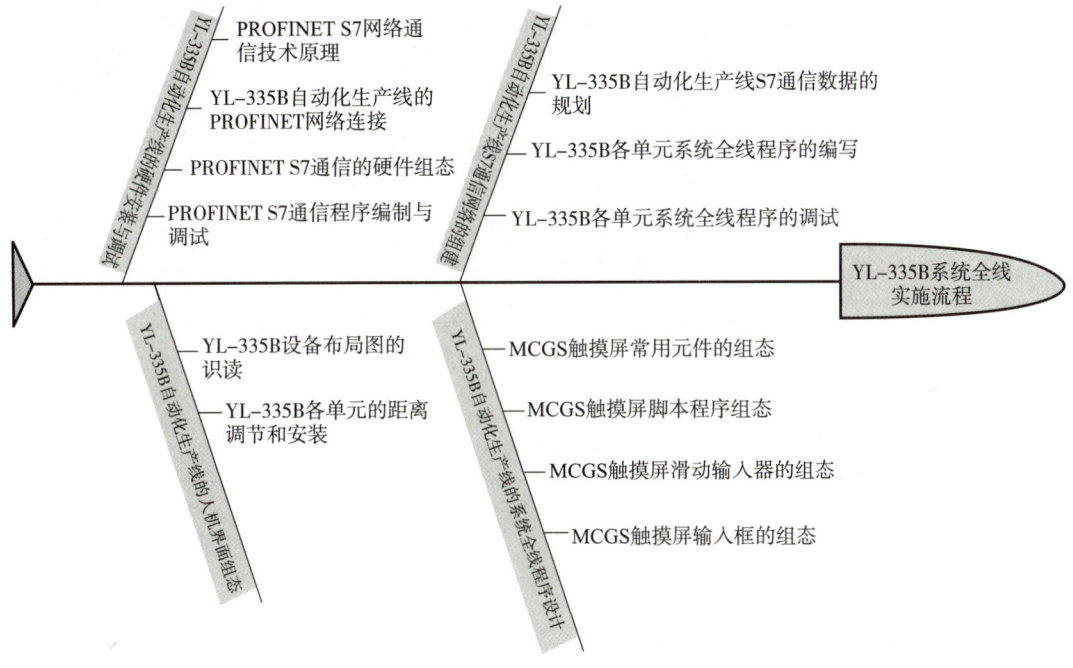

任务 7-1 YL-335B 自动化生产线的硬件安装与调试

7.1.1 任务描述

供料、加工、装配、分拣及输送 5 个单元已安装完成，为了能够完成联机的自动生产任务，需要按照图 7-1-1 所示的布局来进行安装和调整各单元的位置，安装偏差为 ±1 mm。

7.1.2 任务目标

（1）能够识读 YL-335B 设备布局图；
（2）能够正确使用钢直尺进行距离的测量；
（3）能够完成 YL-335B 自动化生产线各单元距离的调节。

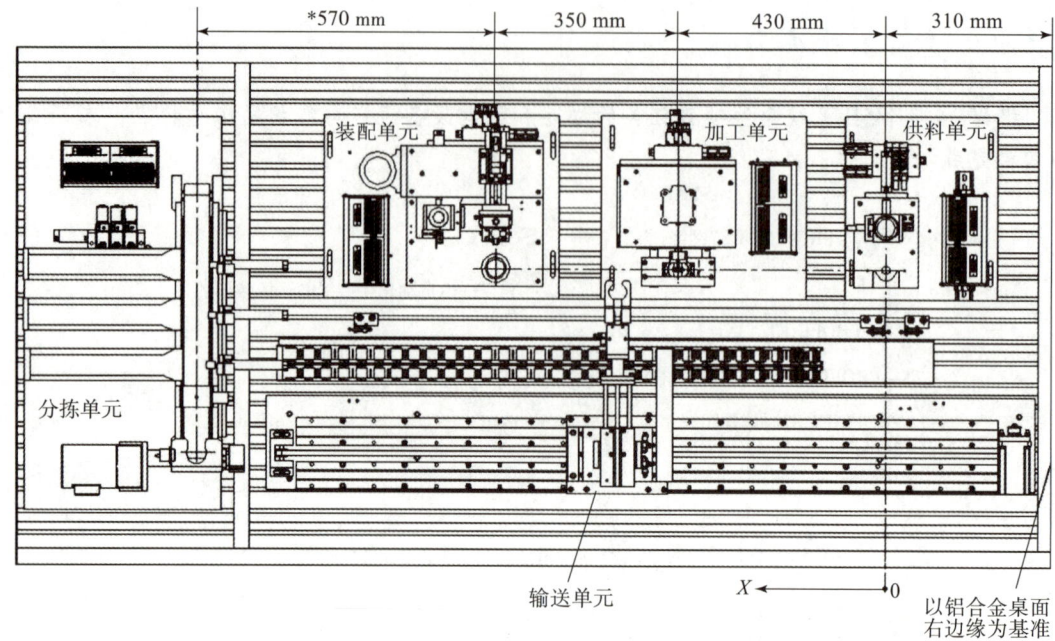

图 7-1-1　YL-335B 自动化生产线设备布局图

7.1.3　任务分组

学生任务分配表如表 7-1-1 所示。

表 7-1-1　学生任务分配表

班级		小组名称		组长	
小组成员及分工					
序号	学号	姓名	任务分工		

7.1.4　任务分析

引导问题 1：根据图 7-1-1 可以看出，生产线的左右（X 向）安装基准是_____，各单元之间的左右安装尺寸标注是以_____来标注的。各单元前后位置以

_____来调节。

引导问题 2：图 7-1-1 中供料单元的出料台中心为原点位置，将各单元到原点的距离填入表 7-1-2 中。

表 7-1-2　各单元距原点的距离

序号	名称	距离
1	供料单元	
2	加工单元	
3	装配单元	
4	分拣单元	

7.1.5　任务实施

1. 安装供料单元

供料单元在最右侧，物料台中心点距离实训台右侧边为 310 mm，使用钢直尺进行调整。供料单元前后位置调整方法为：将输送单元手动移动到供料单元前方，将抓取机械手伸出，以能够准确抓取到物料台上的工件为准，调整好后将供料单元底板上的 4 个安装螺钉拧紧。

YL-335B 整机安装

2. 其他 3 个单元的安装

其他单元用相同的方法完成左右（X 向）、前面位置调整。在调整分拣单元时需要将抓取机械手左旋来确定其前后位置。

3. 安装注意事项

在实训台上安装各单元时，在位置调整之前，需要先将固定螺钉套在底板 T 形槽的螺母上，不要上紧。位置调整合适之后再对角拧螺钉，固定之后再次试一下输送单元机械手是否可以准确抓取和放下工件，能够正确抓取后再拧紧固定螺钉。

在安装工作完成后，必须进行必要的检查、局部试验的工作，确保及时发现问题。在投入全线运行前，应清理工作台上的残留线头、管线、工具等，养成良好的职业素养。

7.1.6　任务评价

各组完成 YL-335B 自动化生产线整体布局安装后，请同学或教师评分，并完成表 7-1-3。

表 7-1-3　YL-335B 自动化生产线整体布局安装评分表

序号	评分项目	评分标准	分值	互评得分	教师评分
1	5 个单元在实训台的安装	①X 向（左右）尺寸误差大于 ±1 mm，扣 8 分；前后方向不正确，扣 4 分； ②每少上一个螺钉扣 1.5 分； ③紧固件松动现象，每处扣 0.5 分	72 分		

续表

序号	评分项目	评分标准	分值	互评得分	教师评分
2	职业素养与安全意识	①现场操作安全保护不符合安全操作规程，扣1分； ②工具摆放、包装物品、导线线头等的处理不符合职业岗位的要求，扣1分； ③团队配合不紧密，扣1分； ④不爱惜设备和器材，工位不整洁，扣1分	10分		
3	引导问题	2个引导问题的总分	18分		
4		总分	100分		

任务 7-2　YL-335B 自动化生产线 S7 通信网络的组建

7.2.1　任务描述

S7 通信组网

要实现 YL-335B 自动化生产线的 5 个单元可以联机完成供料、加工、装置和分拣的生产流程，5 个单元需要有信息的交换，以协调各单元的动作。西门子 S7-1200 CPU 1214C 集成有一个 PROFINET 通信接口，将 5 个单元的 PROFINET 通信接口连接到以太网交换机，可以实现通信以完成联机生产任务。网络结构如图 7-2-1 所示。

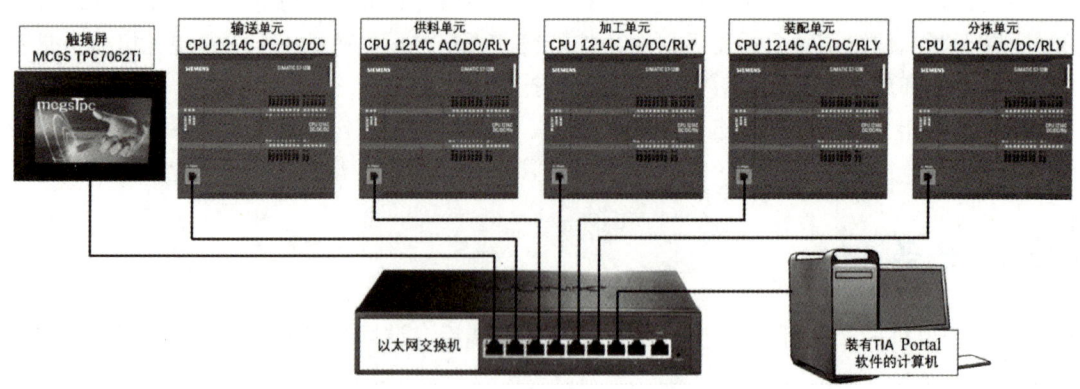

图 7-2-1　YL-335B 自动化生产线的网络结构

YL-335B 自动化生产线的 5 个单元要实现通信完成以下任务：

（1）按下输送单元的启动按钮 SB1，供料单元、加工单元、装配单元和分拣单元都切换为运行状态，4 个单元的绿色指示灯 HL2 常亮，按下输送单元的停止按钮 SB2，4 个单元切换为停止状态，HL2 熄灭。

（2）按下供料单元的启动按钮 SB1，输送单元的黄色指示灯 HL1 以 1 Hz 频率闪烁，按下供料单元停止按钮 SB2，输送单元指示灯 HL1 熄灭。

（3）按下加工单元的启动按钮 SB1，输送单元的绿色指示灯 HL2 以 1 Hz 频率闪烁，按下加工单元停止按钮 SB2，输送单元指示灯 HL2 熄灭。

（4）按下装配单元的启动按钮 SB1，输送单元的红色指示灯 HL3 以 1 Hz 频率闪烁，按下装配单元的停止按钮 SB2，输送单元指示灯 HL3 熄灭。

（5）按下分拣单元的启动按钮 SB1，输送单元的指示灯 HL1、HL2、HL3 均以 2 Hz 频率闪烁，按下分拣单元的停止按钮 SB2，输送单元指示灯 HL1、HL2、HL3 均熄灭。

7.2.2　任务目标

（1）掌握 PROFINET S7 网络通信技术；
（2）能够完成 YL-335B 自动化生产线的 PROFINET 网络连接；
（3）能够完成 PROFINET S7 通信的硬件组态；
（4）能够完成 PROFINET S7 通信程序编制与调试。

7.2.3　任务分组

学生任务分配表如表 7-2-1 所示。

表 7-2-1　学生任务分配表

班级		小组名称		组长	
小组成员及分工					
序号	学号	姓名	任务分工		

7.2.4　任务分析

引导问题 1：S7-1200 CPU 集成的 PROFINET 接口是_____接口（是 RS485 还是以太网 RJ45）。S7-1200 CPU 1214C 集成了____个 PROFINET 接口，当多个 CPU 进行通信时，可以通过_____进行网络连接。

引导问题 2：S7 通信支持哪两种方式？这两种方式有什么不同？S7-1200 PLC 支持哪一种方式？

引导问题3：在图7-2-2所示S7通信指令GET、PUT中，从远程CPU读取数据的指令是_____，将数据写入远程CPU的指令是_____。指令的输入参数REQ的作用是_____，ID指的是_____，ADDR_1是_____，RD_1是_____，SD_1是_____，输出参数DONE为"1"时表示_____，ERROR为"1"时表示_____。

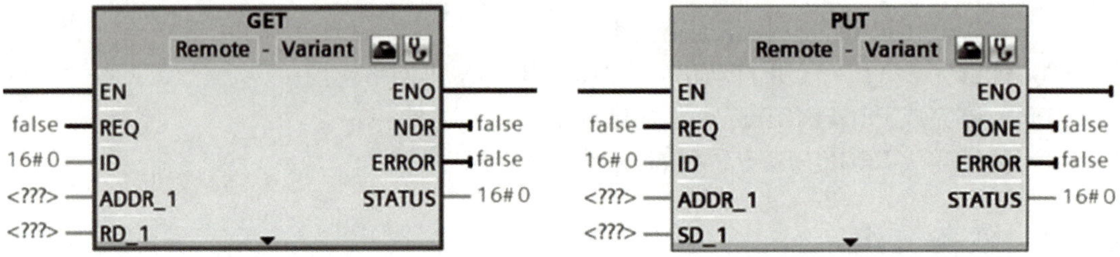

图7-2-2　S7通信指令

引导问题4：为实现S7单边通信，请完成以下内容：

（1）使用S7单边通信时，确定5个单元的IP地址，并填入表7-2-2中。

表7-2-2　IP地址和角色分配

序号	设备名称	IP地址	角色（客户端或服务器端）
1	供料单元		
2	加工单元		
3	装配单元		
4	分拣单元		
5	输送单元		

（2）为实现任务书要求的数据交换，5个单元通过S7单边通信，确定要建立的S7连接数量及各个单元所承担的角色，并填入表7-2-2对应的列。

（3）如果通信中将输送单元作为客户端，而其他4个单元作为服务器端，且发送和接收的数据区大小为均为10个字节，请规划数据区地址范围，并填入表7-2-3中。

表7-2-3　数据区地址

功能	客户端	数据区地址	服务器端	数据区地址
读取 （GET）	输送单元 RD_1		供料单元 ADDR_1	
	输送单元 RD_1		加工单元 ADDR_1	
	输送单元 RD_1		装配单元 ADDR_1	
	输送单元 RD_1		分拣单元 ADDR_1	

续表

功能	客户端	数据区地址	服务器端	数据区地址
写入 （PUT）	输送单元 SD_1		供料单元 ADDR_1	
	输送单元 SD_1		加工单元 ADDR_1	
	输送单元 SD_1		装配单元 ADDR_1	
	输送单元 SD_1		分拣单元 ADDR_1	

7.2.5 任务实施

1. 网络连接

将供料单元、加工单元、装配单元、分拣单元、输送单元和编程计算机通过以太网线连接到交换机上，组成网络。

2. S7-1200 PLC 硬件组态

S7 通信实例

在 TIA Portal V16 软件中新建一个项目，根据现场 PLC 型号添加 5 个 S7-1200 PLC 站，并分别修改设备名称和分配 IP 地址，将各站设备组态 CPU 属性中的系统和时钟存储器激活。

将每一个 PLC 的 CPU 属性中的"防护与安全"下的"连接机制"中的"允许来自远程对象的 PUT/GET 通信访问"复选框勾上，如图 7-2-3 所示。

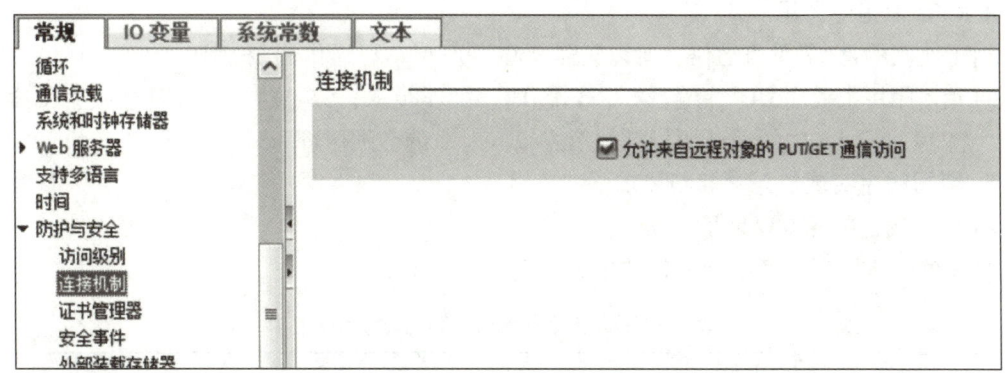

图 7-2-3 勾选允许来自远程对象的 PUT/GET 通信访问

3. 网络配置，新建 4 个 S7 连接

（1）建立 PN/IE_1 网络。

在网络视图中，分别将各个站 PLC CPU 的网口连接到网络 PN/IE_1，如图 7-2-4 所示。

（2）建立 S7 连接。

单击图 7-2-4 左上方的"连接"，在连接框中选中"S7 连接"，然后左键单击输送单元网口，将其拖曳到供料单元的网口，将建立一个 S7 连接，名称为"S7_连接_1"。

用相同的方法建立其余 3 个 S7 连接，分别是输送单元和加工单元、输送单元和装配单

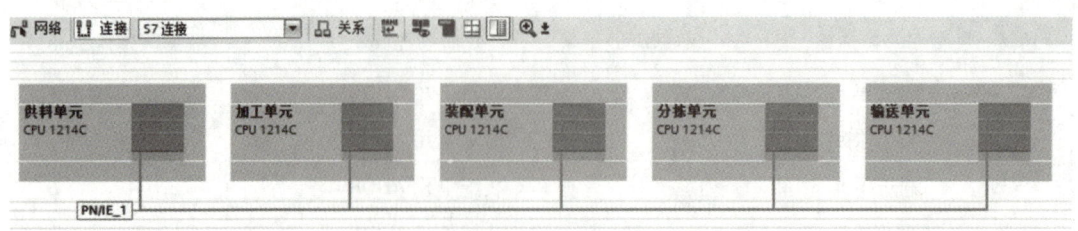

图 7 - 2 - 4　PN/IE_1 网络

元、输送单元和分拣单元的"S7_连接_2""S7_连接_3""S7_连接_4",本地连接 ID 分别为 100、101、102 和 103,如图 7 - 2 - 5 所示。

图 7 - 2 - 5　建立的 S7 连接

4. S7 通信指令调用

由于使用的是 S7 单边通信,所以只需要在客户端编写通信指令 GET、PUT 即可。打开输送单元程序块主程序 OB1,编写 S7_连接_1、S7_连接_2、S7_连接_3、S7_连接_4 的通信指令。将表 7 - 2 - 3 中的地址用指针的形式输入对应的数据区即可。

5. 编写程序实现任务书控制要求

(1) 查找各单元 I/O 地址。

将任务书所用到的各单元 I/O 地址填入表 7 - 2 - 4。

表 7 - 2 - 4　5 个单元所用到的 I/O 地址

单元名称	输入地址		输出地址		
	SB1	SB2	HL1	HL2	HL3
供料单元					
加工单元					
装配单元					
分拣单元					
输送单元					

(2) 输送单元和供料单元编程。

按下输送单元的启动按钮 SB1,供料单元切换为运行状态,且绿色指示灯 HL2 常亮,按下输送单元的停止按钮 SB2，供料单元切换为停止状态，HL2 熄灭。

输送单元 OB1 程序如图 7-2-6 所示，程序段 1 为 S7 通信指令的调用。图中 REQ 输入了 M0.5 为 1Hz 频率输出的时钟地址，上升沿有效。本地连接 ID 号为 100，即是"S7_连接_1"的 ID 号。ADDR_1、RD_1 和 SD_1 所输入数据区地址为指针式。图中所示为输送单元从供料单元的 MB1010~MB1019 连续 10 个字节数据区进行读取，读取后在输送单元存放的地址同样为 MB1010~MB1019 连续 10 个字节。写入数据区为将输送单元 MB1000~MB1009 连续 10 个字节写入供料单元 MB1000~MB1009 连续 10 个字节。图 7-2-6 程序段 2 的程序定义了按下输送单元的启动按钮 SB1，M1000.0 将为"1"，由于 M1000.0 是属于 MB1000 中的位，所以可以写入供料单元的 M1000.0 中，图 7-2-7 供料单元的程序中用了 M1000.0 来定义 HL2 指示灯，从而实现将输送单元的信号传送到供料单元。

将供料单元按下启动按钮 SB1 的信号要传送到输送单元，其原理也是一样的，对于输送单元来说是读取，所以需要用到的地址为 MB1010~MB1019 中的地址，如图 7-2-6 所示，先在供料单元定义 M1010.0 地址的值，然后通过通信可以由输送单元读取到。

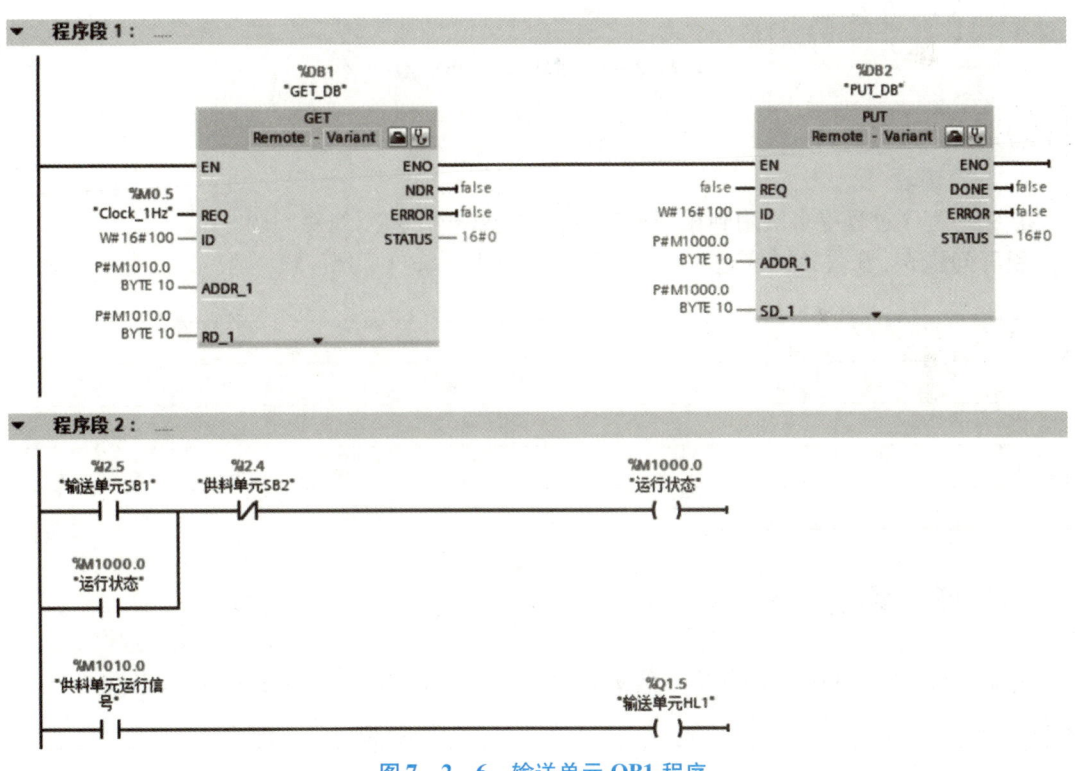

图 7-2-6 输送单元 OB1 程序

（3）其他单元的程序。

其他单元的程序相同，都是只需要在输送单元（客户端）编写 S7 通信程序，注意 S7 连接的本地连接 ID 号要填写正确，编程时注意需要数据交换的地址必须是在 PUT、GET 指令中填写。

6. 下载调试

按照上面的方法将所有单元的 PLC 程序编写完成，将程序下载到对应的 PLC CPU 中，

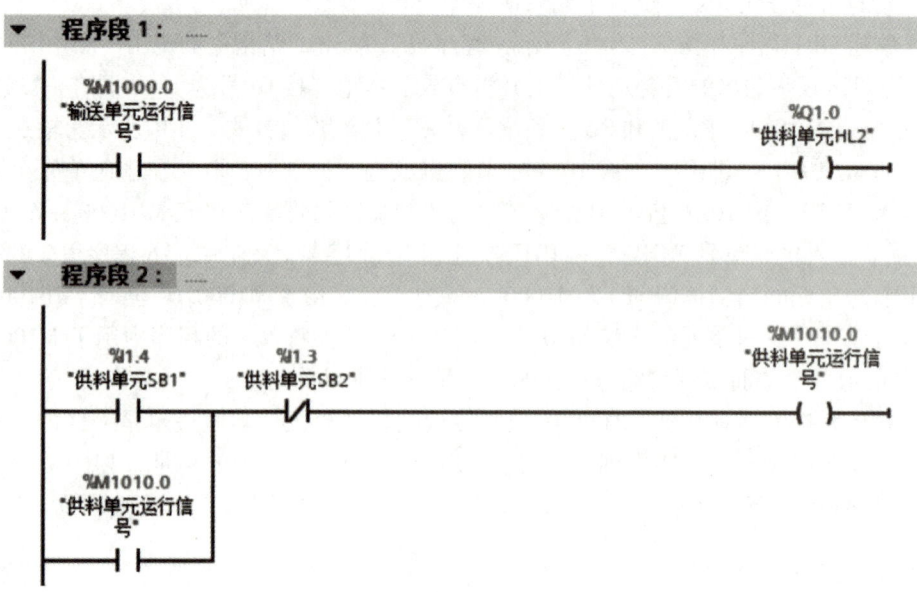

图 7-2-7　供料单元 OB1 程序

按任务书要求进行调试。

7. 注意事项

在编写程序过程中多次用到相同地址时，注意不要产生双线圈问题。

引导问题 5：请描述调试过程中出现了什么样的问题？是如何解决的？

_____

_____

_____

_____

_____

7.2.6　任务评价

各组完成 YL-335B 自动化生产线 S7 通信网络组建任务后，请同学或教师评分，并完成表 7-2-5。

表 7-2-5　输送单元编程与调试项目评分表

序号	评分项目	评分标准	分值	得分
1	网络连接	连接错误一处扣 3 分	18 分	
2	IP 地址分配	IP 地址分配有误，不在一个网段，错一处扣 2 分	12 分	
3	输送单元与供料单元通信	写入、读取通信组网错误各扣 5 分；指示灯错误各扣 3 分	16 分	

续表

序号	评分项目	评分标准	分值	得分
4	输送单元与加工单元通信	写入、读取通信组网错误各扣 5 分；指示灯错误各扣 3 分	16 分	
5	输送单元与装配单元通信	写入、读取通信组网错误各扣 5 分；指示灯错误各扣 3 分	16 分	
6	输送单元与分拣单元通信	写入、读取通信组网错误各扣 5 分；指示灯错误各扣 3 分	22 分	

7.2.7 知识链接

1. S7 通信概述

S7-1200 CPU 集成了物理接口是以太网 RJ45 的 PROFINET 接口，该接口具备连接 PROFINET 总线的通信功能，可以通过组态与其他控制器建立 S7 通信协议，它是西门子 S7 系列 PLC 内部集成的一种通信协议。S7 通信支持两种方式：

（1）基于客户端（Client）/服务器（Server）的单边通信；

（2）基于伙伴（Partner）/伙伴（Partner）的双边通信。

客户端/服务器模式是最常用的通信方式，也称作 S7 单边通信。在该模式中，只需要在客户端一侧进行配置和编程；服务器一侧只需要准备好需要被访问的数据，不需要任何编程。

当两台 S7-1200 PLC 进行 S7 通信时，可以把一台设置为客户端，另一台设置为服务器。客户端/服务器模式的数据流动是单向的。也就是说，只有客户端能操作服务器的数据，而服务器不能对客户端的数据进行操作。

当需要双向的数据操作时，就可以使用伙伴/伙伴通信模式，也称为 S7 双边通信。S7 双边通信双方都需要进行配置和编程；通信需要先建立连接。主动请求建立连接的是主动伙伴（Active Partner），被动等待建立连接的是被动伙伴（Passive Partner）；当通信建立后，通信双方都可以发送或接收数据。

S7-1200 PLC 的 PROFINET 通信口可以作 S7 通信的服务器端或客户端（CPU V2.0 及以上版本）。S7-1200 PLC 仅支持 S7 单边通信，只需在客户端单边组态连接和编程，而服务器端只需要准备好通信的数据就行。

2. 实现同一项目中两个 S7-1200 PLC S7 通信实例

将任务中输送单元 S7-1200 PLC CPU 1214C DC/DC/DC 和供料单元 S7-1200 PLC CPU 1214C AC/DC/RLY 完成通信，将客户端输送单元 MB1000~MB1009 10 个字节的数据发送到服务器供料单元的 MB1000~MB1009 字节中；将 MB1010~MB1019 10 个字节的数据从服务器供料单元读取到客户端输送单元的 MB1010~MB1019 字节中。具体步骤如下。

（1）使用 TIA Portal V16 生成项目。

使用 TIA Portal V16 创建一个新项目，并通过"添加新设备"组态 S7-1200 PLC 站客户端输送单元，选择 CPU 1214C DC/DC/DC V4.4（客户端 IP：192.168.10.15）；接着组态

另一个 S7-1200 PLC 站服务器供料单元,选择 CPU 1214C AC/DC/RLY V4.4(服务器 IP:192.168.10.11),如图 7-2-8 所示。

图 7-2-8 在新项目中组态 2 个 S7-1200 PLC 站点

(2)网络配置,组态 S7 连接。

在设备组态中,选择"网络视图"栏进行网络配置,单击左上角的"连接"图标,在连接框中选择"S7 连接",然后选中客户端输送单元 CPU(客户端),右键单击"添加新连接",在"添加新连接"对话框内,选择连接对象"服务器供料单元 CPU",单击"主动建立连接"按钮后建立新连接,如图 7-2-9、图 7-2-10 所示。

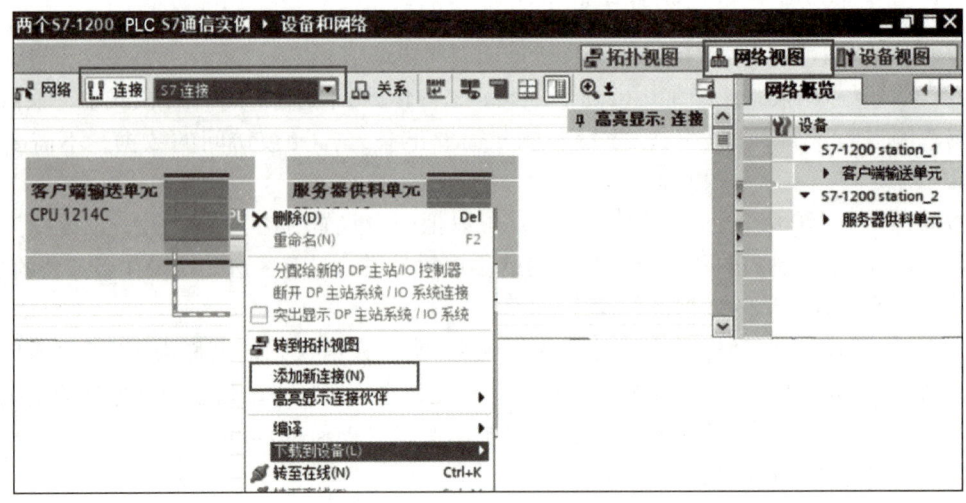

图 7-2-9 建立 S7 连接

(3)S7 连接及其属性说明。

在中间栏的"连接"条目中,可以看到已经建立的"S7_连接_1",如图 7-2-11 所示。如果找不到"连接"条目,可以通过单击折叠或展开小三角形即可找到。

单击图 7-2-11 中的"连接"条目,在"S7_连接_1"的连接属性中查看各参数,如图 7-2-12 所示。在"常规"中,会显示连接双方的设备、IP 地址。通过单击"本地 ID""特殊连接属性"等选项,可以查看本地 ID 为 100,以及主动建立连接等信息。

配置完网络连接后,双方都需编译存盘并下载。如果通信连接正常,连接为在线状态,如图 7-2-13 所示。

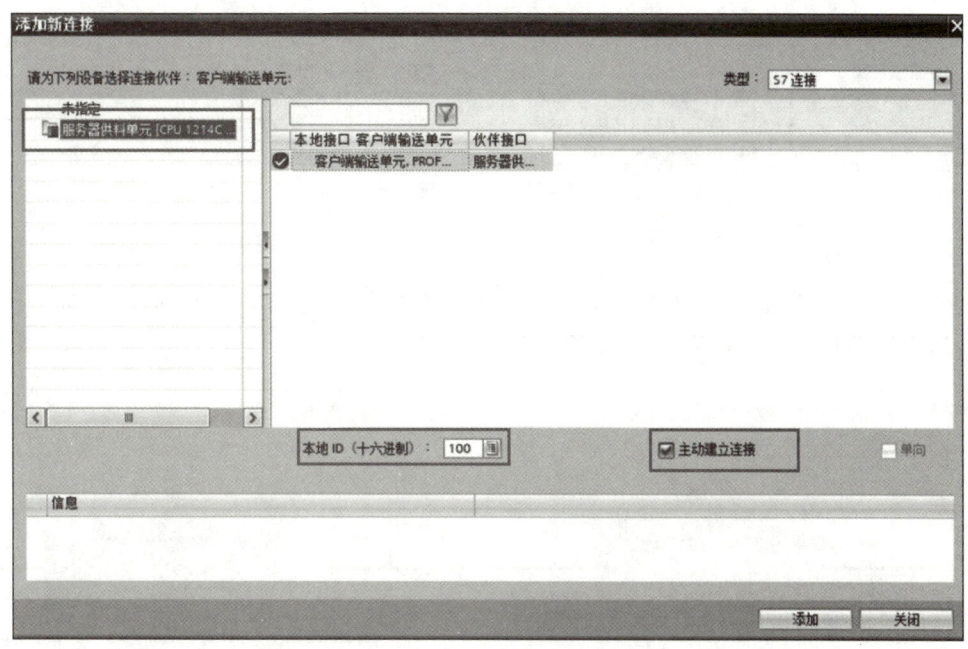

图 7 – 2 – 10　指定连接伙伴

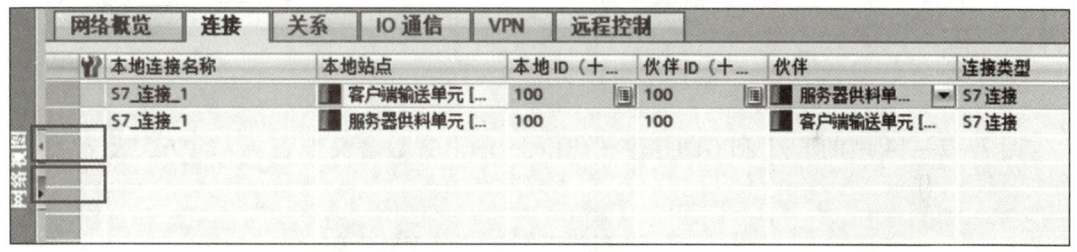

图 7 – 2 – 11　"连接"条目

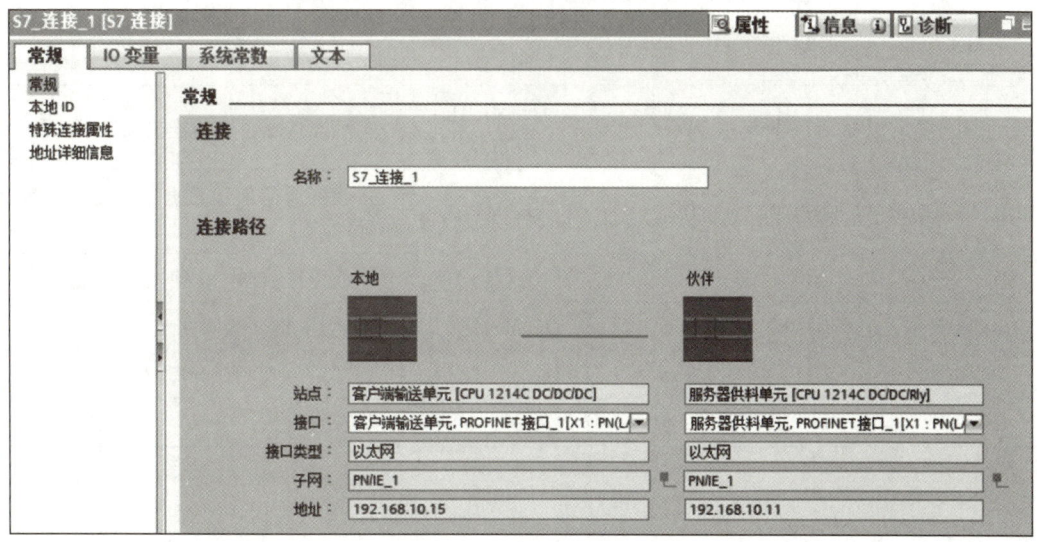

图 7 – 2 – 12　S7 连接详情

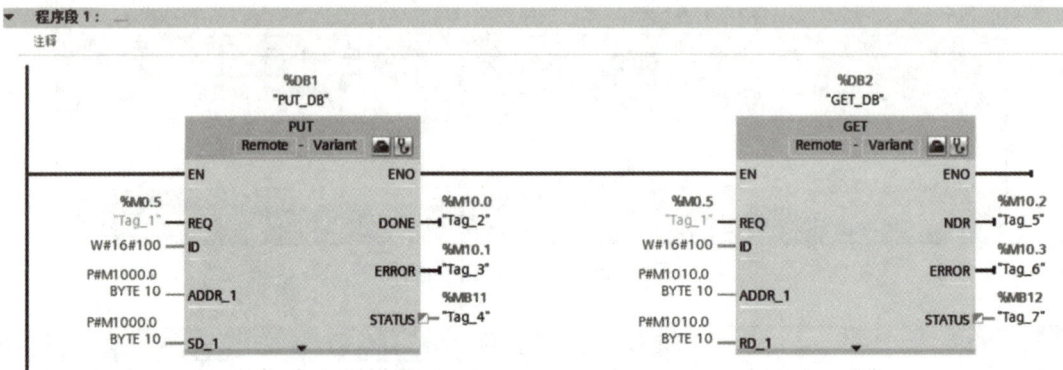

图7-2-13 连接状态

（4）软件编程。

在客户端输送单元的主程序 OB1 中，选择"指令"→"通信"→"S7 通信"选项，调用 GET、PUT 通信指令，如图 7-2-14 所示。

图 7-2-14 PUT、GET 指令调用

图 7-2-14 中的 PUT 和 GET 指令的输入、输出参数含义如表 7-2-6、表 7-2-7 所示。

表 7-2-6 PUT（发送）指令参数功能

参数名称	声明	数据类型	存储区	含义
REQ	INPUT	Bool	I、Q、M、D、L 或常量	控制参数 request，在上升沿时激活数据交换功能
ID	INPUT	Word	I、Q、M、D、L 或常量	本地连接号，要与连接配置中一致
ADDR_1 ~ ADDR_4	INPUT	Bool	I、Q、M、D	接收到通信伙伴数据区的地址，使用指针地址
SD_1 ~ SD_4	INPUT	Real	I、Q、M、D	本地发送数据区，使用指针地址
DONE	OUTPUT	Bool	I、Q、M、D、L	为"1"时，接收完成
ERROR	OUTPUT	Bool	I、Q、M、D、L	为"1"时，有故障发生
STATUS	OUTPUT	Word	I、Q、M、D、L	状态代码

表7-2-7 GET(接收)指令参数功能

参数名称	声明	数据类型	存储区	含义
REQ	INPUT	Bool	I、Q、M、D、L或常量	控制参数 request,在上升沿时激活数据交换功能
ID	INPUT	Word	I、Q、M、D、L或常量	创建连接时的本地连接号,要与连接配置中一致
ADDR_1~ADDR_4	INPUT	Bool	I、Q、M、D	接收通信伙伴数据区的地址,使用指针地址
RD_1~RD_4	INPUT	Real	I、Q、M、D	本地接收数据区,使用指针地址
DONE	OUTPUT	Bool	I、Q、M、D、L	为"1"时,接收完成
ERROR	OUTPUT	Bool	I、Q、M、D、L	为"1"时,有故障发生
STATUS	OUTPUT	Word	I、Q、M、D、L	状态代码

在编写程序过程中,输入参数 REQ 可以是时钟存储器地址,以一定频率激活数据交换,也可以是一般地址,在需要激活时接通。输入参数 ID 在输入本地连接号时,也可直接单击图7-2-15中的"开始组态"图标进入"组态"条目,直接选择伙伴 CPU,即可直接添加本地 ID 连接号。

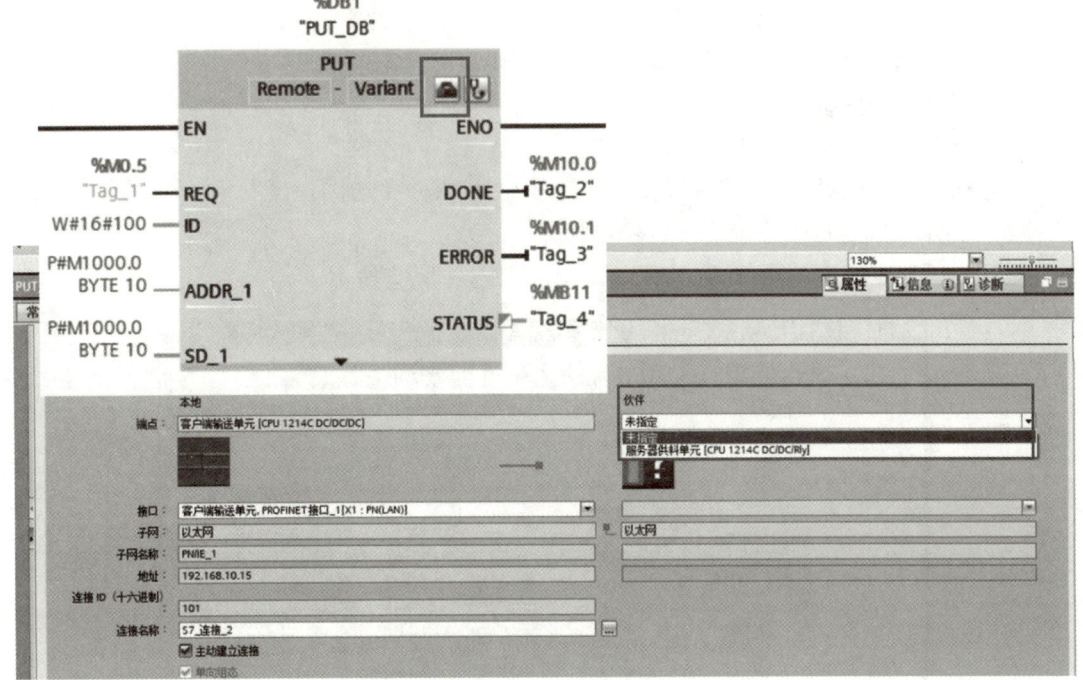

图7-2-15 通过组态添加本地 ID 连接号

输入参数 SD_1~SD_4、ADDR~ADDR_4、RD_1~RD_4 数据区需要使用指针"P#寻址方式"输入,如前面所述 MB1000~MB1009 的10个字节地址输入形式为"P#M1000.0 BYTE 10"。

任务 7-3　YL-335B 自动化生产线的人机界面组态

7.3.1　任务描述

在 YL-335B 自动化生产线联机运行时，系统主令信号由触摸屏人机界面提供，设备的各种状态由触摸屏显示。触摸屏通过以太网网线连接到交换机，如图 7-1-1 所示，与输送单元直接进行连接，进行数据交换。

YL-335B 自动化生产线联机运行时，人机界面组态画面要求如下：

用户窗口包括主窗口界面和欢迎界面两个窗口。其中，欢迎界面是启动界面，触摸屏上电后运行，屏幕上方的标题文字向右循环移动。当触摸欢迎界面上任意部位时，都将切换到主窗口界面。主窗口界面组态应具有下列功能：

人机界面介绍视频

（1）提供系统工作方式（单站/全线）选择信号和系统复位、启动和停止信号。

（2）在人机界面上设定分拣单元变频器的输入运行频率（40～50 Hz）。

（3）在人机界面上动态显示输送单元机械手装置当前位置（以原点位置为参考点，度量单位为 mm）。

（4）指示网络的运行状态（正常、故障）。

（5）指示各工作单元的运行、故障状态。其中故障状态包括：

①供料单元的供料不足状态和缺料状态。

②装配单元的供料不足状态和缺料状态。

③输送单元抓取机械手装置越程故障（左或右极限开关动作）。

（6）指示全线运行时系统的紧急停止状态。

欢迎界面和主窗口界面分别如图 7-3-1 和图 7-3-2 所示。

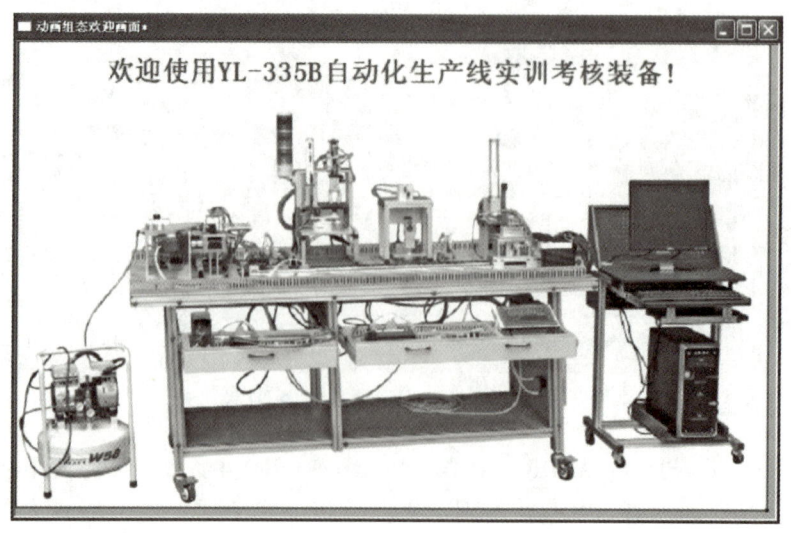

图 7-3-1　欢迎画面

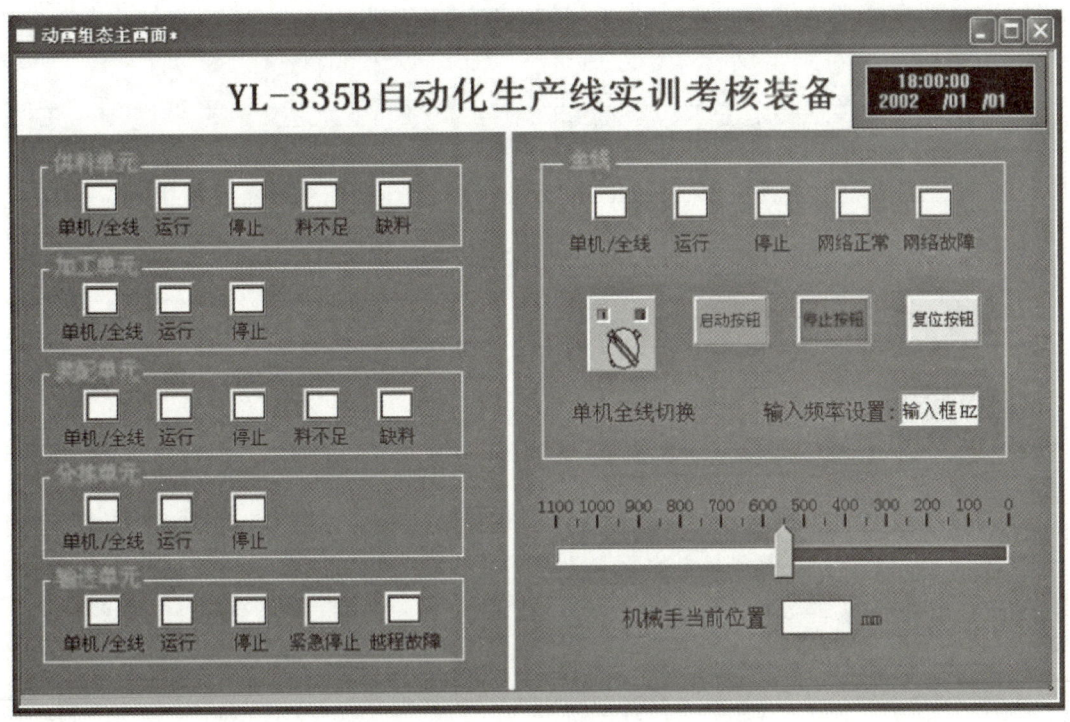

图 7-3-2　主窗口界面

7.3.2　任务目标

(1) 能够使用 MCGS 触摸屏常用工具进行画面组态；
(2) 能够使用 MCGS 触摸屏脚本完成界面功能；
(3) 能够完成 MCGS 触摸屏与 S7-1200 PLC 的通信与连接设置；
(4) 能够完成 MCGS 触摸屏的调试。

7.3.3　任务分组

学生任务分配表如表 7-3-1 所示。

表 7-3-1　学生任务分配表

班级		小组名称		组长	
小组成员及分工					
序号	学号	姓名	任务分工		

续表

班级		小组名称		组长	
小组成员及分工					
序号	学号	姓名	任务分工		

7.3.4 任务分析

引导问题 1：在图 7-3-3 所示的 MCGS 工作台界面中，建立与 PLC 通信连接的是_____窗口，新建用户数据对象的是_____窗口，建立用户界面和动画组态在_____窗口，新建策略在_____窗口。

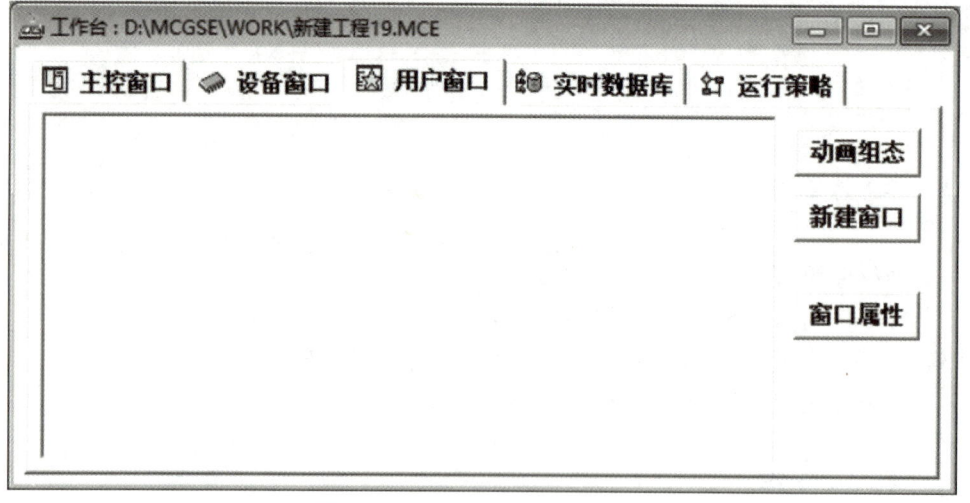

图 7-3-3 MCGS 工作台界面

引导问题 2：常用的数据对象类型有_____、_____、_____、事件和组对象。标准按钮连接的数据对象的类型是_____，输入数字大于 1 的输入框连接的数据对象类型是_____。

7.3.5 工作实施

1. 数据对象的连接地址分配

在 MCGS 组态软件中添加数据对象名称，并在设备编辑窗口中完成数据对象与通道地址的连接。表 7-3-2 列出了组态所需数据名称及连接地址分配情况。

表 7-3-2　组态所需数据名称及连接地址分配

序号	变量名名称	通道地址	读写方式	序号	变量名名称	通道地址	读写方式
1	复位按钮_HMI	M106.0	读写	17	供料单元全线状态	M1010.4	只读
2	停止按钮_HMI	M106.1	读写	18	供料单元运行状态	M1010.5	只读
3	启动按钮_HMI	M106.2	读写	19	供料单元工件不足	M1010.6	只读
4	单机/全线切换_HMI	M106.3	读写	20	供料单元缺料	M1010.7	只读
5	运行状态_全线	M1000.0	读写	21	加工单元准备就绪	M1020.0	只读
6	单机/全线状态_全线	M3.5	读写	22	加工单元全线状态	M1020.4	只读
7	准备就绪状态_全线	M5.3	读写	23	加工单元运行状态	M1020.5	只读
8	通信故障	M36.0	读写	24	装配单元准备就绪	M1030.0	只读
9	变频器频率输入_HMI	MW1002	读写	25	装配单元全线状态	M1030.4	只读
10	手爪位置_输送	MD2000	读写	26	装配单元运行状态	M1030.5	只读
11	输送单元准备就绪	M5.2	只读	27	装配单元料不足	M1030.6	只读
12	输送单元运行状态	M2.0	只读	28	装配单元缺料	M1030.7	只读
13	输送单元全线状态	M3.4	只读	29	分拣单元准备就绪	M1040.0	只读
14	越程故障_输送	M3.0	只读	30	分拣单元全线状态	M1040.4	只读
15	输送单元急停	M5.5	只读	31	分拣单元运行状态	M1040.5	只读
16	供料单元准备就绪	M1010.0	只读				

引导问题 3：在实时数据库中新增"变频器频率输入_HMI"和"手爪位置_输送"两个数据时，其对象类型为（　　），"通信故障"的对象类型为（　　）。

A. 开关　　　　　B. 数值　　　　　C. 字符　　　　　D. 事件

引导问题 4：在设备窗口的设备编辑窗口进行设备通道连接时，在添加设备通道时，MD2000 数据类型为（　　），MW1002 数据类型为（　　）。

A. 8 位无符号二进制　　　　　　　B. 16 位无符号二进制
C. 32 位无符号二进制　　　　　　　D. 32 位浮点数

引导问题 5：在设备窗口的设备编辑窗口进行设备通道连接时，在添加设备通道时，如果将通道类型设为"M 内部继电器"，通道地址设为"103"，数据类型设为"通道的第 00 位"，通道个数设为"4"，则生成的通道地址有_____。

2. PLC 和触摸屏的 IP 地址设置

在 YL-335B 自动化生产线整机人机界面组态中，触摸屏与输送单元通信连接，在触摸屏的 IP 地址设置中，远程 IP 地址为输送单元的 IP 地址。

3. 按钮、开关及指示灯的组态

按钮、开关及指示灯的组态与装配单元界面组态方法相同。

4. 循环移动文字框图的制作

（1）水平移动。

①选择"工具箱"内的"标签"按钮，拖曳到窗口上方中心位置，

欢迎界面的组态视频

根据需要拉出一个大小适合的矩形。在鼠标光标闪烁位置输入文字"欢迎使用 YL – 335B 自动化生产线实训考核装备!",按回车键或在窗口任意位置用鼠标单击一下,即完成文字输入。

②静态属性设置为:文字框的背景颜色为没有填充;文字框的边线颜色为没有边线;字符颜色为艳粉色;文字字体为华文细黑,字型为粗体,大小为二号。

③为了使文字循环移动,在"位置动画连接"中勾选"水平移动"复选框,这时在对话框上端就会增添"水平移动"窗口标签。水平移动属性页的设置如图 7 – 3 – 4 所示。

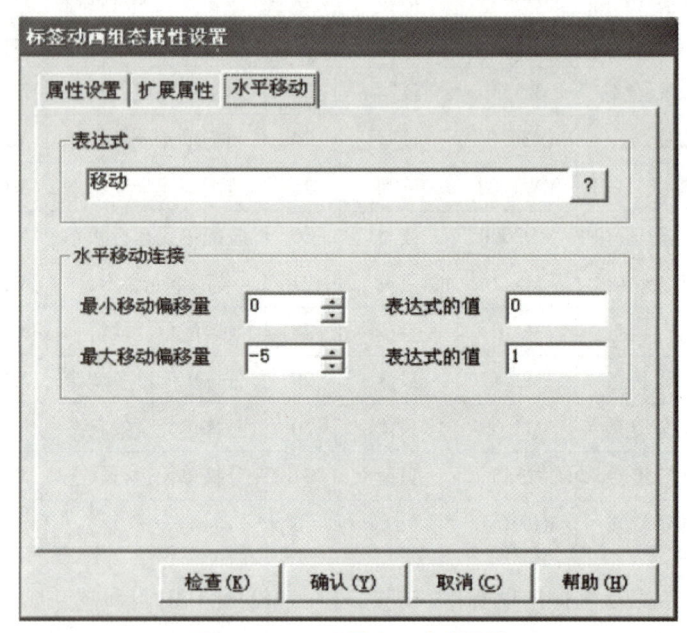

图 7 – 3 – 4 设置水平移动属性

设置说明如下:

◆为了实现"水平移动"动画连接,首先要确定对应连接对象的表达式,然后再定义表达式的值所对应的位置偏移量。定义一个内部数据对象"移动"作为表达式,它是一个与文字对象的位置偏移量成比例的增量值,当表达式"移动"的值为"0"时,文字对象的位置向右移动 0 点(即不动),当表达式"移动"的值为"1"时,对象的位置向左移动 5 点(– 5),这就是说"移动"变量与文字对象的位置之间关系是一个斜率为 – 5 的线性关系。

◆触摸屏图形对象所在的水平位置定义为:以左上角为坐标原点,单位为像素点,向左为负方向,向右为正方向。TPC7062Ti 的分辨率是 800 × 480,文字串"欢迎使用 YL – 335B 自动化生产线实训考核装备!"向左全部移出的偏移量约为 – 700 像素,故表达式"移动"的值为 + 140。文字循环移动的策略是,如果文字串向左全部移出,则返回初始位置重新移动。

引导问题 6:触摸屏 TPC7062Ti 的坐标中,X 的正方向为(   ),Y 的正方向为(   )。

　　A. 向左　　　　　B. 向右　　　　　C. 向上　　　　　D. 向下

引导问题 7:数据对象"移动"的类型为(   )。

　　A. 开关　　　　　B. 数值　　　　　C. 字符　　　　　D. 事件

(2)组态"循环策略"。

①在"运行策略"中,双击"循环策略"进入策略组态窗口。

②双击 图标进入"策略属性设置",将循环时间设为 100 ms,然后按"确认"按钮。

③在策略组态窗口中,单击工具条中的"新增策略行" 图标,增加一策略行,如图7-3-5 所示。

图 7-3-5 新增策略行

④单击"策略工具箱"中的"脚本程序",将鼠标指针移到策略块图标 上,单击鼠标左键,添加脚本程序构件,如图 7-3-6 所示。

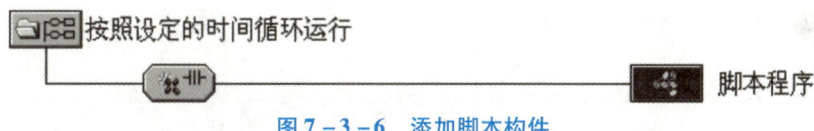

图 7-3-6 添加脚本构件

⑤双击 进入策略条件设置,在表达式中输入"1",即始终满足条件。

⑥双击 进入脚本程序编辑环境,输入下面的程序:

if 移动 <=140 then
 移动 = 移动 +1
else
 移动 = -140
endif

⑦单击"确认"按钮,脚本程序编写完毕。

引导问题 8:在脚本程序编辑环境中输入程序时,在中文状态会出现下列哪种情况?( )。

A. 正常 B. 出错提示 C. 不能输入 D. 以上情况都有可能

5. 滑动输入器的制作

(1)选中"工具箱"中的滑动输入器图标,当鼠标呈"十"字形状后,拖动鼠标到适当大小;调整滑动块到适当的位置。

(2)双击滑动输入器构件,进入如图 7-3-7 所示的属性设置窗口,按照下面的值设置各个参数。

主画面的组态视频

①"基本属性"页中,滑块指向:指向左(上)。

②"刻度与标注属性"页中,"主划线 数目":11,"次划线 数目":2;小数位数:0;"操作属性"页中,对应数据对象名称:手爪当前位置_输送;滑块在最左(下)边时对应的值:1100;滑块在最右(上)边时对应的值:0。

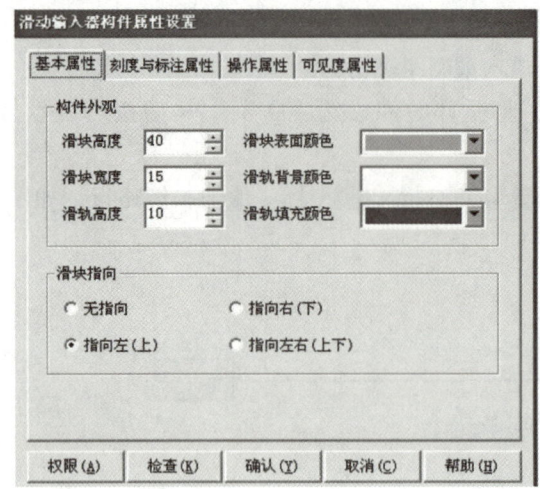 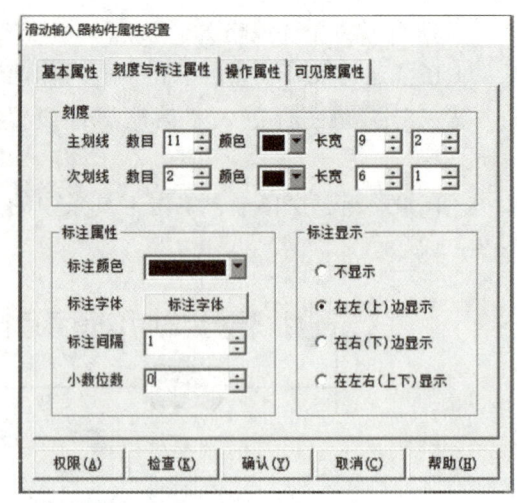

图 7-3-7 滑动输入器构件属性设置界面

③其他为缺省值。

制作完成的效果如图 7-3-8 所示。

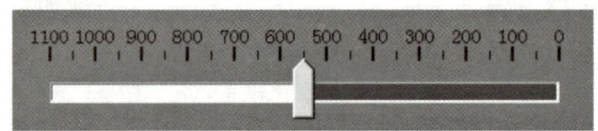

图 7-3-8 效果示意图界面

6. 输入框的组态

系统全线运行时，分拣单元变频器的频率通过触摸屏输入，在组态时通过输入框输入。

引导问题 9：下列图标为输入框的是（　　）。

A. 　　　　B. 　　　　C. 　　　　D.

引导问题 10：在输入框的定义中，可以直接定义其最大值和最小值，在分拣单元频率输入时，可以将最大值设定为____，最小值设定为____。

7. 手爪位置显示输出的组态

在主窗口界面中，"手爪位置_输送"还通过"显示输出"来展示其当前具体位置，在触摸屏的组态中通过"标签"的"输入输出连接"来实现。

引导问题 11：在"显示输出"窗口设置"手爪位置_输送"的"输出值类型"为（　　）。

A. 开关量输出　　B. 数值量输出　　C. 字符串输出　　D. 以上都可以

在主窗口界面的组态中，相同的元件可以通过复制、粘贴，修改连接的数据对象，来提高组态速度。

引导问题 12：请描述在组态过程中出现了什么样的问题？是如何解决的？

_____

_____

7.3.6 任务评价

各组完成 YL-335B 自动化生产线联机运行触摸屏界面组态任务后,请同学或教师评分,并完成表 7-2-3。

表 7-2-3 联机运行界面组态评分表

序号	评分项目	评分标准	分值	得分
1	引导问题	共 12 道引导问题的总分	30 分	
2	设备窗口设置	通信设置 2.5 分,通道设置每个 0.5 分	18 分	
3	欢迎界面组态	位图装载 2 分,组态按钮进入主窗口界面 2 分,文字标签 2 分,文字循环移动 6 分	12 分	
4	主窗口界面组态	主窗口界面按钮、开关组态各 1 分	4 分	
		指示灯组态各 1 分	26 分	
		输入框 2 分,输出显示 2 分,滑动输入器 4 分,时钟元件 2 分	10 分	

任务 7-4 YL-335B 自动化生产线的系统全线程序设计

7.4.1 任务描述

自动化生产线的工作目标:将供料单元料仓内的工件送往加工单元的物料台,加工完成后,把加工好的工件送往装配单元的装配台,然后把装配单元料仓内的白色和黑色两种不同颜色的小圆柱零件嵌入装配台上的工件中,完成装配后的成品送往分拣单元进行分拣输出。已完成加工和装配工作的工件如图 7-4-1 所示。

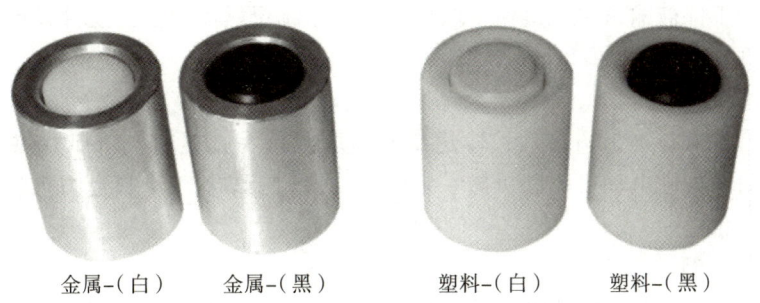

金属-(白)　　金属-(黑)　　塑料-(白)　　塑料-(黑)

图 7-4-1 已完成加工和装配工作的工件

系统的工作模式分为单站工作和全线运行模式。

从单站工作模式切换到全线运行模式的条件是:各工作站均处于停止状态,各站的按钮/指示灯模块上的工作方式选择开关置于全线模式，此时如果人机界面中选择开关切换到全线运行模式，系统进入全线运行状态。

要从全线运行模式切换到单站工作模式，仅限当前工作周期完成后人机界面中选择开关切换到单站运行模式才有效。

在全线运行模式下，各工作站仅通过网络接受来自人机界面的主令信号，除主站急停按钮外，所有本站主令信号无效。

1. 单站运行模式测试

单站运行模式下，各单元工作的主令信号和工作状态显示信号来自其 PLC 旁边的按钮/指示灯模块。并且，按钮/指示灯模块上的工作方式选择开关 SA 应置于"单站方式"位置。各站的具体控制要求为：供料单元、加工单元、装配单元、分拣单元和输送单元的单站控制要求与项目二～项目六的控制要求完全相同。

2. 系统正常的全线运行模式测试

全线运行模式下各工作单元部件的工作顺序以及对输送单元机械手装置运行速度的要求，与单站运行模式一致。全线运行步骤如下：

（1）给系统上电，当 S7 网络正常后开始工作。触摸人机界面上的复位按钮，执行复位操作，在复位过程中，绿色警示灯以 2 Hz 的频率闪烁。红色和黄色灯均熄灭。复位过程包括使输送单元机械手装置回到原点位置和检查各工作站是否处于初始状态。

各工作站初始状态是指：
①各工作单元气动执行元件均处于初始位置。
②供料单元料仓内有足够的待加工工件。
③装配单元料仓内有足够的小圆柱零件。
④输送单元的紧急停止按钮未按下。

当输送单元机械手装置回到原点位置，且各工作站均处于初始状态时，则复位完成，绿色警示灯常亮，表示允许启动系统。这时若触摸人机界面上的启动按钮，系统启动，绿色和黄色警示灯均常亮。

（2）供料站的运行。

系统启动后，若供料站的出料台上没有工件，则应把工件推到出料台上，并向系统发出出料台上有工件信号。若供料站的料仓内没有工件或工件不足，则向系统发出报警或预警信号。出料台上的工件被输送单元机械手取出后，若系统仍然需要推出工件进行加工，则进行下一次推出工件操作。

（3）输送单元运行 1。

当工件被推到供料站出料台后，输送单元抓取机械手装置应执行抓取供料站工件的操作。动作完成后，伺服电动机驱动机械手装置移动到加工站加工物料台的正前方，把工件放到加工站的加工台上。

（4）加工站运行。

加工站加工台的工件被检出后，执行加工过程。当加工好的工件重新送回待料位置时，向系统发出冲压加工完成信号。

（5）输送单元运行 2。

系统接收到加工完成信号后，输送单元机械手应执行抓取已加工工件的操作。抓取动作完成后，伺服电动机驱动机械手装置移动到装配单元物料台的正前方。然后把工件放到装配单元物料台上。

（6）装配单元运行。

装配单元物料台的传感器检测到工件到来后，开始执行装配过程。装入动作完成后，向系统发出装配完成信号。如果装配单元的料仓或料槽内没有小圆柱工件或工件不足，应向系统发出报警或预警信号。

（7）输送单元运行3。

系统接收到装配完成信号后，输送单元机械手应抓取已装配的工件，然后从装配单元向分拣单元运送工件，到达分拣单元传送带上方入料口后把工件放下，然后执行返回原点的操作。

（8）分拣单元运行。

输送单元机械手装置放下工件、缩回到位后，分拣单元的变频器立即启动，驱动传动电动机以人机界面指定的速度，把工件带入分拣区进行分拣，工件分拣原则与单站运行相同。当分拣气缸活塞杆推出工件并返回后，应向系统发出分拣完成信号。

（9）仅当分拣单元分拣工作完成，并且输送单元机械手装置回到原点后，系统的一个工作周期才认为结束。如果在工作周期期间没有触摸过停止按钮，系统在延时1 s后开始下一周期工作。如果在工作周期期间曾经触摸过停止按钮，则系统工作结束，警示灯中黄色灯熄灭，绿色灯仍保持常亮。系统工作结束后若再次按下启动按钮，则系统又重新工作。

3. 异常工作状态测试

（1）工件供给状态的信号警示如果发生来自供料站或装配单元的"工件不足够"的预报警信号或"工件没有"的报警信号，则系统动作如下：

①如果发生"工件不足够"的预报警信号，警示灯中红色灯以1 Hz的频率闪烁，绿色和黄色警示灯保持常亮，系统继续工作。

②如果发生"工件没有"的报警信号，警示灯中红色灯以亮1 s、灭0.5 s的方式闪烁；黄色警示灯熄灭，绿色警示灯保持常亮。若"工件没有"的报警信号来自供料站，且供料站物料台上已推出工件时，系统继续运行，直至完成该工作周期尚未完成的工作。当该工作周期结束后，系统将停止工作，除非"工件没有"的报警信号消失，系统不能再启动。若"工件没有"的报警信号来自装配单元，且装配单元回转台上已落下小圆柱工件，系统则继续运行，直至完成该工作周期尚未完成的工作。当该工作周期结束后，系统将停止工作，除非"工件没有"的报警信号消失，系统不能再启动。

（2）急停与复位。在系统工作过程中按下输送单元的急停按钮，则输送单元立即停车。在急停复位后，应进行设备复位。复位完成后按下启动按钮，从头开始运行。

7.4.2 任务目标

（1）能够规划S7通信客户端与服务器端的通信数据；

（2）能够根据自动化生产线的工艺要求编写通信程序；

（3）能够完成各单元系统全线程序的编写；

（4）能够完成系统全线程序的调试与运行。

7.4.3 任务分组

学生任务分配表如表 7-4-1 所示。

表 7-4-1 学生任务分配表

班级		小组名称		组长	
小组成员及分工					
序号	学号	姓名	任务分工		

7.4.4 任务分析

YL-335B 是一个分布式控制的自动化生产线，在设计它的整体控制程序时，应首先从它的系统性着手，通过组建网络，规划通信数据，使系统组织起来。然后根据各工作单元的工艺任务，分别编制各工作单元的控制程序。

1. 分配 S7 单边通信系统全线的通信地址范围

引导问题 1：请在表 7-4-2 中填入各单元的通信地址。

表 7-4-2 通信数据区地址分配

功能	客户端	数据区地址	服务器端	数据区地址
读取（GET）	输送单元 RD_1		供料单元 ADDR_1	
	输送单元 RD_1		加工单元 ADDR_1	
	输送单元 RD_1		装配单元 ADDR_1	
	输送单元 RD_1		分拣单元 ADDR_1	
写入（PUT）	输送单元 SD_1		供料单元 ADDR_1	
	输送单元 SD_1		加工单元 ADDR_1	
	输送单元 SD_1		装配单元 ADDR_1	
	输送单元 SD_1		分拣单元 ADDR_1	

2. 规划系统全线各单元具体的通信地址

引导问题 2：请根据各单元通信地址范围，将规划好的各单元通信数据位具体地址填入

表 7-4-3～表 7-4-7 中。

表 7-4-3　输送单元（客户端）数据位定义

输送单元位地址	数据含义	备注
	全线复位状态信号	1 = 运行，0 = 停止
	全线复位完成信号	1 = 全线，0 = 单机
	HMI 单机/全线切换信号	
	全线运行信号	
	供料单元工件不足信号	
	供料单元缺料信号	
	允许供料信号	
	允许加工信号	
	允许装配信号	
	允许分拣信号	
	分拣单元频率	

表 7-4-4　供料单元（服务器端）数据位定义

供料单元位地址	数据含义	备注
	供料单元系统全线信号	1 = 全线，0 = 单机
	供料单元准备就绪信号	1 = 就绪，0 = 未就绪
	供料单元运行信号	1 = 运行，0 = 停止
	供料完成信号	
	供料单元工件不足信号	
	供料单元缺料信号	

表 7-4-5　加工单元（服务器端）数据位定义

供料单元位地址	数据含义	备注
	加工单元系统全线信号	1 = 全线，0 = 单机
	加工单元准备就绪信号	1 = 就绪，0 = 未就绪
	加工单元运行信号	1 = 运行，0 = 停止
	加工完成信号	

表 7-4-6　装配单元（服务器端）数据位定义

装配单元位地址	数据含义	备注
	装配单元系统全线信号	1 = 全线，0 = 单机
	装配单元准备就绪信号	1 = 就绪，0 = 未就绪

续表

装配单元位地址	数据含义	备注
	装配单元运行信号	1 = 运行，0 = 停止
	装配完成信号	
	装配单元工件不足信号	
	装配单元缺料信号	

表 7 – 4 – 7 　分拣单元（服务器端）数据位定义

分拣单元位地址	数据含义	备注
	分拣单元系统全线信号	1 = 全线，0 = 单机
	分拣单元准备就绪信号	1 = 就绪，0 = 未就绪
	分拣单元运行信号	1 = 运行，0 = 停止
	分拣完成信号	

3. 各单元布局

YL – 335B 自动化生产线系统全线运行时，其各单元的布局如图 7 – 1 – 1 所示，在安装时将供料单元物料台中心与原点开关对齐，并按标注尺寸完成安装。

引导问题 3：请在表 7 – 4 – 8 中填写各单元与原点的距离。

表 7 – 4 – 8 　各单元到原点的距离

单元名称	供料单元	加工单元	装配单元	分拣单元
与原点的距离				

7.4.5　任务实施

1. S7 单边通信及工艺轴组态与编程

直接打开单站程序，组态 S7 通信，组态工艺轴，并编写 PUT、GET 通信程序，以及位控程序的编写及配置。将每一个单元的 PLC CPU 属性中的"连接机制"中的"允许来自远程对象的 PUT/GET 通信访问"复选框勾上。

YL – 335B 自动化生产线的联机程序设计

2. 系统全线程序编写

在单站的基础上加上单站和系统全线切换、系统全线时的状态和运行条件，确定各单元需要交换信号的通信数据，做到单站和系统全线都能按要求运行，程序简洁。下面主要介绍在单站的基础上改写为系统全线程序的关键技术。

（1）单机/系统全线切换定义。

单站时没有编写单机/系统全线切换程序，系统全线运行时需要能在非运行状态时通过按钮/指示灯模块上的工作方式选择开关实现单机和系统全线的切换，并且在系统全线时发送信号给客户端，程序如图 7 – 4 – 2 所示。

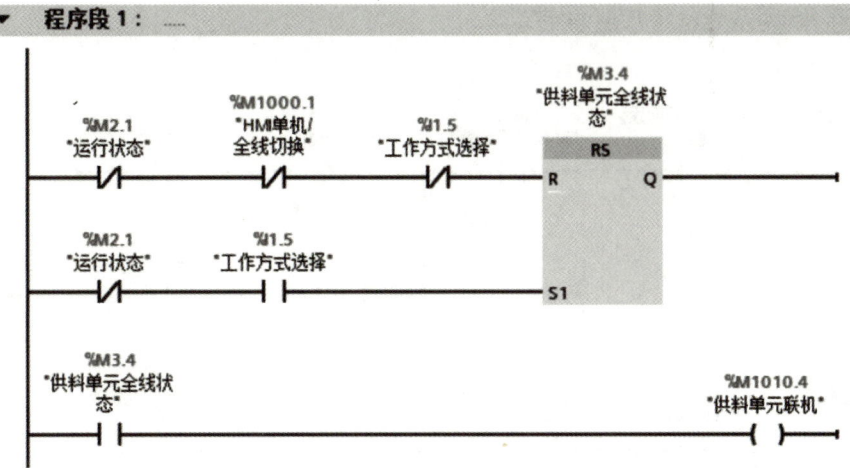

图 7-4-2 供料单元"状态定义"的单机/全线切换程序

引导问题 4：根据图 7-4-2 所示程序，将对应状态填入合适的位置。
M2.1 常闭触点（　　），I1.5 常闭触点（　　），I1.5 常开触点（　　），M3.4 = 1（　　），M3.4 = 0（　　），M1010.4 = 1（　　），M1000.1 常闭触点（　　）。

A. 供料单元全线状态　　　　B. 供料单元 SA 在左边
C. 供料单元停止状态　　　　D. 供料单元 SA 在右边
E. 供料单元发出联机信号　　F. 供料单元单机状态
G. 触摸屏 SA 在左边

5 个单元都需要编写单机/全线的状态定义程序，其程序与供料单元的类似，需要定义传送到输送单元的通信数据。

（2）系统全线状态定义。

根据任务书的要求，5 个单元全部处于全线状态，同时触摸屏上的单机/系统全线切换开关切换到右边全线模式，系统处于全线状态，其在输送单元的定义如图 7-4-3 所示。

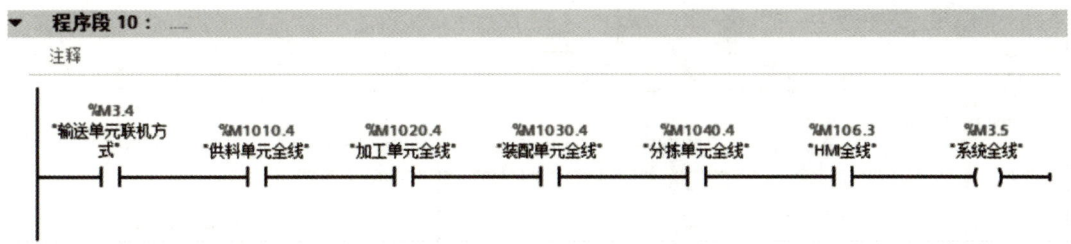

图 7-4-3 输送单元"状态定义"系统全线定义程序

引导问题 5：根据图 7-4-3 所示系统全线定义程序，M106.3 常开触点表示（　　），M3.5 = 1 表示（　　）。

A. 系统全线状态　　　　　B. HMI 的 SA 在右边
C. HMI 的 SA 在左边　　　D. 输送单元单机状态

（3）系统就绪状态定义。

系统就绪状态为 5 个单元均处于准备就绪状态，图 7-4-4 所示为供料单元准备就绪定义，图7-4-5为系统就绪状态的定义。

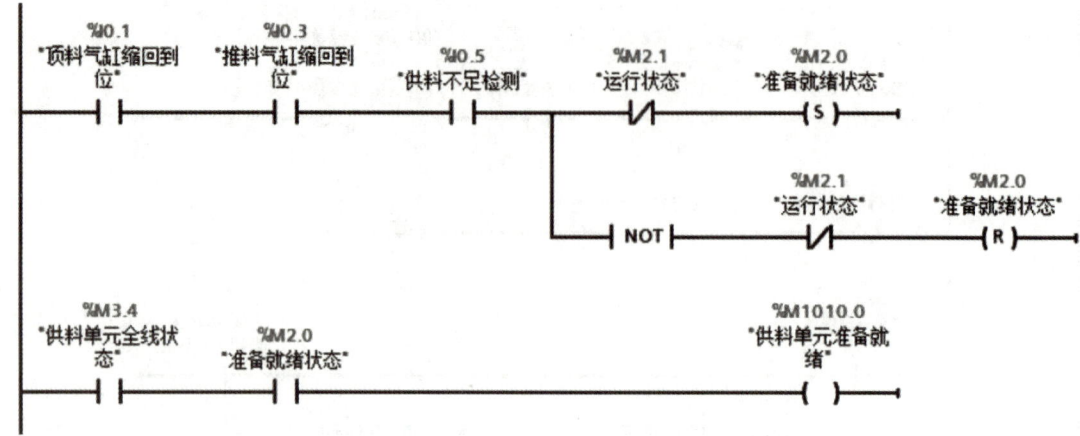

图7-4-4 供料单元"状态定义"准备就绪程序

引导问题6：根据图7-4-5所示系统就绪定义程序，在程序虚线框中填入适当的变量和地址。

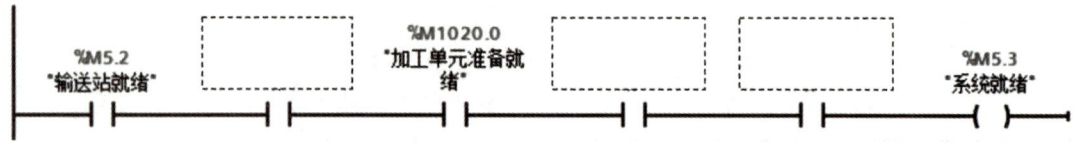

图7-4-5 输送单元"状态定义"系统就绪程序

（4）系统启动定义。

全线启动需要满足三个条件：一是系统处于全线状态；二是系统处于就绪状态，三是按下触摸屏的启动按钮。图7-4-6所示为全线启动程序，图中框起来的部分即为全线启动条件，按下触摸屏的启动按钮时进入启动状态。在写程序时将单机和全线的启动并联，全线时

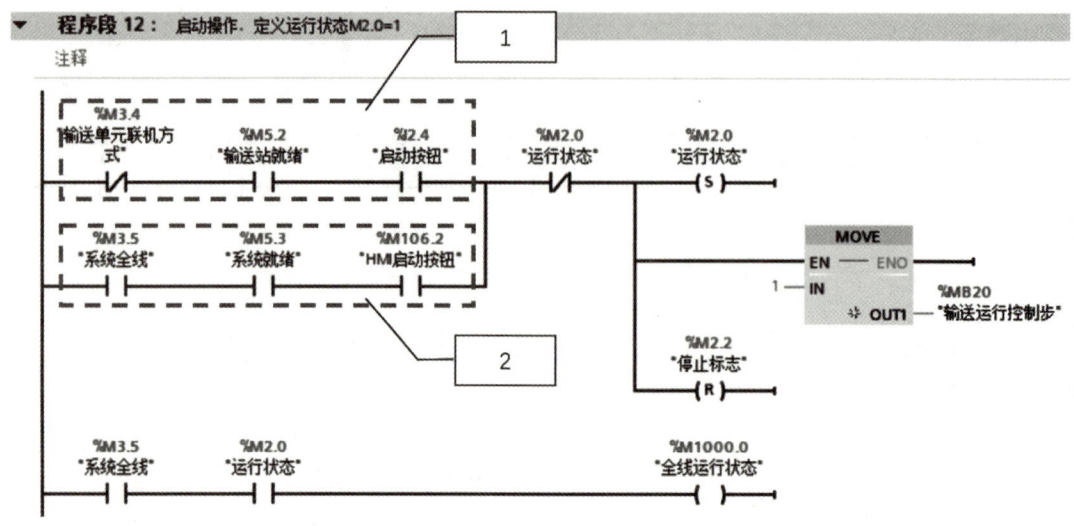

图7-4-6 输送单元"状态定义"全线启动程序

需要发送运行信号给供料、加工等 4 个单元。

引导问题 7：根据图 7-4-6 所示程序，输送单元单机启动是（　　），全线启动是（　　）。图 7-4-7 是供料单元启动定义程序，请在程序中填入合适的变量和地址。

程序段 4：……
注释

```
          %I1.3        %M2.1                              %M2.1
   [   ]  "启动按钮"    "运行状态"                        "运行状态"
  ──│/├──┤ ├──────────┤/├──────────────────────────────────(S)──
                                                    
   %M3.4      [   ]                              MOVE
  "供料单元全线状                              EN ─── ENO
    态"                                                          %MB10
  ──┤ ├──────┤ ├────────────────────────  1 ─ IN            "步号"
                                                ☆ OUT1 ───
                                                    
   %M2.1                                         %M1010.5
  "运行状态"                                    "供料单元运行状
                                                    态"
  ──┤ ├──────────────────────────────────────────( )──
          │
          │    %FC1
          │   "供料控制"
          └──┤EN    ENO├──
```

图 7-4-7 供料单元"状态定义"启动程序

(5) 全线停止定义。

全线停止信号同样是由触摸屏上的停止按钮实现的。当按下停止按钮时，向系统发出停止信号，待系统完成当前工作周期后方可停止运行，如图 7-4-8 所示。图 7-4-9 为供料单元停止程序。

程序段 15：全线停止
注释

```
    %M3.5       %M106.1      %M1000.0                      %M2.2
   "系统全线"   "HMI停止按钮"  "全线运行状态"               "停止标志"
  ──┤ ├────────┤ ├───────────┤ ├────────────────────────────(S)──

    %M2.2       %M3.5          %MB20                        %M2.0
   "停止标志"   "系统全线"    "输送运行控制步"              "运行状态"
  ──┤ ├────────┤ ├──────────────== ──────────────────────────(R)──
                                Byte
                                 1
    %M3.7
    "缺料"
  ──┤ ├──
```

图 7-4-8 输送单元"状态定义"全线停止程序

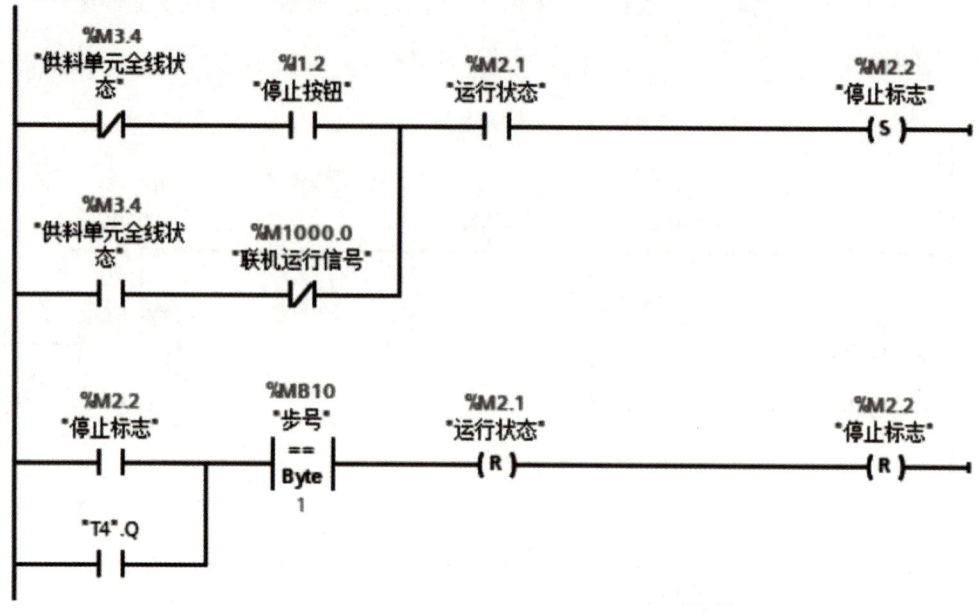

图 7-4-9 供料单元"状态定义"停止程序

（6）系统全线运行程序。

①输送单元发送"允许供料"信号。

系统全线运行时，输送单元和其他 4 个单元需要交换数据来协调生产线的加工流程，如输送单元发送"允许供料"信号给供料单元，并接收"供料完成"信号。其控制程序如图 7-4-10 所示。

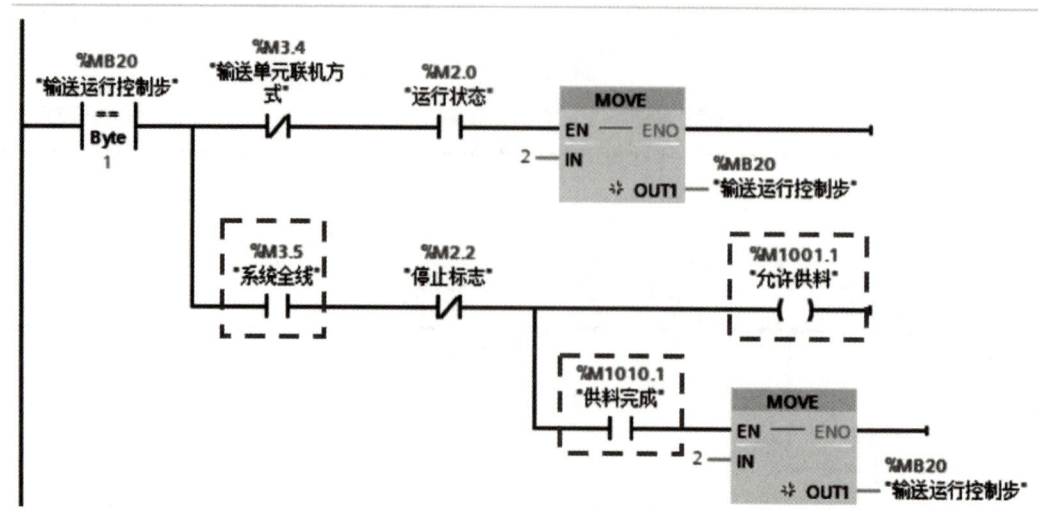

图 7-4-10 输送单元"输送运行控制"程序

②供料单元接收"允许供料"信号。

供料单元接收来自输送单元的"允许供料"信号，程序如图7-4-11所示。

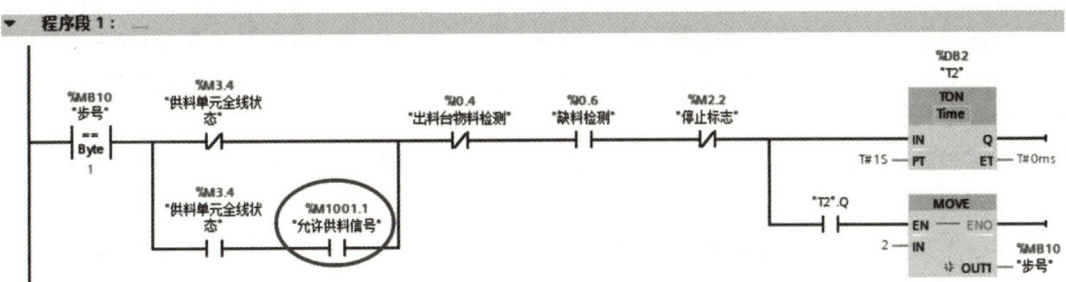

图7-4-11 供料单元接收"允许供料"信号

③供料单元发出"供料完成"信号。

当供料单元接收到"允许供料"的信号之后将进行供料动作，此动作与单站运行时完全相同，不同点在于供料完成之后需要发送"供料完成"信号（M1010.1=1）给输送单元。其程序如图7-4-12所示。

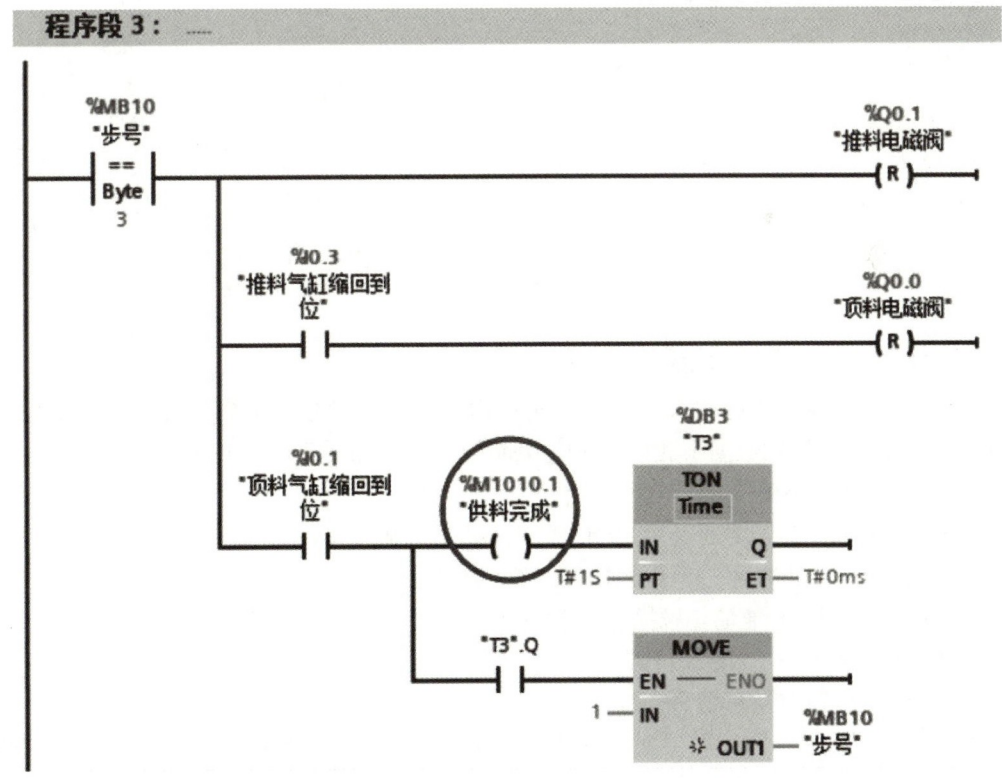

图7-4-12 供料单元供料完成后发出"供料完成"信号

④输送单元接收"供料完成"信号。

输送单元接收来自供料单元供料完成的信号程序如图7-4-10所示方框所框处，接通后跳转到下一步完成抓料的动作，其程序与单站工作时相同。

其他 4 个单元与输送单元的通信数据定义与供料单元相同，都是在全线状态时将相关信号常开触点直接驱动线圈─( )─输出。输送单元运行时的允许加工、允许装配、允许分拣通信数据程序的编写均与图 7－4－10 相同，然后各单元接收允许动作的信号与图 7－4－11 相同，写在顺序动作控制函数块的第一步。各单元完成动作后给输送单元发送动作完成信号的编程如图 7－4－12 所示，写在动作完成的最后一步。输送单元接收到各单元动作完成信号的编程与图 7－4－10 相同。

引导问题 8：在加工单元单站程序的基础上修改成全线程序，并在下面写出输送单元与加工单元的通信数据程序。

①输送单元向加工单元发出允许加工信号（M1001.2），并接收来自加工单元加工完成信号（M1020.1）。

②加工单元接收来自输送单元允许加工信号（M1001.2）。

③加工单元发出加工完成信号（M1020.1）。

（7）机械手手爪位置数据读取程序编写。

全线需要在触摸屏通过输入滑动器及显示输出来显示机械手手爪位置，其所用指令为"连续读取定位轴的运动数据"指令"MC_ReadParam"，如图 7－4－13 所示。

3. 输送单元与触摸屏的数据通信

输送单元与触摸屏若要通过 TCP/IP 通信，需要将触摸屏的 IP 地址设置成与 PLC 的 IP 地址在同一网段内，可以通过单击触摸屏上的"系统维护"→"设置系统参数"命令，在弹出的对话框中修改其 IP 地址。触摸屏组态的操作步骤可参考"任务 7－3 YL－335B 自动化生产线的人机界面组态"相关内容。

4. S7 网络全线程序调试

全线程序编写完成后，需要对 5 个单元程序及触摸屏系统全线进行调试。调试步骤如下。

（1）5 个单元单机调试。

由于全线程序是在各个单元单机程序的基础上进行改写的，所以主要确认单机与全线的切换是否正确，先将单机/全线切换开关切换到单机模式，逐一运行 5 个单元的单机程序。

（2）切换到全线状态。

项目七　YL-335B 系统全线编程与调试

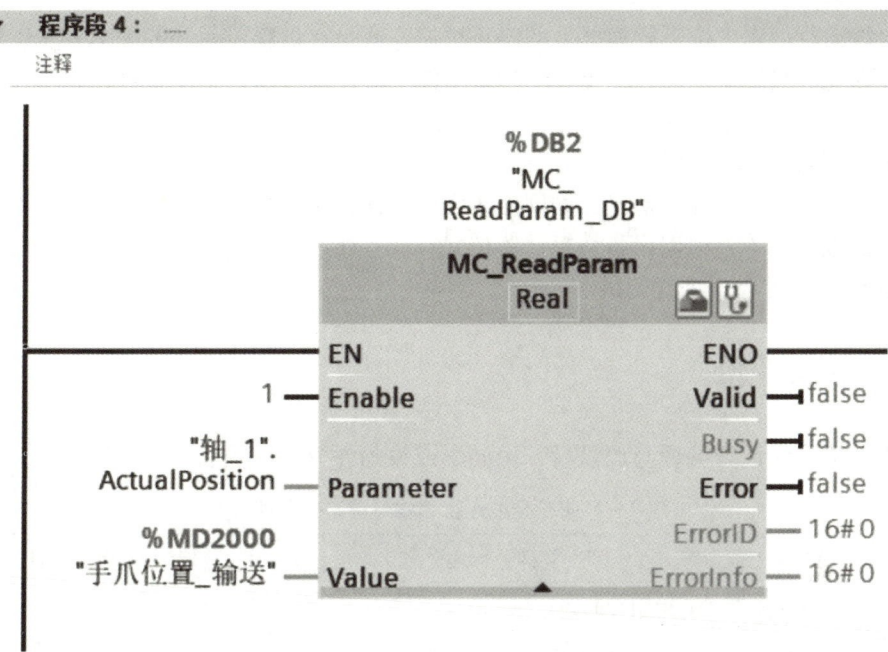

图 7-4-13 "MC_ReadParam"指令

先将 5 个单元和触摸屏上的单机/全线切换开关切换到全线模式，查看触摸屏上各单元是否正确处于系统全线状态，各单元系统全线信号是否传送到输送单元，系统是否为全线状态，如果没有在全线状态，则通过监控查看是哪一个单元的信号未传送过来。

（3）全线复位和准备就绪状态。

如果系统已经处于全线状态，则检查全线是否处于准备就绪状态。如果没有准备就绪，则查看哪个单元的准备就绪信号没有传送到输送单元，通过按触摸屏的复位按钮让设备复位。

（4）全线运行状态。

如果系统已经准备就绪，则可以按下触摸屏上的启动按钮，使系统启动，然后检查各单元是否全部处于运行状态，在触摸屏上也可以通过运行指示灯来判断。

（5）动作调试。

如果系统已经处于运行状态，则将按照顺序控制要求动作：供料单元供料→供料完成→输送单元机械手抓料→输送单元运动到加工单元位置→输送单元机械手放料→加工单元加工→加工完成→输送单元机械手抓料→输送单元运动到装配单元位置→输送单元机械手放料→装配单元装配→装配完成→输送单元机械手抓料→机械手左旋→输送单元运动到分拣单元位置→输送单元机械手放料→分拣单元分拣→输送单元向右移动 400 mm→输送单元机械手右旋→输送单元向右回到供料单元→分拣完成→一个周期结束→未曾按下过停止按钮→进入下一个动作周期。

在调试过程中，如果某一个单元不动作，则需要查看输送单元发出的允许动作的信号是否传送到对应单元；如果某一单元动作完成后，输送单元机械手没有去抓料，则检查对应单元是否发送了动作完成的信号，如果有问题，通过检查通信、程序等来解决问题。

(6) 全线停止。

在全线运行过程中按下触摸屏上的停止按钮,或是在供料单元和装配单元发生缺料的情况下,能在完成当前工作周期后停止。如果不能实现,通过监控程序查看问题所在,修改程序重新下载调试直到按要求停止。

(7) 设备异常情况调试。

控制任务中要求的异常情况,如网络正常和错误、供料单元和装配单元供料不足或缺料情况、急停或复位等,根据设备情况,监控并查看程序,查找到具体原因。如果修改了程序则需要重新下载到PLC进行调试。

7.4.6 任务评价

各组完成全线运行编程与调试后,由同学或教师评分,完成表7-4-8。

表7-4-8 全线运行编程与调试项目评分表

序号	评分项目	评分标准	分值	小组互评	师评
1	引导问题	8道引导问题总分	20分		
2	单机/全线状态定义	5个单元单机/全线状态定义各1分,系统全线状态1分	6分		
3	各单元单机运行	5个单元单机运行正确各4分,其中动作正确3分,指示灯1分	20分		
4	系统复位和准备就绪状态	触摸屏界面5个单元系统准备就绪状态指示灯正确各1分,复位动作正确2分,系统就绪状态正确2分	9分		
5	全线运行状态	触摸屏界面5个单元运行、停止状态与实际设备相同,每个单元各1分	5分		
6	全线运行动作	供料单元、加工单元、装配单元、分拣单元动作正确各1分,输送单元抓料、移动、放料、左旋、右旋各算一步,每完成一步算2分	30分		
7	全线停止	按下触摸屏停止按钮能按要求停止得1分,供料单元或装配单元发生缺料停止各1分	3分		
8	急停	按下急停按钮能立即停止1分,释放后能继续运行1分	2分		
9	警示灯	复位、运行、急停、料不足、缺料警示灯正常各1分	5分		